U0278929

“十四五”时期国家重点出版物出版专项规划项目

湖北省公益学术著作出版专项资金资助项目

工 业 互 联 网 前 沿 技 术 丛 书

高金吉　鲁春丛 ◎ 丛书主编

中国工业互联网研究院 ◎ 组编

人机混合智能高动态系统知识自动化和调控关键技术及平台

张俊　许沛东 ◎ 著

KEY TECHNOLOGIES AND PLATFORMS FOR HUMAN–MACHINE HYBRID INTELLIGENCE
ENHANCED HIGH–DYNAMIC SYSTEM KNOWLEDGE AUTOMATION AND CONTROL

华中科技大学出版社

http://press.hust.edu.cn

中国 · 武汉

内 容 简 介

本书依托科技创新2030——"新一代人工智能"重大项目"人在回路的大电网调控混合增强智能基础理论"(2018AAA0101504)而撰写,介绍了基于人机混合智能的高动态系统调控理论方法、含新型人机智能接口的多源异构数据和知识处理关键技术,以及人机混合智能调控系统智能水平评估和自主进化理论方法与平台研发,并给出了混合智能在高动态系统中的管控机制、交互途径、趋优方法及部署架构;通过丰富案例展示理论技术的实现路径,构造人机混合智能在高动态系统调控中的系统工程方法和实施范式,为人机混合智能在高动态系统调控业务中的科学研究以及工程应用提供体系化指导。

本书可作为企业、科研单位、高校等社会各界了解、学习、应用工业互联网前沿管控技术的重要参考书。

图书在版编目(CIP)数据

人机混合智能高动态系统知识自动化和调控关键技术及平台 / 张俊,许沛东著. -- 武汉 : 华中科技大学出版社,2024.11. --(工业互联网前沿技术丛书). -- ISBN 978-7-5772-1331-6

Ⅰ. TP18

中国国家版本馆 CIP 数据核字第 2024E0Z731 号

人机混合智能高动态系统知识自动化和调控关键技术及平台
Ren-ji Hunhe Zhineng Gaodongtai Xitong Zhishi Zidonghua he Tiaokong
Guanjian Jishu ji Pingtai

张　俊
许沛东　著

出 版 人:阮海洪

策划编辑:俞道凯　张少奇

责任编辑:姚同梅

封面设计:蓝畅设计

责任监印:朱　玢

出版发行:华中科技大学出版社(中国·武汉)　　　电话:(027)81321913
　　　　　武汉市东湖新技术开发区华工科技园　　　邮编:430223

录　　排:武汉市洪山区佳年华文印部

印　　刷:武汉市洪林印务有限公司

开　　本:710mm×1000mm　1/16

印　　张:18

字　　数:314 千字

版　　次:2024 年 11 月第 1 版第 1 次印刷

定　　价:168.00 元

本书若有印装质量问题,请向出版社营销中心调换

全国免费服务热线:400-6679-118　竭诚为您服务

版权所有　侵权必究

作者简介

▶ **张　俊**　武汉大学电气与自动化学院教授，博士生导师。2008年毕业于美国亚利桑那州立大学，获博士学位；2011年在美国丹佛大学任教，并获终身教授资格。2017年入选国家高层次海外引进人才（青年）。现任中国自动化学会副秘书长，并担任IEEE武汉分会主席、《智能科学与技术学报》副主编、《自动化学报》编委会成员。研究领域包括复杂系统建模、人机混合增强智能等理论方法在能源电力中的应用。近五年主持或参与包括科技创新2030——"新一代人工智能"重大项目在内的二十余个国家级、省部级项目及行业级科技项目。出版专著五部；发表SCI收录论文四十余篇、ESI和知网高被引论文五篇。获得多个国内外重要奖项，包括杨嘉墀科技奖二等奖、中国自动化学会科技进步奖一等奖等。

▶ **许沛东**　武汉大学电气与自动化学院博士后。2022年毕业于武汉大学电气与自动化学院，获博士学位；2023年作为重点资助博士后在武汉大学工作。现任IEEE武汉分会学生活动委员会主席，并担任CSEE JPES、IEEE J RADIO FREQ ID等国际知名期刊审稿人。研究领域为人机混合智能及其在电力系统运行控制中的应用。近年来发表论文二十余篇，其中以第一/通讯作者身份发表SCI/EI论文八篇。主持国家电网科技项目、中核集团科技项目等多个项目，并作为核心参与人员参加国家重点研发计划项目、国网总部科技指南项目等多个国家级、省部级及行业级项目。

总序一

　　工业互联网是新一代信息通信技术与工业经济深度融合的全新工业生态、关键基础设施和新型应用模式。它以网络为基础，以平台为中枢，以数据为要素，以安全为保障，通过对人、机、物的全面连接，变革传统制造模式、生产组织方式和产业形态，构建起全要素、全产业链、全价值链、全面连接的新型工业生产制造和服务体系，对提升产业链现代化水平、促进数字经济和实体经济深度融合、引领经济高质量发展具有重要作用。

　　"工业互联网前沿技术丛书"是由中国工业互联网研究院与华中科技大学出版社共同发起，为服务"工业互联网创新发展"国家重大战略，贯彻落实"互联网＋先进制造业""第十四个五年规划和 2035 年远景目标"等国家政策，面向世界科技前沿、面向国家经济主战场和国防建设重大需求，精准策划，汇集中国工业互联网先进技术的一套原创科技著作。

　　本丛书立足国际视野，聚焦工业互联网国际学术前沿和技术难点，助力我国制造业发展和高端人才培养，展现了我国工业互联网前沿科技领域取得的自主创新研究成果，充分体现了权威性、原创性、先进性、国际性、实用性等特点。为此，向为本丛书出版付出聪明才智和辛勤劳动的所有科技工作人员表示崇高的敬意！

　　中国正处在举世瞩目的经济高质量发展阶段，应用工业互联网前沿技术振兴我国制造业天地广阔，大有可为！本丛书主要汇集国内高校和科研院所的科研成果及企业的工程应用成果。热切希望我国 IT 人员与企业工程技术人员密切合作,促进工业互联网平台落地生根。期望本丛书这一绚丽的科技之花在祖国大地上结出丰硕的工程应用之果,为"制造强国、网络强国"建设作出新的、更大的贡献。

中国工程院院士

中国工业互联网研究院技术专家委员会主任

北京化工大学教授

2023 年 5 月

总序二

　　工业互联网作为新一代信息通信技术与工业经济深度融合的全新工业生态、关键基础设施和新型应用，是抢抓新一轮工业革命机遇的重要路径，是加快数字经济和实体经济深度融合的驱动力量，是新型工业化的战略支撑。党中央高度重视发展工业互联网，作出深入实施工业互联网创新发展战略、持续提升工业互联网创新能力等重大决策部署。习近平总书记在党的二十大报告中强调，我国要推进新型工业化，加快建设制造强国、网络强国，加快发展数字经济，促进数字经济和实体经济深度融合。这为加快推动工业互联网创新发展指明了前进方向，提供了根本遵循。

　　实施工业互联网创新发展战略以来，我国工业互联网从无到有、从小到大，走出了一条具有中国特色的工业互联网创新发展之路，取得了一系列标志性、阶段性成果。工业企业积极运用新型工业网络改造产线车间，工业互联网标识解析体系建设不断深化，新型基础设施广泛覆盖；国家工业互联网大数据中心体系加快构建，区域和行业分中心建设有序推进；综合型、特色型、专业型的多层次工业互联网平台体系基本形成，国家、省、企业三级协同的工业互联网安全技术监测服务体系初步建成；产业创新能力稳步提升，端边云计算、人工智能、区块链等新技术在制造业的应用不断深化，时间敏感网络芯片、工业 5G 芯片 / 模组 / 网关的研发和产业化进程加快，在大数据分析专业工具软件、工业机理模型、仿真引擎等方面突破了一系列平台发展瓶颈；行业融合应用空前活跃，应用范围逐步拓展至钢铁、机械、能源等 45 个国民经济重点行业，催生出平台化设计、智能化制造、网络化协同、个性化定制、服务化延伸、数字化管理等典型应用模式,有力促进工业企业提质、降本、增效及绿色、安全发展;5G 技术与工业互联网深度融合,远程设备操控、设备协同作业、机器视觉质检等典型场景加速普及。

　　征途回望千山远,前路放眼万木春。面向全面建设社会主义现代化国家新征程,工业互联网创新发展前景光明、空间广阔、任重道远。为进一步凝聚发展共识,展现我国工业互联网理论研究和实践探索成果,中国工业互联网研究院联合华中科技大学出版社启动"工业互联网前沿技术丛书"编撰工作。本丛书聚焦工业互联网网络、标识、平台、数据、安全等重点领域,系统介绍网络通信、数据集成、边缘计算、控制系统、工业软件等关键核心技术和产品,服务工业互联网技术创新与融合应用。

　　本丛书主要汇集了高校和科研院所的研究成果,以及企业一线的工程化应用案例和实践经验。由于工业互联网相关技术应用仍处在探索、更迭进程中,书中难免存在疏漏和不足之处,诚请广大专家和读者朋友批评指正。

　　是为序。

中国工业互联网研究院院长

2023 年 5 月

前言

　　当代系统认知、管理与控制的核心理论、方法与技术已经转移到大数据和人工智能技术上,这导致当前人工智能技术条件与复杂系统认知、管理、控制的需求之间形成了一道鸿沟。现实的需求催生了人工智能的一种新形态——人机混合增强智能形态,即人类智能与机器智能协同贯穿于系统认知、管理、控制等过程,人类的认知和机器智能认知混合,形成增强型的智能形态,这种形态是人工智能或机器智能可行的、重要的成长模式。

　　2018 年前后,以科技创新 2030——"新一代人工智能"重大项目的"人机混合智能"专题为契机,笔者团队开始了对人机混合智能在以电力系统为代表的复杂系统管控中应用的探索和研究。电力系统是最复杂的人工系统,我国电网规模庞大、结构复杂,随着新能源的大规模接入,其不确定性、开放性和脆弱性也愈加明显,单纯依赖调度员经验的调控模式面临的挑战日益严重,而常规的数据驱动方法在鲁棒性、可解释性等方面存在不足,难以应用于对决策可靠性有严格要求的实际调控业务。因此,将人类的高级认知能力与机器的强大分析能力相结合,构建人机混合智能模式,在未来电力系统以及其他高动态复杂系统的管理和控制方面具有显著的优越性。

　　为此,在近年来的研究中,笔者团队围绕混合智能在高动态复杂系统中的管控机制、交互途径、趋优方法及部署架构开展理论探索和实验验证,从多机协作、先验嵌入、知识工程、数据驱动四个角度构建高动态系统的人机混合智能管控关键技术体系,利用多元可解释人工智能技术与数字人技术建立新型人机交互模式,以人类智力评估理论为引导,建立智能量化评估结果驱动的混合智能自主趋优进化机制,最终提出混合智能在复杂系统管控中的部署架构。

　　人机混合智能研究目前尚处于蓬勃发展阶段,学界围绕其在复杂系统中应用的理论思想在不断丰富和深化,相关新技术和新方法也在不断涌现。笔者团队希望通过撰写本书,对团队近年工作进行总结,为相关领域的研究者提供一定参考。与此同时,人机混合智能这一议题尚存在大量未探索的领域,笔者对其认识还存在许多不足,请各位读者海涵,并提出批评和建议。

著者

2024 年 4 月

目录

第 1 章
基于多智能体的高动态系统调控关键技术

在大规模复杂高动态系统的优化管控场景中,数量庞大的可调度角色将导致单智能体(agent)强化学习(reinforcement learning,RL)面临维数灾难。本章以大规模多区域互联电网分布式调控为典型业务场景,基于多智能体强化学习算法与框架,构建高动态系统调控场景中多智能体的完全合作型混合博弈过程,部署基于值函数的多智能体强化学习算法以求解混合博弈的纳什均衡(Nash equilibrium,NE)状态,通过"集中训练-分散执行"的训练和部署框架,解决高比例新能源接入下大电网调控的不确定性与随机性带来的问题,可为大规模复杂高动态系统的多机协作调控提供基础技术思路。

1.1 计及风光新能源的电力系统源网协同实时调度策略

大规模分布式可再生能源(renewable energy resource,RES)接入正逐渐成为电网的显著特征。当电力系统出现用电高峰或定期维护时,可再生能源的随机性和波动性可能会使输电线路过载,随着可再生能源渗透率的增加,电力系统的不确定性也随之增加。有功功率校正控制(active power correction control,APCC,简称有功校正控制)是维持电力系统有功功率稳定的主要方法,对有功校正控制策略的研究集中在发电机出力调整、切负荷或需求响应等方面。一些研究人员开发了成本较低、潜力巨大的方法,即电网拓扑重构。Li 等人[1]基于美国电网的实际案例,对超过 150 万种故障进行了仿真分析,结果表明,在大多数故障场景中,拓扑调节(如母线投切、传输线切换等)可以有效缓解或消除输电线路过载现象。

电网规模的不断扩大和电力电子装置的广泛应用,使得电网的维数和非线性程度不断增加,从而导致基于传统的数学和物理机制对电网进行精确建模很难,这为我们用人工智能技术解决电力系统调控问题提供了契机。深度强化学习(deep reinforcement learning,DRL)将强化学习和深度学习(deep learning,DL)相结合,直接通过智能体与环境的交互进行学习。Diao 等人[2]提出了一种基于 Q 学习的无功电压优化控制方法,解决了传统无功优化对于非线性整数规划模型的收敛性问题。Zhang 等人[3]和 Yang 等人[4]将 DRL 方法应用于电压不稳定场景,构建了低压减载策略和并联电容投切方案,通过多个未知故障场景验证了所提方法的有效性。Duan 等人[5]将基于深度 Q 网络(deep Q-network,DQN)和深度确定性策略梯度(deep deterministic policy gradient,DDPG)算法的电压控制策略应用于自动电压控制(automatic voltage control,AVC),根据 SCADA(数据采集与监视控制)系统或 PMU(相量测量单元)采集的信息,保证各节点电压维持在标准范围内。目前,DRL 在游戏[6]、医疗[7]、自动驾驶[8]、无人机[9]、智能电网[10,11]等领域获得了广泛关注,且应用成果显著。然而,DRL 方法在高维动作空间(其维度通常大于 10^4)中很难表现良好。电力系统复杂性导致的"维数灾难"已成为 DRL 方法在该领域得到实际应用的最大障碍之一。

作为 DRL 的扩展技术,分布式深度强化学习(distributed deep reinforcement learning,DDRL)在多智能体系统(multi-agent system,MAS)中的应用有效解决了 DRL 面临的高维动作空间问题[12]。DDRL 技术通过在大型电网的总线上部署多个智能体,将电网划分为多个子控制区。由于多个智能体之间的交互和协作,每个智能体的动作空间维度可以降低到可接受的水平。Lin 等人[13]提出了基于语义信息的多智能体强化学习框架,该框架支持 DQN 和 A2C(advantage actor-critic)算法,可解决大规模车辆调度和管理问题。Tan[14]通过将独立 Q 学习(independent Q-learning,IQL)与 DQN 相结合,提出了每个智能体都有独立 Q 网络的 DDRL 框架。然而,IQL 算法不进行多个智能体之间的交互,因此每个智能体所处的环境是未知的、非静态的。这违背了马尔可夫决策过程(Markov decision process,MDP)的原理,无法证明算法的收敛性。Sunehag 等人[15]考虑到 IQL 算法导致的环境的动态不稳定性,提出了一种值分解网络(value decomposition network,VDN)算法,通过对每个智能体的 Q 值求和得到状态-动作值函数,数值结果表明 VDN 算法可以提高 DDRL 方法的收敛性。Rashid 等人[16]在 VDN 的基础上,通过构造混合网络来集成局部值函数,提出了 QMIX 算法,在训练过程中加入全局信息,以提高网络对 Q 值的拟合能力。然而,DDRL 在电力系统领域尚未得到研究和应用。

1.1.1　问题描述

1. 有功校正控制模型

电力系统有功校正控制问题是一个非线性、混合整数规划问题。电力系统有功校正控制一般通过调整发电机出力和切负荷实现,但这两种调整手段对潮流控制效果有限。母线投切(bus bar switch,BBS)是一种能够快速有效地校正潮流的有效手段,可以将元件从一个母线切换到另一个母线[17]。为快速响应可再生能源波动以防止支路潮流越限,本节考虑将母线投切优化规划方法应用到电力系统有功校正控制问题中。校正控制的数学模型如下:

$$\min_{y_l, P_{G_{i,t}}} \sum_{t=1}^{t_{end}} (C_{loss}(t) + C_{redis}(t)) + \sum_{t=t_{end}}^{T_e} C_{bkt}(t) \tag{1-1}$$

$$C_{loss}(t) = \sum_{l \in N_l} r_l y_l^2(t) \tag{1-2}$$

$$C_{redis}(t) = \alpha \sum_{i \in N_{Gen}} |P_{G_{i,t-1}} - P_{G_{i,t}}| \tag{1-3}$$

$$C_{bkt}(t) = \sum_{j \in N_{Load}} \beta P_{j,t} \tag{1-4}$$

式中:$C_{loss}(t)$、$C_{redis}(t)$和$C_{bkt}(t)$分别是功率损耗成本、发电机出力调整成本和停电成本;t_{end}是电力系统停电的时刻;T_e是停电持续时间;N_l、N_{Gen}和N_{Load}分别是线路、发电机、负荷的集合;r_l和y_l分别为线路l的电阻和有功功率;α是发电机出力调整成本系数;β是负荷停电成本系数;$P_{G_{i,t}}$、$P_{G_{i,t-1}}$分别是发电机i在时刻t和时刻$t-1$的有功出力;$P_{j,t}$是停电期间时刻t的能量损失。

相较于发电机出力调整,本章中拓扑动作的成本设置得更小。用一个二元变量表示母线投切动作,当线路l切换时其值为1。考虑到电力系统的稳定性,应限制在一个时间段内的母线投切动作,即

$$\sum_{l \in N_l} H_l \leqslant N_l^{max} \tag{1-5}$$

式中:H_l是一个二元变量,当线路l动作时为1,否则为0;N_l^{max}是允许切换的最大线路数。

2. 随机博弈与纳什均衡

受限于智能体的动作空间维度和观测空间大小,单个智能体无法做到适用于大规模电力系统的所有功能和管理方案。为了应对"维数灾难",在大规模电网中实施协同控制和管理方案,多智能体系统是必不可少的。在 DDRL 框架中,每个智能体遵循强化学习的基本范式,既需要考虑自身的探索性(智能体需要对环境中各种可能的情况进行充分的学习),又需要考虑其他智能体的策略对环境的影响。主体间的相互作用可以用合作随机博弈的形式来捕捉。DDRL框架的主要组成部分包括:

(1)智能体:单个有功功率校正(APC)决策模型,电网中全部智能体的集合

构成多智能体系统 A_{ag}。

（2）状态：状态量 s_t 包括时刻 t 的发电机有功出力、线路容量使用情况、电气量等，满足 $s_t \in \mathcal{S}$，其中 $\mathcal{S}$ 表示状态空间。

（3）观测：观测量 $o_{i,t}$ 表示智能体 i 在时刻 t 所观测到的局部量，满足 $o_{i,t} \in \mathcal{O}_i$，其中 $\mathcal{O}_i$ 表示智能体 i 的局部可观测空间。

（4）动作：动作量 $a_{i,t}$ 表示智能体 i 在时刻 t 的母线投切动作，满足 $a_{i,t} \in \mathcal{A}_i$，其中 $\mathcal{A}_i$ 表示智能体 i 的动作空间。

（5）奖励：奖励值 $r_{i,t}$ 表示智能体 i 在时刻 t 所获得的即时奖励。

在时刻 $t \in T$（T 为运行时长），可再生能源随机接入电网，可能造成输电线路过载。将线路的利用率控制在特定范围内，可以降低电能损耗和过载概率。因此，基于式（1-1）至式（1-4），t 时刻的系统性能可以表示为[①]

$$g_t = \sum_{l \in N_l} \left[\max(0, 1 - \rho_l^2) - \varphi \max(0, \rho_l - 0.9) - \psi \max(0, \rho_l - 1) \right]$$

$$(1\text{-}6)$$

式中：ρ_l 是线路 l 的负载率；φ 和 ψ 分别为重载和超载的惩罚系数。

每个 APC 智能体在电力系统维持正常运行时获得一个累积奖励，在电力系统发生大停电时获得更大的负奖励。因此，各个 APC 智能体进行合作随机博弈，并根据它们的观测值达到纳什均衡。第 i 个 APC 智能体在时刻 k 的即时奖励和累积奖励可以分别表示为

$$r_{i,k} = \begin{cases} \kappa & \text{（系统大停电）} \\ \sum_{i=0}^{k} g_k & \text{（其他）} \end{cases}$$

$$(1\text{-}7)$$

$$R(s_k) = \sum_{t=k}^{T} \gamma_i^{t-k} r_{i,t}$$

$$(1\text{-}8)$$

式中：κ 是一个负的常数；γ_i^{t-k} 是第 i 个 APC 智能体的折现因子；s_k 是时刻 k 的状态量。

APC 旨在维持电力系统的正常运行，即预期奖励。我们可以计算所有状态的累积奖励，除非系统崩溃或调度结束。因此，引入价值函数来评估状态未来的潜在回报，即

$$V_i(s_k) = E[R(s_k) \mid S_t = s_k] = E[R(s_{k+1}) + \gamma V_i(s_{k+1}) \mid S_t = s_k, A_t = a_k]$$

$$= \sum_{s_{k+1}, r_{i,k}} p(s_{k+1}, r_{i,k} \mid s_k, a_k)[r_{i,k} + \gamma V_i(s_{k+1})]$$

$$(1\text{-}9)$$

---

① 参见 https://github.com/unaioperator/l2rpn-neurips-2020.

式中：E 表示数学期望；$V_i(s_k)$、$V_i(s_{k+1})$ 分别是 k 和 $k+1$ 时刻的价值函数；S_t 为 t 时刻的状态；A_t 为 t 时刻的动作；$\boldsymbol{a}_k = [a_{1,k}, a_{2,k}, \cdots, a_{i,k}, \cdots, a_{N,k}]^{\mathrm{T}}$ 表示联合动作；$p(s_{k+1}, r_{i,k} \mid s_k, \boldsymbol{a}_k)$ 为状态转移概率，满足 $p: s_k \times \boldsymbol{a}_k \times s_{k+1} \rightarrow [0,1]$；$\gamma$ 为折现因子。式(1-9)表明随机博弈具有马尔可夫(Markov)性质。

$\pi_{i,k}: s_k \rightarrow a_{i,k}$ 表示第 i 个 APC 智能体的策略，APC 智能体的联合策略可表示为 $\boldsymbol{\pi}_k = [\pi_{1,k}, \pi_{2,k}, \cdots, \pi_{i,k}, \cdots, \pi_{N,k}]^{\mathrm{T}}$。价值函数与 APC 智能体的联合策略有关，可表示为 $V_i(s_k, \boldsymbol{\pi}_k)$。

随机博弈的解为纳什均衡解，纳什均衡是一种没有智能体可以通过单方面改变策略来获益的博弈状态。将有功校正控制问题的纳什均衡解记为 $\boldsymbol{\pi}_k^* = [\pi_{1,k}^*, \pi_{2,k}^*, \cdots, \pi_{i,k}^*, \cdots, \pi_{N,k}^*]^{\mathrm{T}}$，纳什均衡解的最优性可以表示为

$$V_i(s_k, \boldsymbol{\pi}_k^*) \geqslant V_i(s_k, \boldsymbol{\pi}_{k,-i}^*), \qquad \forall i \in N \tag{1-10}$$

式中：$\boldsymbol{\pi}_{k,-i}^*$ 是不包括第 i 个 APC 智能体策略的最优策略，$\boldsymbol{\pi}_{k,-i}^* = [\pi_{1,k}^*, \pi_{2,k}^*, \cdots, \pi_{i-1,k}^*, \pi_{i+1,k}^*, \cdots, \pi_{N,k}^*]^{\mathrm{T}}$。

在有功校正控制随机博弈中，我们基于贝尔曼方程求解 Q 函数的最优化问题以得到纳什均衡解：

$$\max_{\boldsymbol{\pi}_k} Q_i(s_k, \boldsymbol{a}_k) = \sum_{s_{k+1} \in \mathcal{S}} p(s_{k+1}, r_{i,k} \mid s_k, \boldsymbol{a}_k)[r_{i,k} + \gamma V_i(s_{k+1})]$$

$$\tag{1-11}$$

式中：$Q_i(s_k, \boldsymbol{a}_k)$ 为状态-动作值函数。

因此，我们需要搜索最大 Q 值来获得纳什均衡解 $\boldsymbol{\pi}_k^*$。为了解决这个问题，以前有些文献中提出了基于模型的方法，试图处理 APC 智能体的行为，然而，这些方法的性能受限于模型的精度。因此，我们采用一种无模型方法，即 DQN 方法来搜索纳什均衡解。

1.1.2 DDRL 架构

1. 深度循环 Q 网络

在有功校正控制随机博弈中，每个 APC 的探索是一个部分观测马尔可夫决策过程(partial observation Markov decision process，POMDP)。笔者提出了深度循环 Q 网络(deep recurrent Q-Network，DRQN)算法来解决部分观测问题。基于 DQN 的基本结构，DRQN 用循环长短期记忆(long short-term memory，LSTM)网络代替第一个卷积后的全连接层[18]。在训练过程中，卷积层和 LSTM 层一起更新。部分观测得到的 Q 值可以更接近真实 Q 值，即

$$Q(o_t, a_t; \boldsymbol{\theta}) \rightarrow Q(s_t, a_t; \boldsymbol{\theta})$$

在时刻 t，智能体从环境中获得状态量 s_t 后，通过全连接神经网络估计 Q 值并选择最大 Q 值对应的动作。DRQN 智能体在下一个时刻获得奖励值 r_t 和状态量 s_{t+1}。本次交互获得的经验 $e(s_t, a_t, r_t, s_{t+1})$ 存储在重放缓冲区中，这有助于 DRQN 消除独立同分布训练数据集之间的关系。

考虑到 Q 学习算法在一定条件下可能会高估动作值，应用双 Q 网络来更好地拟合 Q 函数。在智能体训练过程中，主网络 Q 主要用于寻找下一时间步 Q 值最大的动作 a_{t+1}，然后目标网络 Q' 采用与 Q 网络结构相同的目标网络来估计动作的 Q 值。由于动作的目标 Q 值可能不是最大的，因此该过程可以有效避免高估次优动作。主网络 Q 的权值在一个固定的时间步长内被复制到目标网络中。

从重放缓冲区中提取数据后，通过最小化损失函数的序列来训练主网络 Q：

$$L(\boldsymbol{\theta}) = E_{(s_t, a_t) \sim p} \left[(y_i - Q(s_t, a_t; \boldsymbol{\theta}, \alpha, \beta))^2 \right] \tag{1-12}$$

式中：y_i 是目标网络 Q' 计算中第 i 次迭代的目标 Q 值；p 是状态-动作对的概率分布 (s_t, a_t)；DRQN 网络权值可通过损失函数 $L(\boldsymbol{\theta})$ 以随机梯度进行更新。为避免算法陷入局部最优解，采用软更新方法，即

$$\hat{\boldsymbol{\theta}} \leftarrow \zeta \boldsymbol{\theta} + (1 - \zeta) \hat{\boldsymbol{\theta}} \tag{1-13}$$

式中：$\boldsymbol{\theta}$ 和 $\hat{\boldsymbol{\theta}}$ 分别是主网络 Q 和目标网络 Q' 的权重；ζ 是软更新系数。

2. QMIX 方法

DDRL 的一个主要问题是，当状态-动作值函数 $Q(s_k, a_k)$ 的参数随智能体数量增加呈指数级增长时，如何有效地学习该函数并寻找合适的近似函数。考虑到环境的复杂性和智能体间通信的不确定性，DDRL 问题针对的是一个去中心化的、部分可观测的马尔可夫决策过程（decentralized, partially observable Markov decision process, Dec-POMDP)[19]。

QMIX 是 DDRL 的单调值函数分解算法，它在一个 Dec-POMDP 中最大化状态-动作值函数。该方法利用混合网络来组合智能体的局部值函数，并在训练过程中使用全局状态信息，以提高 DQN 算法的性能。QMIX 采用集中式训练和分布式执行框架，在训练中采用全局状态，在执行中进行部分观测。

假设智能体 i 在时刻 t 有部分观测量 $o_{i,t}$，动作量 $a_{i,t}$，此时系统全局状态为 s_t。$\boldsymbol{\tau} = [\tau_1, \tau_2, \cdots, \tau_i, \cdots, \tau_n]$ 表示联合行动观察历史，τ_i 表示单个智能体的行动观察历史；$\boldsymbol{a} = [a_1, a_2, \cdots, a_i, \cdots, a_n]$ 表示多智能体的共同作用；$\pi_i(\tau_i)$ 和 $Q_i(\tau_i, a_i; \theta_i)$ 分别是智能体 i 的策略函数和 Q 函数，$Q_{tot}(Q_1, Q_2, \cdots, Q_n)$ 是多智能体的联合 Q 函数。可以看出，$Q_i(\tau_i, a_i; \theta_i)$ 与 τ_i 有关，而与 s_t 无关。

QMIX 网络结构如图 1-1 所示。混合网络使用正的权重 W_1 和 W_2 来满足单调性约束,即

$$\frac{\partial Q_{\text{tot}}}{\partial Q_i} \geqslant 0, \quad \forall i \in \{1, 2, \cdots, n\} \tag{1-14}$$

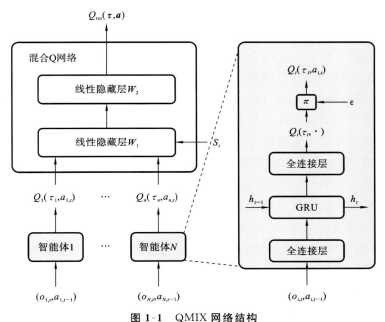

图 1-1　QMIX 网络结构

由于智能体的 Q 函数在 QMIX 网络中具有相同的单调性,因此联合 Q 函数的最大化等价于每个局部 Q 函数的最大化。因此,我们可以得到最优联合策略:

$$\text{argmax}_{\boldsymbol{\theta}} Q_{\text{tot}}(\boldsymbol{\tau}, \boldsymbol{a}; \boldsymbol{\theta}) = \begin{pmatrix} \text{argmax}_{\theta_1} Q_1(\tau_1, a_1; \theta_1) \\ \text{argmax}_{\theta_2} Q_2(\tau_2, a_2; \theta_2) \\ \vdots \\ \text{argmax}_{\theta_n} Q_n(\tau_n, a_n; \theta_n) \end{pmatrix} \tag{1-15}$$

如图 1-1 所示,各智能体采用 DRQN 拟合其 Q 函数 $Q_i(\tau_i, a_i; \theta_i)$。考虑到有功校正控制问题的输入为数值,我们将 DRQN 中的两个卷积层替换为两个全连接层。此外,由于门控循环单元(gated recurrent unit,GRU)的计算开销较小,我们在循环部分选择 GRU 算法而不是 LSTM 算法。DRQN 将观测量 $o_{i,t}$ 和动作量 $a_{i,t-1}$ 作为输入,通过带参数 ε 的贪婪算法计算 Q 值。

QMIX 损失函数为

$$L(\boldsymbol{\theta}) = \sum_{i=1}^{n} E_{(s,a)\sim p} \left[\left(y_i^{\text{tot}} - Q_{\text{tot}}(\boldsymbol{\tau}, \boldsymbol{a}, s; \boldsymbol{\theta}) \right)^2 \right] \tag{1-16}$$

式中：$y_i^{\text{tot}} = r_i + \gamma_i \max\limits_{a'} Q(\boldsymbol{\tau}', \boldsymbol{a}', s'; \hat{\boldsymbol{\theta}})$；$\boldsymbol{\theta} = [\theta_1, \theta_2, \cdots, \theta_n]$。

3. DDRL 的集中训练算法

在前文介绍的 QMIX 方法的基础上，建立 DDRL 的训练架构，以获得有功校正控制随机博弈的纳什均衡解。在训练之前，用随机权重初始化网络，并建立重放缓冲区。在每一个回合的交互中，各个 APC 智能体从一开始的系统状态中获得它们的部分观测结果。在采取行动之前，每个 APC 智能体执行空动作（即不动），通过 Grid2Op 平台①仿真后检查系统是否处于危险状态。我们将危险状态预先定义为任意线路的负载率大于 0.95，或者发生系统故障的状态。如果系统不处于危险状态，APC 智能体仍采取空动作。当危险标志在仿真系统中为真（True）时，APC 智能体在其动作空间中进行动作探索。

考虑到每个 APC 智能体的动作空间足够大，应该引导每个 APC 智能体进行探索以提高算法性能。在探索之前，如果每个 APC 智能体在其控制区域内都存在断开连接的线路，则探索所有动作，否则只探索 N_k 个 Q 值排名靠前的动作。这 N_k 个动作被称为顶级 N_k 动作。在顶级 N_k 动作中，选择获得最大仿真奖励的可行动作。排名靠前的另一组 N_{kb} 动作在顶级 N_k 动作无效或没有有效的动作时会被探索。更进一步，当 APC 智能体无法探索出可行动作时，选择历史动作中获得最大仿真奖励的动作。

动作选择完成后，在环境中执行由 APC 智能体选择组成的联合行动。在获得 APC 智能体的下一个状态和奖励后，以特定的规则将 $(s_t, \boldsymbol{a}^t, s_{t+1}, r_t, d_t)_\tau$ 存储到重放缓冲区。当重放缓冲区的内存大小达到阈值时，使用批量样本计算目标 QMIX 网络中的 Q 值。QMIX 网络的参数根据由式（1-16）计算的损失进行更新。训练过程迭代运行，直至达到指定的交互回合数。该算法称为分布式有功功率校正控制（distributed active power correction control，DAPCC）算法，其描述了有功校正控制的 DDRL 训练过程，具体如下。

算法 1-1　DAPCC 算法

1.　使用随机权重 θ_i 初始化 APC 的 DRQN 网络，用随机权重 W_1 和 W_2 初始化混合网络，初始化经验池 $\mathcal{D}$

2.　**for** episode＝1 to I **do**

---

① 网址为 https://github.com/rte-france/GridzOp.

3.　重置电网环境

4.　**for** $t=1$ to T **do**

5.　从状态 s_t 中获取多智能体的局部观测量 $o_{1,t}, o_{2,t}, \cdots, o_{i,t}, \cdots, o_{N,t}$，并检查危险标志（超载或系统崩溃时为 True，正常状态下为 False）

6.　**if** 危险标志 **then**

7.　　**for** $i=1$ to N **do**

8.　　　当博弈结束标志为 True 时，选择 N_k 个动作中获得最大仿真奖励的可行动作（超载或系统崩溃时为 True，正常状态下为 False）

9.　　　**if** 可行动作为 None **then**

10.　　　当博弈结束标志为 True 时，选择 N_{kb} 中具有最大仿真奖励的可行动作

11.　　　**if** 可行动作为 None **then**

12.　　　　在历史动作中选择一个获得最大仿真奖励的动作

13　　　**end if**

14　　**end if**

15.　　**end for**

16.　　验证仿真系统中的动作，组合每个智能体的动作，作为输出动作 $\boldsymbol{a}^t=[a_1^t, a_2^t, \cdots, a_i^t, \cdots, a_N^t]$

17.　**else then**

18.　选择空动作 $[a_1^0, \cdots, a_i^0, \cdots, a_N^0]$ 作为输出动作 $\boldsymbol{a}^t$

19.　**end if**

20.　在电网环境中执行动作，获得下一时刻状态 s_{t+1}、奖励 r_t 和 d_t，在经验池 $\mathcal{D}$ 中存储并转移 $(s_t, \boldsymbol{a}^t, s_{t+1}, r_t, d_t)_\tau$

21.　从经验池 $\mathcal{D}$ 中采集一个批次的样本

22.　计算 QMIX 网络的 Q 值：

$$y_i^{\mathrm{tot}} = \begin{cases} r_i & (d_t \text{ 为真}) \\ r_i + \gamma_i \max\limits_{a'} Q(\tau', a', s'; \hat{\boldsymbol{\theta}}) & (\text{其他}) \end{cases}$$

23.　基于损失更新 QMIX 网络参数：

$$L(\boldsymbol{\theta}) = \sum_{i=1}^{n} E_{(s,a)\sim p} \left[(y_i^{\mathrm{tot}} - Q_{\mathrm{tot}}(\tau, a, s; \boldsymbol{\theta}))^2 \right]$$

24.　利用主网络权重 $\boldsymbol{\theta}$ 对目标网络权重 $\hat{\boldsymbol{\theta}}$ 进行硬更新

25.　更新状态，$s_t = s_{t+1}$

26.　**end for**

27.　**end for**

4. 有功校正控制分布式执行架构

　　基于提出的训练算法，笔者设计了一个在线执行过程以获得有功校正控制博弈的纳什均衡解。在有功校正控制中，智能体的首要目的是在不同的运行条

件下维护电网的正常运行。高维和非线性的系统特性使得预测每个控制动作的影响具有挑战性。例如,当干扰较小时,只有少数智能体采取行动的策略可能会优于所有智能体采取行动的策略。因此,提出一种动作优化机制——分布式执行机制来获得 APC 智能体的最优联合动作,分布式执行机制流程如图 1-2所示。

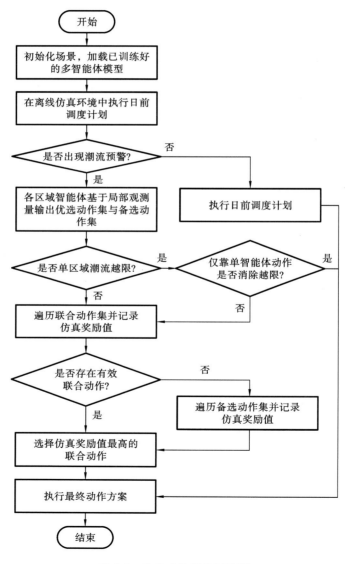

图 1-2　分布式执行机制流程

通过排列和组合来获得 APC 智能体的联合动作集。这种机制可以提高多智能体控制的适应性。每个 APC 智能体的探索动作与算法 1-1 中提到的相同。在场景中执行时,需要模拟动作集中的每个联合动作,以确定其是否有效。如果动作集合中的所有动作都无效,则采用随机选择的联合动作,否则,选择获得最大奖励的联合动作。动作选择后,检查联络线的传输功率以确定是否执行联合动作。如果某一个联合动作导致任一联络线过载,则将该联合动作删除并寻找另一个可行的联合动作。在这里,我们主要考虑联络线的传输功率,以确保潮流接口的稳定性。

1.1.3 案例研究

笔者对所提出的有功校正控制方法在 Grid2Op 开源平台上进行了评估。使用"2020 学习运行电力网络——NeurIPS Track 2"全球竞赛案例①提供的 118 节点电网对 DAPCC 算法性能进行评估。在 118 节点电网中,我们将集中控制区域划分为三个分布式控制区域(见图 1-3),实现了用三个基于 QMIX 方法的智能体分别控制三个区域的元素。我们选择了一个多混合数据集——一组具有不同数量可再生能源的案例,每个案例的电源类型占比如图 1-4 所示。

每个混合数据集包括 576 个场景,涵盖 48 年内的每个月。每个场景包含连续 28 天的数据,分辨率为 5 min。由于可再生能源渗透率在不同场景下会发生变化,并且要考虑线路的维护,我们需要训练智能体以适应电网中的可再生能源的接入。训练后,在训练集中不存在的隐藏的新混合数据集上对智能体进行测试,以评估其适应性。每个月从数据中随机抽取 24 个测试场景,涵盖一年典型场景的特征。

在案例研究中部署智能体时,QMIX 方法的网络结构由三个相同的 DRQN 和一个混合网络组成,DRQN 由两个全连接层和一个具有 512 个神经元的 GRU 层组成。混合网络由具有 256 个神经元的深度神经网络(deep neural network,DNN)组成。使用 ReLU 作为激活函数,batch size(批次大小)设置为 64。QMIX 网络采用均方根误差(RMS),学习率设置为 0.0005,最大交互步数设置为 4000。有功校正控制问题的反应时间和恢复时间设置为三个时间步,即 15 min。实验在配有三个 GPU(显卡)的 Linux 服务器上进行。

① 网址为 https://competitions.codalab.org/competitions/25426.

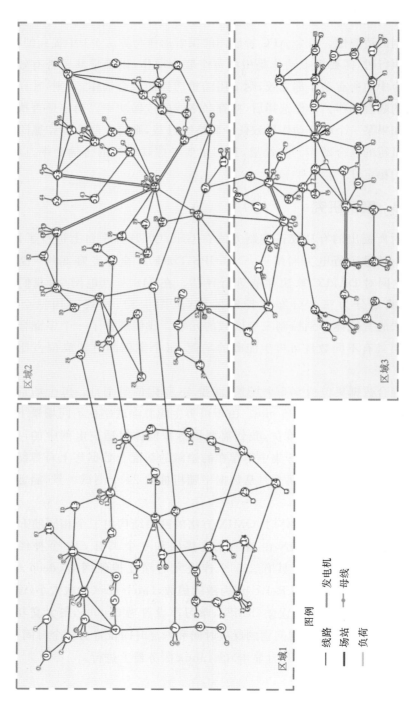

图 1-3　118 节点电网的拓扑结构

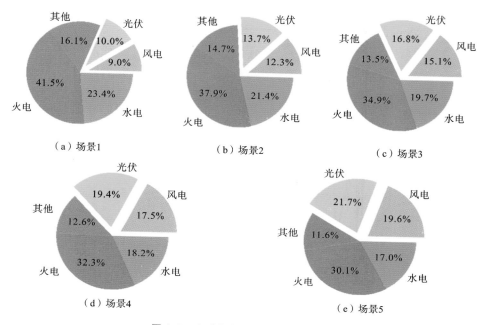

图 1-4　实验场景的能源类型比例

1. 集中式学习

采用 1.1.2 节提出的集中训练算法对三个 APC 智能体进行训练。通过蒙特卡罗树搜索（Monte Carlo tree search，MCTS），将区域 1、区域 2 和区域 3 的有效动作数量分别设置为 46、540 和 565。从搜索结果可以看出，区域 2 和区域 3 的网络复杂度高于区域 1。三个区域的有效动作矩阵分别表示三个 APC 智能体的动作空间，并在每个 APC 智能体的动作空间中加入空动作。

进行 1000 个回合的交互训练，每 200 个回合取累积奖励的移动平均值。DAPCC 的累积奖励曲线如图 1-5 所示。在训练初期，随机选择可再生能源渗透率可变的场景，累积奖励的变化趋势差异巨大。进行 200～600 个回合的交互训练后，累积奖励曲线变得稳定且呈递增态势。可以看出，累积奖励最终在经过约 800 个回合的交互训练后开始收敛，这表明有功校正控制可能已经达到纳什均衡状态。

2. 分布式执行性能

获得训练好的 APC 智能体后，需要评估它们是否能够解决有功校正控制问题。24 个测试场景的信息如表 1-1 所示，其中包含了各类案例。

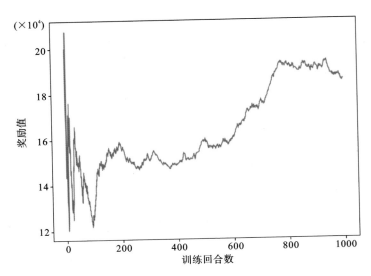

图 1-5　训练阶段累积奖励曲线

表 1-1　场景信息

混合场景集 ID	场景数	场景最大可再生能源渗透率					
场景集 1	3	14.22%,	12.78%,	13.79%			
场景集 2	4	17.13%,	23.09%,	19.67%,	24.78%		
场景集 3	6	24.57%,	24.64%,	29.38%,	24.80%,	25.81%,	22.42%
场景集 4	6	28.53%,	35.11%,	30.26%,	40.38%,	33.36%,	34.55%
场景集 5	5	46.37%,	38.38%,	37.95%,	38.91%,	45.30%	

　　在评估过程中,按照可再生能源的渗透率顺序测试所训练的 APC 智能体,并将场景的最大交互步数设置为 4000。图 1-6 给出了 DPACC 在 24 个测试场景下的性能,图中 M1A 表示单个时隙内允许的 APC 动作数量为 1,M3A 表示单个时隙内允许的 APC 动作数量为 3。可以注意到,这里使用空动作来与其他方案进行比较。

　　在前 7 个场景中,环境的混合数据包含在场景集 1 和场景集 2 内。可见,DAPCC 的控制作用是有效的,可以使电力系统保持更长的运行时间。考虑到场景集 1 和场景集 2 中的场景仅包含 19 % 的可再生能源,M3A 方案的性能与 M1A 方案相当。在接下来的场景集 3 和场景集 4 的 12 个场景中,M3A 方案比 M1A 方案表现得更加有效和稳定,这表明我们提出的分布式执行方案对解决

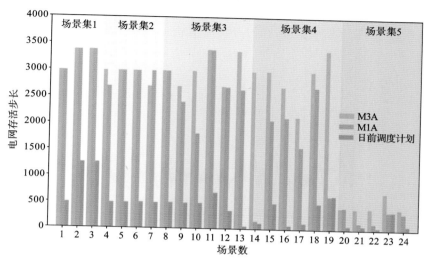

图 1-6 DAPCC 在 24 个测试场景下的性能

有功校正控制问题是有利的。后面 5 个场景对仅有 BBS 控制的智能体来说是困难的,场景集 5 包含 41.3％的可再生能源。但采用 M3A 方案的 APC 动作也优于采用其他行动方案的 APC 动作。注意到场景集 1 到场景集 4 中每个时间步的平均决策时间在 40 ms 左右,这表明所提方法对于有功校正控制问题具有实用性。

3. 控制方法的适应性

为了全面评估 DAPCC 的性能,我们随机选择了两个场景集,即场景集 2 和场景集 4,来测试我们训练的 APC 智能体,实验包含 M3A 动作方案和 M1A 动作方案的对比。采用 M3A 方案和 M1A 方案时,在场景集 2 中各场景下的智能体存活步长几乎相同,而在场景集 4 中各场景下则不同。

我们首先研究了每个控制区域的最大线路负载率,以直接反映控制策略的有效性。如图 1-7 所示,系统在大约 500 步时以空动作中断运行。这说明如果不采取控制措施,插入可再生能源会导致电力系统严重过载。由图 1-7(a)可知,虽然采用 M1A 方案和 M3A 方案时智能体的存活步长都达到了 3000 步,但采用 M1A 方案时,最大线路负载率在运行步长为 2800 步左右时急剧增加,这表明 M3A 方案的鲁棒性优于 M1A 方案。从图 1-7(b)可以看出,随着可再生能源渗透率的增加,空动作方案(日前调度计划)和 M1A 方案不能像 M3A 方案那样可消除或减轻过载,这证明了我们所提出的控制方法的适应性。

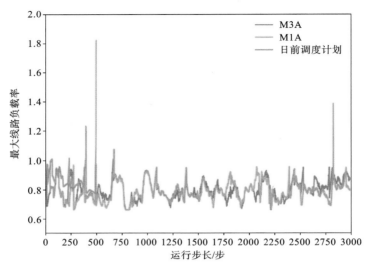

（a）场景集2中不同方案下的系统运行状态

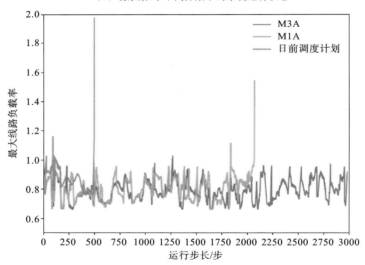

（b）场景集4中不同方案下的系统运行状态

图1-7　不同方案下系统运行状态的比较

　　在研究了每个 APC 智能体的控制性能后,重点关注联络线的线路负载率,以评估 APC 智能体之间的协调性。我们记录了测试时场景集 2 和场景集 4 中各场景下的线路负载率。18 号、33 号、68 号、69 号、74 号和 76 号母线连接的负荷和线路比其他母线多,被视为重载母线。因此,我们对 109 号、8 号、12 号线路的输电功率进行了检测,如图 1-8 所示。可见,这三条联络线的线路负载率始

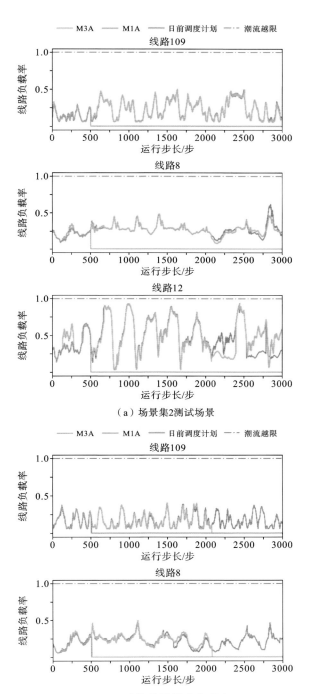

（a）场景集2测试场景

图 1-8　联络线的线路负载率

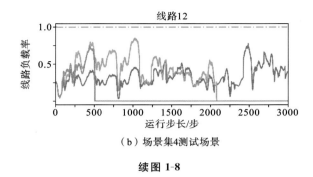

（b）场景集4测试场景

续图 1-8

终可以控制在基线以下。这说明 DAPCC 方法可用于多区域协调控制。

1.2 基于邻域特征聚合的高比例新能源电力系统源储协同实时调度策略

基于 1.1 节的仿真分析，可以看到在新能源接入比例逐步上升时，基于值函数的多智能体强化学习算法并没有展现出较好的功率调度性能。为了解决基于值函数的多智能体强化学习算法面临的控制粒度不足、多区域电网灵活性调节资源利用不足等问题，考虑采用多资源协同的多智能体强化学习连续控制方法。然而，考虑到电力系统的复杂性与随机性，在出现源荷波动、N-1 故障等情况时，电网的有向图信息会发生较大的变化，网络的潮流转移也会随之变化。图注意力网络[20]（graph attention network，GAT）通过将图神经网络（GNN）与注意力机制相结合，可以在处理具有任意结构的图数据的同时，实现节点邻域信息的高效聚合[21,22]。部署 GAT 的强化学习智能体在处理电网图数据方面具有高效的学习性能，考虑拓扑特征与邻域特征的方法将会提升其处理强随机性的复杂系统任务的能力。

梯度下降方法一直存在策略方差大的问题，智能体数量的增加会加剧这个问题，从而使采用演员-评论家（actor-critic，AC）结构的强化学习方法在多智能体应用中受到的限制更多。多智能体深度确定性策略梯度（multi-agent deep deterministic policy gradient，MADDPG）方法是一种集中训练、分散执行的多智能体强化学习算法，它通过在集中式 Critic 网络中输入所有智能体的状态和动作来解决多智能体环境非平稳性问题。在此基础上，笔者提出了一种考虑邻域特征聚合和源储协同的电网分布式实时调度方法，该方法在多智能体的Actor 网络中加入了 GAT 层，从而提升了每个智能体对多阶邻域特征的聚合与提取能力。我们将 GAT 的功能称为邻域特征聚合(neighbor feature aggregation，NFA)，该功能可以使发电机智能体对邻域内节点负荷变化、新能源变化、线路潮流变化等信息变得更加敏感，同时使储能智能体能够更快捕捉到新能源的变化特性，利用源储协同的方式消除极端场景对电网潮流安全的冲击，为应对高比例新能源的强不确定性、电网的强随机性等问题提供了一种高效可行的智能体范式。

1.2.1　基础模型与理论方法

1. 考虑源储协同的电网实时调度模型

为了抑制实时调度阶段新能源的强不确定性，电力系统需要对调节速度快的灵活性资源进行调度，通过"新能源-储能"的互补运行模式来维持电力平衡和安全稳定。这里主要是利用源储协同来解决高比例新能源接入时电网的实时调度难题，故不考虑变电站母线投切策略。以电力系统运行成本最低为目标建立目标函数，本节的实时调度模型为：

$$\min \sum_{t=t_0+1}^{t_0+T} \left[\sum_{i}^{N_G} \left[C_i(P_{i,t}^{DA} + \Delta P_{i,t}) + C_i^{redis}(\Delta P_{i,t}) \right] + \sum_{j}^{N_{ESS}} C_j^{ESS}(P_{j,t}^{ESS}) \right] \quad (1\text{-}17)$$

$$P_{D,t} = \sum_{i \in N_{Gen}} (P_{i,t}^{DA} + \Delta P_{i,t}) + \sum_{j \in N_{ESS}} P_{j,t}^{ESS} + P_{RES,t} \quad (1\text{-}18)$$

$$P_{j,t}^{ESS} = E_j^{rated} \left(\mu_{j,t}^{dis} \eta_j + \frac{\mu_{j,t}^{cha}}{\eta_j} \right)(S_{j,t} - S_{j,t-1}) \quad (1\text{-}19)$$

$$\mu_{j,t}^{dis} + \mu_{j,t}^{cha} \leqslant 1, \quad \forall j \in N_{ESS} \quad (1\text{-}20)$$

$$S_{j,t}^{min} \leqslant S_{j,t} \leqslant S_{j,t}^{max} \quad (1\text{-}21)$$

$$|P_{j,t}^{ESS}| \leqslant \psi_j^{ramp} E_{ESS}^{rated} \quad (1\text{-}22)$$

$$P_i^{min} \leqslant P_{i,t}^{DA} + \Delta P_{i,t} \leqslant P_i^{max} \quad (1\text{-}23)$$

$$|\Delta P_{i,t}| \leqslant P_i^{ramp} \quad (1\text{-}24)$$

$$|P_{L,t}| \leqslant P_L^{max} \quad (1\text{-}25)$$

目标函数中加入了储能运行成本，即 $C_j^{ESS}(P_j^{ESS}) = c_j^{ESS}|P_j^{ESS}|$，$P_{j,t}^{ESS}$ 为储能智能体 j 在第 t 个时刻的充放电功率(放电时功率为正，充电时功率为负)，c_j^{ESS} 为储能智能体 j 的充放电成本系数。式(1-17)中 $P_{i,t}^{DA}$ 表示 t 时刻发电机 i 的日前调度计划值，$\Delta P_{i,t}$ 表示 t 时刻发电机 i 的实时调度功率调整量，C_i^{redis} 表示发电机 i 的有功修正惩罚函数。式(1-18)表示功率平衡约束，$P_{RES,t}$ 为 t 时刻新能源有功功率。式(1-19)为储能充放电功率转换方程，其中 E_j^{rated} 为储能智能体 j 的额定容量，$\mu_{j,t}^{cha}$ 和 $\mu_{j,t}^{dis}$ 分别为储能智能体 j 在第 t 个时刻的充电和放

电状态（0-1 变量），η_j 为储能智能体 j 的能量转换效率系数，$S_{j,t}$ 表示储能智能体 j 在第 t 个时刻的荷电状态（state of charge，SoC）。式（1-20）表示储能智能体充放电状态约束。式（1-21）表示储能智能体 j 的 SoC 约束，其中 $S_{j,t}^{\min}$ 和 $S_{j,t}^{\max}$ 分别为储能智能体 j 的最小和最大 SoC 值。式（1-22）表示储能智能体 j 的充放电爬坡约束，其中 ψ_j^{ramp} 为储能智能体 j 的充放电爬坡系数。式（1-23）表示发电机出力约束，其中 $P_i^{\max}$ 和 $P_i^{\min}$ 为发电机 i 的最大出力与最小出力。式（1-24）表示发电机爬坡限制，其中 P_i^{ramp} 为发电机 i 在单位时间周期内的爬坡限制。式（1-25）表示线路输送容量约束，其中 $P_{L,t}$ 为 t 时刻线路输送功率，$P_L^{\max}$ 为线路最大输送容量。N_{Gen} 和 N_{ESS} 分别为发电机智能体与储能智能体的集合。

2. 源储协同实时调度的马尔可夫决策过程模型

源储协同实时调度的马尔可夫决策模型主要包括以下元素：

（1）智能体：每个区域内的调度智能体 i 主要考虑发电机再调度动作和储能调节动作，多智能体均采用连续动作空间决策。N_{ag} 为多智能体的集合。

（2）状态：t 时刻的系统状态 s_t 包括风电机组 t 时刻日前预测有功出力 $P_t^{\text{W,DA}}$ 和实时预测有功出力 P_t^{W}、光伏机组 t 时刻日前预测有功出力 $P_t^{\text{S,DA}}$ 和实时预测有功出力 P_t^{S}、非受控发电机的日前调度有功出力 G^{DA}、所有储能智能体的 SoC 状态 S_t、负荷节点的日前预测有功负荷 $P_t^{\text{L,DA}}$ 和实时预测有功负荷 P_t^{L}、系统每条支路的负载率 ρ_t 和受控发电机的前一时刻出力 P_{t-1}^{G}（值得注意的是，发电机在 $t=0$ 时刻的动作为日前调度计划值）。因此有：

$$s_t = \{P_t^{\text{W,DA}}, P_t^{\text{W}}, P_t^{\text{S,DA}}, P_t^{\text{S}}, G^{\text{DA}}, S_t, P_t^{\text{L,DA}}, P_t^{\text{L}}, \rho_t, P_{t-1}^{\text{G}}\} \tag{1-26}$$

（3）局部观测信息：智能体的观测量 $o_i \subseteq s$。每个智能体的观测量分为两部分：一部分是通用观测量，即智能体所在节点及其 k 阶邻域电气量；另一部分是特殊观测量，即发电机智能体所关注的所管控区域上一时刻发电机出力值，储能智能体所关注的上一时刻储能智能体的 SoC 状态、新能源日前预测值及实时预测值、调度时间步 t。为不失一般性，两种智能体的观测量可以分别表示为：

$$o_{i,t}^{\text{Gen}} = \{P_{k-\text{hop},t}^{\text{L,DA}}, P_{k-\text{hop},t}^{\text{L}}, \rho_{k-\text{th},t}, G_{M,t}^{\text{DA}}, P_{M,t-1}^{\text{G}}\} \tag{1-27}$$

$$o_{j,t}^{\text{ESS}} = \{P_{k-\text{hop},t}^{\text{L,DA}}, P_{k-\text{hop},t}^{\text{L}}, \rho_{k-\text{th},t}, P_{k-\text{hop},t}^{\text{W,DA}}, P_{k-\text{hop},t}^{\text{W}}, P_{k-\text{hop},t}^{\text{S,DA}}, P_{k-\text{hop},t}^{\text{S}}, S_t, t\} \tag{1-28}$$

式中：$P_{k-\text{hop},t}^{\text{L,DA}}$ 表示负荷节点日前预测有功出力；$P_{k-\text{hop},t}^{\text{L}}$ 表示负荷节点实时预测有功出力；$\rho_{k-\text{th},t}$ 表示线路负载率；$G_{M,t}^{\text{DA}}$ 表示非受控发电机日前调度有功出力；$P_{M,t-1}^{\text{G}}$ 表示受控发电机有功出力；$P_{k-\text{hop},t}^{\text{W,DA}}$ 表示风电机组日前预测有功出力；$P_{k-\text{hop},t}^{\text{W}}$ 表示风电机组实时预测有功出力；$P_{k-\text{hop},t}^{\text{S,DA}}$ 表示光伏机组日前预测有功出

力；$P_{k-hop,t}^{S}$ 表示光伏机组实时预测有功出力。

值得注意的是，智能体的 k 阶邻域观测量不包括超出其调控区域的部分。

（4）动作：两种智能体的动作分别为发电机智能体再调度动作和储能智能体充放电动作。所考虑的动作均为连续调节动作，因此发电机智能体再调度和储能智能体充放电策略均在连续动作空间取值。发电机智能体的动作空间上下限分别为其有功出力最大值与最小值。而储能智能体除了满足 SoC 上下限约束外，还需要满足每个调度日初始时刻和最后时刻 SoC 的差值在一定范围内的约束，该约束可以表示为：

$$| S_{j,1} - S_{j,T_{\max}} | \leqslant \Delta S^{\max}, \quad \forall j \in N_{\mathrm{ESS}} \tag{1-29}$$

式中：$S_{j,1}$，$S_{j,T_{\max}}$ 分别表示初始时刻和最后时刻储能智能体的 SoC 值；$T_{\max}$ 表示一个调度日的最大时长；$\Delta S^{\max}$ 表示最大允许 SoC 偏差。

（5）奖励函数：这里通过发电机再调度与储能智能体动作来应对高比例新能源的强不确定性问题，发电机调度的经济成本也需要考虑。因此，奖励函数的设计应该围绕系统线路负载率、发电机组再调度成本、储能智能体动作成本展开，即有

$$\begin{cases} g_t^{\mathrm{line}} = \displaystyle\sum_{l=1}^{N_l} \left[\varphi_1^l \max(0, \rho_l - 1) + \varphi_2^l \max(0, \rho_l - 0.95) \right] \\[2mm] g_t^{\mathrm{gen}} = \displaystyle\sum_{i=1}^{N_{\mathrm{Gen}}} \left(\varphi_1^g \Delta p_g^2 + \varphi_2^g \Delta p_g \right) \\[2mm] g_t^{\mathrm{stg}} = \varphi_1^s \displaystyle\sum_{j=1}^{N_{\mathrm{ESS}}} C_j^{\mathrm{ESS}} (P_{j,t}^{\mathrm{ESS}}) + \varphi_2^s \psi_{s,t} \displaystyle\sum_{j=1}^{N_{\mathrm{ESS}}} (S_t - S_0) \end{cases} \tag{1-30}$$

式中：g_t^{line}、g_t^{gen} 和 g_t^{stg} 分别为线路负载率奖励项、发电机再调度成本奖励项和储能智能体动作成本奖励项；φ_1^l 和 φ_2^l 分别为线路潮流过载和重载的惩罚系数，其取值均小于 0；φ_1^g 和 φ_2^g 分别为发电机再调度成本的二次项系数和一次项系数；Δp_g 表示发电机再调度有功功率；φ_1^s 和 φ_2^s 分别为储能智能体动作成本系数与 SoC 偏差惩罚系数；$\psi_{s,t}$ 为 SoC 偏差考核系数；S_0 表示初始时刻储能智能体的 SoC 值。

考虑到 SoC 偏差应满足式（1-29），$\psi_{s,t}$ 需遵循 t 越靠近调度最大时长取值越大的原则。因此，我们采用 sigmoid 型函数来对 $\psi_{s,t}$ 进行取值：

$$\psi_{s,t} = \left[1 + \exp \frac{-(\ln 99)(t - 0.95T)}{0.05T} \right]^{-1} \tag{1-31}$$

式中：t 和 T 分别表示当前调度时间步与调度最大时长。基于 sigmoid 型函数的 SoC 偏差考核系数取值曲线如图 1-9 所示。

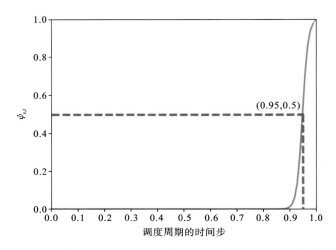

图 1-9　基于 sigmoid 型函数的 SoC 偏差考核系数取值曲线

智能体在制定策略时需要兼顾当前电网状态和远期电网态势,智能体即时奖励与累积奖励函数分别表示为

$$g_t = \begin{cases} \kappa & \text{(当出现潮流崩溃时)} \\ \varphi_l g_t^{\text{line}} + \varphi_g g_t^{\text{gen}} + \varphi_s g_t^{\text{stg}} + g_t^{\text{con}} & \text{(其他)} \end{cases} \tag{1-32}$$

$$r_t = \sum_{k=t_0}^{t} \gamma_r^{t-k} g_k \tag{1-33}$$

式中:φ_l、φ_g 和 φ_s 分别为线路负载率奖励系数、发电机再调度成本奖励系数和储能智能体动作成本奖励系数;g_t^{con} 表示系统潮流正常时的常数奖励项;t_0 表示累积奖励的起始时刻;γ_r^{t-k} 为折现因子。

3. 图注意力网络的基础理论

智能算法依赖神经网络来处理大量的输入信息,神经网络难以较快速地建立输入信息与输出量之间的映射关系,需要借鉴人脑的注意力机制,快速筛选关键特征来提高神经网络的训练效率。注意力机制(attention mechanism)作为一种资源分配机制,能快速聚焦于输入量的重要特征,其计算可以分为两步:① 对所有输入信息计算注意力分布;② 根据注意力分布计算输入信息的加权平均值。

假设存在 N 个电气量,将其作为输入向量 $[x_1, x_2, \cdots, x_N]$,为了从当前向量中选择出和线路潮流相关的特征,需要引入一个与线路潮流相关的查询向量(query vector),并通过一个打分函数来计算每个输入向量和查询向量之间的相关度。因此,对于任意的输入向量 $\boldsymbol{X}$ 与相应的查询向量 $\boldsymbol{q}$,引入注意力变量 $z \in$

$[1, N]$ 表示被选择信息的索引位置，$z = n$ 表示选择了第 n 个输入向量，因此注意力分布可以表示为：

$$\alpha_n = p(z = n \,|\, \boldsymbol{X}, \boldsymbol{q}) = \text{softmax}(s(x_n, \boldsymbol{q})) = \frac{\exp(s(x_n, \boldsymbol{q}))}{\sum\limits_{j=1}^{N} \exp(s(x_j, \boldsymbol{q}))} \tag{1-34}$$

$s(\boldsymbol{x}, \boldsymbol{q})$ 为注意力打分函数，一般可以选择加性模型、点积模型、缩放点积模型和双线性模型，在这里我们选择计算效率更高的点积模型，即 $s(\boldsymbol{x}, \boldsymbol{q}) = \boldsymbol{x}^\text{T} \boldsymbol{q}$。

注意力分布式可以解释为在给定任务相关的查询向量 $\boldsymbol{q}$ 时，第 n 个输入向量受关注的程度。可以采用一种"软性"的信息选择机制对输入信息进行汇总，即

$$\text{att}(\boldsymbol{X}, \boldsymbol{q}) = \sum_{n=1}^{N} \alpha_n x_n = E_{z \sim p(z|\boldsymbol{X}, \boldsymbol{q})} [x_z] \tag{1-35}$$

式中：$[x_z]$ 为随机变量。

式（1-35）表示软性注意力机制，本节不考虑其他注意力机制，故统一将该机制简称为注意力机制。

图注意力层在图神经网络中应用了注意力机制，它不需要使用拉普拉斯矩阵进行复杂计算，仅通过一阶邻域节点的信息来更新节点特征，对不同的邻域变量采用不同的注意力权重系数。

在图注意力机制中，我们对所有节点训练一个共享权重矩阵 $\boldsymbol{W} \in R^{F \times F'}$，这个权重矩阵反映了输入的 F 个特征与输出的 F' 个特征之间的关系，通过训练该矩阵可以得到每个节点的邻域权重系数。在计算注意力值时，对节点 i 和节点 j 的特征表示分别使用共享权重矩阵 $\boldsymbol{W}$ 进行映射。为了防止节点间注意力值不对称，即 $e_{ij} \neq e_{ji}$，将映射后的结果向量拼接起来，使用前馈神经网络将拼接向量 $\boldsymbol{a}^\text{T}$ 映射到实数上，并通过 LeakyReLU 函数激活，经过归一化处理后得到最终的注意力系数。注意力值 e_{ij} 和注意力系数 a_{ij} 的计算公式如下：

$$e_{ij} = \text{LeakyReLU}(\boldsymbol{a}^\text{T} [\boldsymbol{W} \boldsymbol{h}_i \,\|\, \boldsymbol{W} \boldsymbol{h}_j]) \tag{1-36}$$

$$a_{ij} = \text{softmax}(e_{ij}) = \frac{\exp(e_{ij})}{\sum\limits_{k \in \Omega_i} \exp(e_{ik})} \tag{1-37}$$

式中：$\boldsymbol{h}_i$ 和 $\boldsymbol{h}_j$ 分别表示节点 i、节点 j 的输出特征；Ω_i 表示节点 i 的邻域节点集合。

在计算得到注意力系数后，对任意节点 i 的邻域信息进行加权求和，可以得到其输出特征为：

$$\boldsymbol{h}_i = \sigma \Big(\sum_{j \in \Omega_i} \alpha_{ij} \boldsymbol{W} \boldsymbol{h}_j \Big) \tag{1-38}$$

式中：σ 表示非线性映射函数。

为了使每个节点的自注意力更加稳定，可以采用多头注意力（multi-head attention）机制来提高模型的表征能力。对于 GAT 的中间层输出特征，可以使用 K 个权重矩阵来计算自注意力，同时将 K 个输出结果进行拼接并输出，最终在输出层取注意力头输出向量的平均值，该过程可以表示为：

$$\boldsymbol{h}_i = \sigma\left(\frac{1}{K}\sum_{k=1}^{K}\sum_{j\in\Omega_i}\alpha_{ij}^{k}\boldsymbol{W}^{k}\boldsymbol{h}_j\right) \tag{1-39}$$

式中：α_{ij}^{k} 表示第 k 个注意力头的注意力系数；$\boldsymbol{W}^{k}$ 是第 k 个注意力头的权重参数矩阵。值得注意的是，输出层的激活函数 σ 通常采用 softmax 或者 logistic sigmoid 函数形式。

1.2.2 基于邻域特征聚合的源储协同实时调度方法

1. MADDPG 算法及其策略优化方法

MADDPG 是一种结合了值函数与策略梯度的算法，它采用三个技巧来解决多智能体面临的动态环境问题。

（1）集中式训练、分布式执行。在训练时，通过集中式学习训练多个智能体的评判器与动作器；而在执行时，每个智能体的动作器只需要观测局部信息就能运行，其评判器需要知道其他智能体的策略信息。在 MADDPG 算法中，每个智能体通过获取其他智能体的动作与观测值，可以估计其他智能体的策略，从而解决环境非平稳性问题。

（2）构建多智能体的经验回放池（简称经验池）。为了能够适应动态环境，构建了一个能存储多智能体动作轨迹的经验池，每条轨迹由多个智能体的观测量、动作量、奖励函数、下一个时刻观测量和回合结束标识符组成。

（3）利用策略集合效果优化多智能体参数。在多智能体学习过程中，利用全局策略的梯度对单个智能体的策略进行优化，以提高算法的稳定性和鲁棒性。

因此，MADDPG 本质上是一种确定性梯度下降算法，每个智能体需要一个获取全局信息的评判器和一个观测局部信息的动作器。为不失一般性，我们用 $\boldsymbol{\theta}=[\theta_1,\theta_2,\cdots,\theta_n]$ 表示 n 个智能体策略的参数。对于第 i 个智能体，累积期望奖励为：

$$J(\theta_i) = E_{s\sim\rho^{\pi},a_i\sim\pi_{\theta_i}}\left[\sum_{t=0}^{\infty}\gamma^{t}r_{i,t}\right] \tag{1-40}$$

式中：s 和 a_i 分别为智能体 i 的状态观测量和动作量，前者表示状态转移概率，后者为策略函数；$\boldsymbol{\pi}$ 为智能体确定性策略矩阵，$\boldsymbol{\pi}=[\pi_{\theta_1},\pi_{\theta_2},\cdots,\pi_{\theta_n}]$；$\pi_{\theta_i}$ 为智能体 i 的确定性策略；γ 为累积奖励的折现因子。因此，智能体 i 的确定性策略的梯度公式为：

$$\boldsymbol{\nabla}_{\theta_i}J(\pi_{\theta_i})=E_{o,a\sim\mathcal{D}}\left[\boldsymbol{\nabla}_{\theta_i}\pi_i(a_i|o_i)\boldsymbol{\nabla}_{a_i}Q_i^\pi(\boldsymbol{o},\boldsymbol{a})\big|_{a_i=\pi_i(o_i)}\right] \tag{1-41}$$

式中：o_i 和 a_i 分别为智能体 i 的观测量和动作量；$\boldsymbol{o}$ 和 $\boldsymbol{a}$ 分别为多智能体的观测向量和动作向量，$\boldsymbol{o}=[o_1,o_2,\cdots,o_n]$，$\boldsymbol{a}=[a_1,a_2,\cdots,a_n]$；$\mathcal{D}$ 为存储多智能体轨迹的经验池；$Q_i^\pi(\boldsymbol{o},\boldsymbol{a})$ 表示智能体 i 在确定性策略下集中式的状态-动作值。从式（1-41）中可以看出，每个智能体根据集中式训练时所有智能体的观测量和动作量对 Q 值进行估计，这极大地解决了传统强化学习算法在多智能体领域的应用瓶颈问题。

对集中式训练中评判器的更新方法采用了时间差分（time difference，TD）和双重 Q 网络的方法，可以表示为：

$$\begin{cases}L(\theta_i)=E_{o,a,r,o'}\left[(Q_i^\pi(\boldsymbol{o},\boldsymbol{a})-y_i)^2\right]\\y_i=r_i+\gamma\bar{Q}_i^\pi(\boldsymbol{o'},\boldsymbol{a'})\big|_{a'=\pi'(o')}\end{cases} \tag{1-42}$$

式中：$\bar{Q}_i^\pi$ 表示在目标网络输出的策略下集中式的状态-动作值；y_i 表示状态真实值；$\boldsymbol{\pi'}=[\pi_1',\pi_2',\cdots,\pi_n']$ 表示参数为 θ_i 的目标策略矩阵；$\boldsymbol{o'}$ 和 $\boldsymbol{a'}$ 分别表示多智能体下一时刻的观测向量和目标策略下下一时刻的动作向量；r 表示奖励；γ 为折现因子。

1）策略估计

每个智能体对其评判器的训练需要借助于其他智能体的策略。在 MADDPG 算法中，每个智能体对其他智能体的策略可以采用拟合逼近的方式得到，不需要与它们进行通信交互。因此，每个智能体可以维护 $n-1$ 个策略逼近函数，将策略逼近函数的对数作为损失函数，可以表示为：

$$L(\phi_i^j)=-E_{o_j,a_j}\left[\lg\hat{\pi}_{\phi_i^j}(a_j|o_j)+\lambda H(\hat{\pi}_{\phi_i^j})\right] \tag{1-43}$$

式中：ϕ_i^j 为智能体 i 对智能体 j 的策略逼近参数；$\hat{\pi}_{\phi_i^j}$ 为相应的策略逼近函数；λ 为正则化项的系数。通过最小化该损失函数，可以得到其他智能体策略，因此式（1-42）中 y_i 可以表示为：

$$y_i=r_i+\gamma\bar{Q}_i^\pi(\boldsymbol{o'},\hat{\pi}_{\phi_i^1}'(o_1),\hat{\pi}_{\phi_i^2}'(o_2),\cdots,\hat{\pi}_{\phi_i^n}'(o_n)) \tag{1-44}$$

2）策略集合优化

由于每个智能体的策略都在更新迭代，对单个强化学习智能体而言，其环境具有动态性和不稳定性。为了解决这个问题，MADDPG 采用了一种策略集合的技巧，即假设每个智能体的策略都由具有多个子策略的集合构成。对于智

能体 i，其策略 π_i 由 k 个子策略组成，在每个训练回合中只用一个子策略 $\pi_i^{(k)}$，其策略集合的整体奖励为：

$$J_e(\pi_i) = E_{k \sim unif(1,K), s \sim \rho^{\pi}, a \sim \pi_i^{(k)}} \left[\sum_{t=0}^{\infty} \gamma^t r_{i,t} \right] \tag{1-45}$$

因此，对智能体 i 的每一个子策略的更新梯度为：

$$\boldsymbol{\nabla}_{\theta_i^{(k)}} J_e(\pi_i) = \frac{1}{K} E_{o,a \sim \mathcal{D}} \left[\boldsymbol{\nabla}_{\theta_i^{(k)}} \pi_i^{(k)}(a_i|o_i) \boldsymbol{\nabla}_{a_i} Q_i^{\pi}(\boldsymbol{o},\boldsymbol{a})|_{a_i = \pi_i^{(k)}(o_i)} \right] \tag{1-46}$$

3）策略离散化

为了在算法中应用先验引导机制，需对部署 MADDPG 算法的智能体输出的连续策略进行离散化采样，因此需要用到耿贝尔分布技巧（Gumbel-max trick）。

对于任意 n 维概率向量 $\boldsymbol{\pi}$，对其对应的离散随机变量 x_{π} 添加 Gumbel 噪声，再进行采样，则有：

$$x_{\pi} = \mathrm{argmax}(\lg\pi_i + G_i) \tag{1-47}$$

式中：G_i 表示独立同分布的标准 Gumbel 分布的随机变量，其累积分布函数为：

$$G_i = -\lg(-\lg(U_i)), \quad U_i \sim U(0,1) \tag{1-48}$$

考虑到式（1-47）中 argmax 操作导致其不可求导，我们用 softmax 函数代替 argmax 函数，从而实现算法的梯度求导与更新。因此，Gumbel-softmax 机制就是在采用 argmax 函数对最大概率进行采样的同时，保证神经网络输出的结果是对原连续动作概率分布的逼近，本质上是利用重参数化技巧来解决由 argmax 函数引起的不可求导问题。

2. 邻域特征聚合的图注意力网络

GAT 利用多头注意力机制对一阶邻域信息进行特征聚合，忽略了高阶邻域信息对智能体的影响。在电网中，线路潮流往往与网络中多个节点的功率注入和流出有着很强的相关性，调度智能体仅依靠一阶邻域信息很难准确有效地感知电网的潮流运行状态，因此这里根据多阶邻域信息的特征聚合与叠加，提出邻域特征聚合的图注意力网络（regional feature aggregation GAT，NFA-GAT），以扩大智能体 GAT 层的感知范围。

对于任意电网节点，其邻域节点的电气量对所连接的线路潮流的影响会随距离的增加而减弱，故在智能体邻域特征聚合时，我们应该为不同阶邻域节点分配不一样的贡献度。因此，在这里引入考虑多阶邻域信息共享度的空间折现因子（spatial discount factor，SPF），在 GAT 中对多阶邻域信息进行有效聚合与贡献度分配。可以将式（1-36）和式（1-37）合并并改写为：

$$a_{ij} = \text{softmax}(\tilde{e}_{ij}) = \frac{\exp(\eta(d_{ij}) \times e_{ij})}{\sum_{k \in \Omega_i^K} \exp(\eta(d_{ik}) \times e_{ik})}$$

$$= \frac{\exp(\eta_d^{d_{ij}} \times \text{LeakyReLU}(\boldsymbol{a}^{\top}[\boldsymbol{Wh}_i \parallel \boldsymbol{Wh}_j]))}{\sum_{k \in \Omega_i^K} \exp(\eta_d^{d_{ik}} \times \text{LeakyReLU}(\boldsymbol{a}^{\top}[\boldsymbol{Wh}_i \parallel \boldsymbol{Wh}_k]))} \quad (1\text{-}49)$$

式中：Ω_i^K 表示节点 i 的 K 阶邻域；η 表示与距离相关的空间折现因子；d_{ij} 表示节点 i 与节点 j 之间的邻域阶数（节点 i 和节点 j 之间的最短跳数），这里采用指数函数形式来进行计算，即 $\eta(d_{ij}) = \eta^{d_{ij}}$。

同样地，为了防止出现过拟合情况，NFA-GAT 采用多头注意力机制（见式（1-39））。以某电网为例，对图中某个节点的两阶邻域进行特征聚合，其原理如图 1-10 所示。

3. 基于 NFA-GAT 和 MADDPG 的实时调度算法

NFA-GAT 作为提高智能体邻域特征提取能力的工具，需要部署在智能体的 Actor 网络中。部署 NFA-GAT 和 MADDPG 算法的智能体 Actor 网络结构如图 1-11 所示。对于输入量 t，只需要对储能智能体进行输入，无须对发电机智能体进行输入。

与 1.1 节中介绍的集中式训练架构类似，在训练前初始化多智能体的神经网络参数和超参数，重置电网离线仿真训练环境。由于多智能体需要利用注意力机制对邻域特征进行处理，因此需要对电网的电气特征量进行挑选，以免对与实时调度无关的特征量进行提取，故环境每次在与智能体交互前均会返回一个更新后的特征矩阵 $\boldsymbol{F}_t$。在环境返回系统状态和特征矩阵后，各个智能体分别获取自身的局部观测量，利用 NFA-GAT 层对特征矩阵中的邻域特征进行提取，最后返回策略动作。

为了满足实时调度模型的不等式约束条件，我们为每个智能体设置了约束动作有效性检验机制。当任意智能体离散动作空间中的某些动作会导致发电机或者储能系统出现越限情况时，该机制会将该智能体的这些动作的 Q 值置为负无穷，从而使所构建的分类分布中这些动作的概率密度为 0，因此每个智能体输出的动作都为环境可执行的有效动作。为了部署先验引导机制，在策略网络输出动作概率分布后，将该分布转换为离散的 Gumbel 分布，并进行离散策略输出。在每一个决策步中，多智能体的决策轨迹均会组成一条经验 $(o_t, a_t, r_t, \boldsymbol{F}_t, o_{t+1}, d_t)_{\tau}$ 并存入经验池，在训练回合结束（达到最长步数或者场景潮流越限）后，环境会再次重置并随机生成新的场景。经过一定回合的交互后，我们会从经验池中随机取出一批样本，利用样本对多智能体的神经网络进行训练。在网

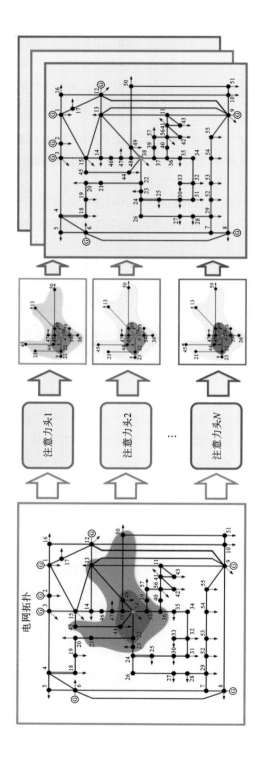

图1-10 基于NFA-GAT的节点两阶邻域特征聚合原理

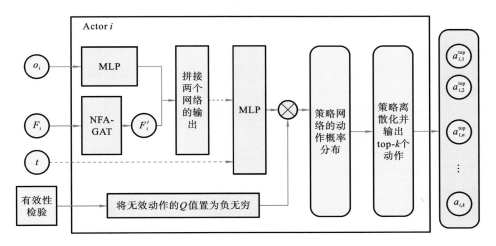

图 1-11 智能体 Actor 网络结构

注:MLP—多层感知机。

络更新过程中,首先输入所有智能体的局部观测量、动作量、奖励值以及回合结束标识符,集中式 Critic 网络会根据全局信息对每个智能体的 Q 值进行评估与反馈。每个智能体的 Actor 训练均依赖于该智能体的局部观测量、动作量以及集中式 Critic 网络返回的 Q 值。在训练了一定的步长之后,通过观察多智能体损失函数的收敛情况,终止训练过程并导出训练好的模型。基于 NFA-GAT 和 MADDPG 实时调度多智能体训练算法如下。

算法 1-2 基于 NFA-GAT 和 MADDPG 的实时调度多智能体训练算法

---

1. 初始化电网仿真环境、训练数据集、多智能体的神经网络结构与参数、经验池

2. **for** episode＝1 to I **do**

3. 将训练集乱序,设置 case index＝0,重置电网环境,设置训练场景,获取初始系统运行状态 s_t

4. **for** t＝1 to T **do**

从系统运行状态量 s_t 中获取 t 时刻多智能体的局部观测量 $o_t^1, o_t^2, \cdots, o_t^i, \cdots, o_t^n$,以及系统的特征矩阵 F_t

5. **for** 智能体 i **do**

6. **if** 受控发电机 **then**

7. 分别将局部观测量 $o_{i,t}^{\text{Gen}}$ 和特征矩阵 F_t 作为 MLP 和 NFA-GAT 的输入、输出动作分布

8.　　　　**if** 受控储能智能体 **then**

9.　　　　分别将局部观测量 $o_{i,t}^{ESS}$ 和特征矩阵 $\boldsymbol{F}_t$ 作为 MLP 和 NFA-GAT 的输入、输出动作

10.　　　利用动作有效性检验机制,将动作分布中无效动作的 Q 值改为负无穷,构建动作的类别分布函数,并采样获取最有效的 k 个动作 $\boldsymbol{a}_{i,t}^{top,k}$

11.　　　利用先验引导机制,筛选出最有效的动作 a_t^i

12.　　　　**end if**

13.　　　**end for**

14.　　将多智能体的动作 $a_t^1, a_t^2, \cdots, a_t^i, \cdots, a_t^n$ 转换为联合动作 $\boldsymbol{a}_t^{joint}$,并在电网环境中执行该联合动作

15.　　获取下个时刻系统运行状态量 s_{t+1},系统特征矩阵 $\boldsymbol{F}_{t+1}$,奖励值 r_t 和回合结束标识符 done

16.　　更新状态,$s_t = s_{t+1}$;更新系统特征矩阵,$\boldsymbol{F}_t = \boldsymbol{F}_{t+1}$

17.　　**if** done **then**

18.　　　退出循环

19.　　将多智能体的经验 $(o_t^i, a_t^i, r_t, t, \boldsymbol{F}_t, o_{t+1}^i, \text{done})$ 加入经验池

20.　　**end for**

21.　　从经验池中取一个批次的样本,基于式(1-41)更新 Critic 网络参数,基于式(1-45)更新 Actor 网络参数

22.　　利用主网络参数对目标网络参数进行软更新

23.　　case index＝case index＋1 if case index 小于训练集的最大场景数 else 0

24.　　**end for**

1.2.3　算例仿真

1. 算例描述

基于潮流计算引擎 PyPower 构建与智能体交互的电网离线仿真环境,选取 IEEE 118 节点标准算例作为实时调度对象。考虑到发电机智能体和储能智能体可调节空间较大,我们将目标电网划分为 6 个区域,在每个调度区域设置 6 个发电机智能体(图 1-12 中橙色发电机),同时为了应对高比例新能源的接入,我们在电网中设置了 7 个分布式储能智能体对储能资源进行调度,相应的拓扑结构如图 1-12 所示。实时调度的首要任务是保证电网安全稳定运行,因此我们对电网的最大线路负载率进行追踪。考虑到实时调度对发电机进行回调需要响应时间,当线路负载率连续两个时间步达到 100% 时,电网将会发生潮流崩溃

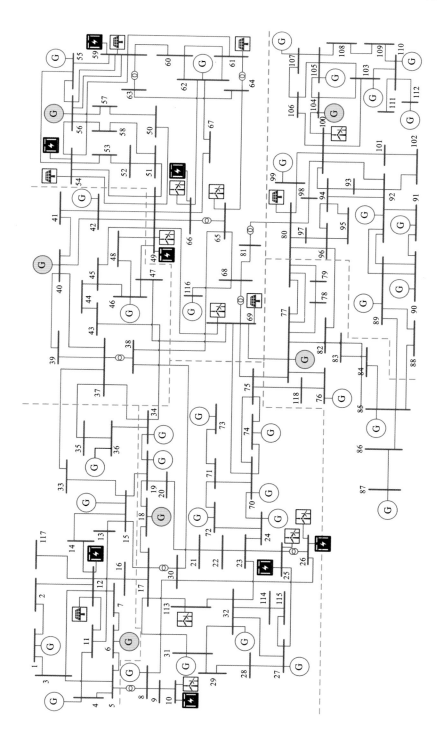

图1-12 IEEE 118节点标准算例拓扑图

的情况。

本算例在 1.1 节算例的基础上,丰富了具有差异性的系统新能源渗透率场景,在电网各区域接入了大量的风电和光伏机组,其中风机和光伏机组的出力曲线均采用历史实测数据绘制。本算例中新能源的装机容量占比为 75.2%,但考虑到风电和光伏机组的出力特性和超短期预测偏差,实时调度时段新能源的实际渗透率在 0%～71% 的范围波动,在日前调度计划的基础上电网单步运行场景的新能源渗透率区间分布如图 1-13 所示。本算例的训练场景以日为单位,采用优化求解器 Gurobi 生成每个训练场景的日前调度计划,各个智能体需要在日前调度计划的基础上制订以 5 min 为时间间隔的 288 个实时调度计划,因此每个场景的最大时间步长设置为 288 步。

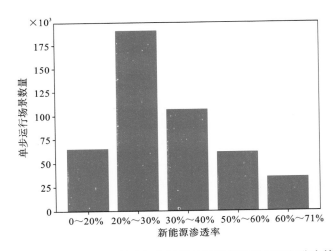

图 1-13　训练场景集中单步运行场景的新能源渗透率区间分布情况

发电机智能体与储能智能体的策略网络均采用离散化深度确定性策略梯度算法。在图 1-11 中的 NFA-GAT 层中采用 64 个神经元的隐藏层和 2 个注意力头,所聚合的特征为三跳邻域内的十维特征向量。每个智能体 Actor 和 Critic 网络的隐藏层均采用 128 个神经元,且激活函数均选用 LeakeyReLU 函数。另外,从经验池中采样的批次大小为 128,优化器为 Adam,Actor 和 Critic 网络的学习率均为 0.001。奖励函数的相关系数及其值如表 1-2 所示。为了加快训练速率,所有储能智能体共享神经网络参数。仿真采用 PyPower 5.1.4/PyTorch-GPU CUDA 11.0,使用配有四块 NVIDIA RTX2080Ti 显卡的 Linux 服务器进行训练。

表 1-2　奖励函数的相关系数及其值

系数	φ_1^l	φ_2^l	φ_1^s	φ_2^s	φ_1	φ_g	φ_s	g_t^{con}	κ
值	20	10	1	15	1	0.008	0.5	5	-200

2. 算法学习能力验证

本算例考虑了超短期新能源预测存在的误差以及实际场景中新能源的随机性与波动性,在每个场景新能源实际出力的基础上叠加了随机波动来模拟实际情况。在训练过程中,随机抽取训练集中的样本作为实时调度场景,多智能体的总训练回合数为 3500 个,前 1000 个回合为随机探索过程,之后每 100 个回合对多智能体的神经网络参数进行一次学习与更新,在经过 40 多个小时训练后得到图 1-14 所示的训练曲线。图 1-14(a)为部署了 MAD-DPG 算法的多智能体在每个训练回合中的累积奖励值曲线,图中深色曲线为滑动曲线,浅色背景为原始曲线。另外,考虑到储能智能体在实时调度任务中主要根据邻域新能源出力进行协同调整,在本算例中所有储能智能体共享同一个策略网络。

考虑到训练集中不同渗透率场景交替出现的随机性,多智能体在随机探索阶段的累积奖励值曲线非常不稳定,经常出现潮流不收敛的情况(累积奖励值在 −200 左右),这说明基于日前预测信息的日前调度计划难以应对强不确定性的冲击,电网很容易出现线路潮流越限或者平衡机调节容量不足的情况,导致系统出现潮流崩溃。同时,从累积奖励值曲线也可以看出,有些场景中新能源的功率波动较小,即使保持日前调度计划,电网也能正常运行。因此,考虑到新能源的随机性,实时调度方法需要具有很好鲁棒性与适应性,多智能体需要根据系统的状态信息决定是否修正日前调度计划。值得注意的是,在随机阶段智能体的神经网络还未开始训练,这个阶段主要是为了在多智能体的经验池中填充足够的探索数据。

在第 1000~1500 个训练回合期间,智能体的神经网络参数开始更新,多智能体实时调度的滑动平均累积奖励值比随机探索阶段稍微平稳一些,其神经网络开始寻找一个有效的动作分布。在第 1500~2500 个训练回合期间,多智能体的累积奖励值开始逐步上升,滑动平均累积奖励值曲线也开始逐渐平稳,这说明所提实时调度方法能有效避免新能源波动导致的系统潮流崩溃情况(累积奖励值基本上大于 0),同时多智能体策略网络输出学习到的一个初步有效的动作分布。结合损失曲线(见图 1-14(b))可以看出,这个阶段的多智能体训练损

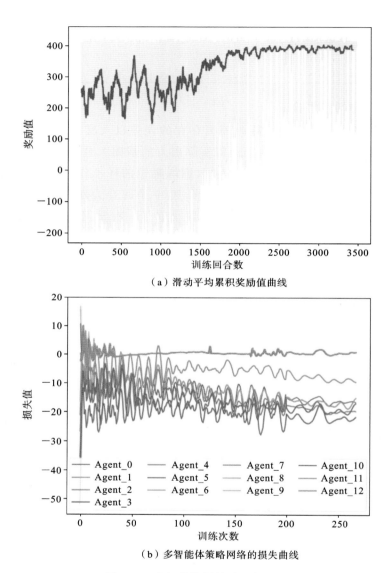

（a）滑动平均累积奖励值曲线

（b）多智能体策略网络的损失曲线

图 1-14　多智能体训练过程曲线图

失曲线在训练刚开始时波动剧烈,经过一段时间的网络参数更新后呈现出收敛的趋势。确定性梯度下降算法的搜索策略在本质上是比较保守的,可以看到智能体的损失值一直在比较小的范围内波动。

　　在经过 2500 个回合的训练后,多智能体的累积奖励值稳定在 400 附近,其损失曲线也收敛至一个范围内,这说明所提基于 NFA-GAT 和 MADDPG 的训练算法具有较好的收敛性,使多智能体策略网络的输出为一个确定性动作分布,能在高比例新能源不确定性冲击下制定有效的实时调控策略。从图 1-14 (b)中损失曲线可以看出,多智能体策略网络的损失值在训练 200 次(智能体与环境交互 3000 个回合)后收敛至一定的阈值范围内,但考虑到多智能体博弈过程的动态性,策略函数的损失曲线仍有小幅波动。另外,考虑到 7 个储能智能体共享神经网络参数,从图中可以看到这 7 个智能体的损失曲线都能收敛至相同水平,结合累积奖励值曲线,可确定共享神经网络的方法并不影响实时调度策略的有效性。

3. 算法部署性能验证

为了验证经所提算法训练后多个智能体的部署性能,我们将训练好的 13 个智能体(6 个发电机智能体、7 个储能智能体)部署在电网离线仿真环境中,随机抽取未在训练集中出现过的三个渗透率不同的测试场景,三个场景分别来自 12 月、4 月和 8 月的不同调度日,其负荷与渗透率曲线如图 1-15 所示。在训练集的场景中,我们充分考虑了源荷波动以及新能源的不确定性,蓝色曲线和黄色曲线分别表示日前短期预测值和实时短期预测值,可以看到负荷波动的量级处于较低的水平,而系统总计新能源渗透率的预测值偏差较大,会导致 $100 \sim 500$ MW 的功率波动。

从图 1-15 和图 1-16 中可以看出,由于光伏机组的午间最大出力特性,新能源在午间时段容易出现功率超发,日前短期预测可能在这个时段出现较大的偏差,因此按照日前调度计划很容易在午间时段出现电力平衡与潮流调整等难

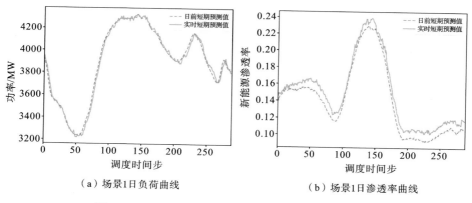

（a）场景1日负荷曲线　　　　　（b）场景1日渗透率曲线

图 1-15　不同测试场景下负荷和新能源渗透率曲线图

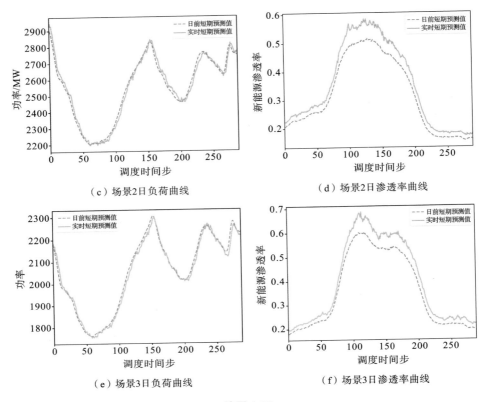

续图 1-15

题。尽管风光出力有一定的互补性,但在中午和下午这两个光伏出力激增和陡降的时段,电网都将面临由发电机上下爬坡能力不足、线路输送容量有限等问题引起的潮流越限与平衡机调节容量不足的情况,这种情况下需要借助发电机智能体与储能智能体的协同调度才能保障电力系统安全可靠运行。从图 1-17 中可以看出,三种场景中发电机都在光伏激增时进行了出力下调(见图 1-17(a)(c)(e)),但考虑到发电机爬坡能力限制、再调度成本高等问题,储能智能体都相应地进行了协同调度。

对比三种场景下发电机与储能智能体动作的情况,可以发现本算例中储能调节是应对新能源出力波动的主要手段,其中:

(1)场景 1 中新能源存在出力先上升再下降又陡升的情况,发电机在日前计划的基础上在早间时段进行了调整,在午间光伏大发时段并未有较大的再调度动作,电网在午间时段主要靠储能智能体动作消纳新能源出力,而在晚间时

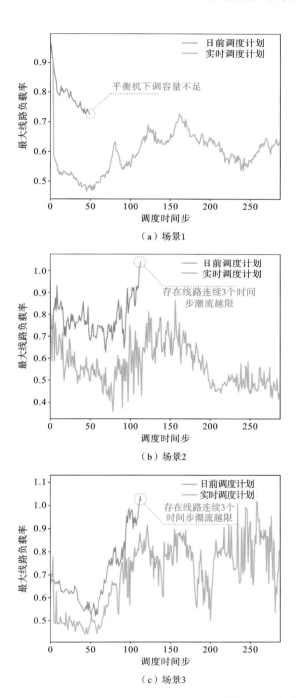

（a）场景1

（b）场景2

（c）场景3

图 1-16　不同场景下执行实时调度计划后系统最大线路负载率

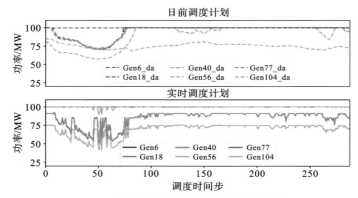

（a）场景1中发电机智能体调度情况

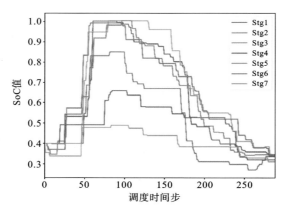

（b）场景1中储能智能体SoC值变化曲线

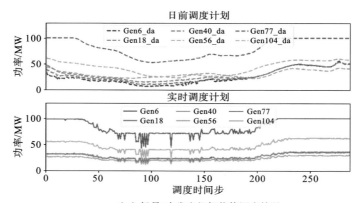

（c）场景2中发电机智能体调度情况

图 1-17　不同场景下多智能体实时调度策略

注：Gen 表示发电机智能体；Stg 表示储能智能体。

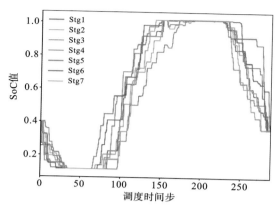

（d）场景2中储能智能体SoC值变化曲线

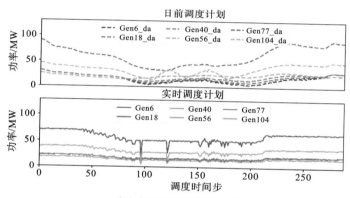

（e）场景3中发电机智能体调度情况

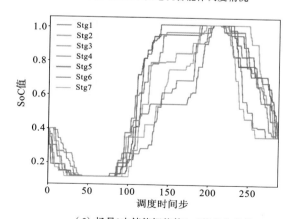

（f）场景3中储能智能体SoC值变化曲线

续图 1-17

段由于储能智能体需进行放电,使 SoC 偏差保持在一定阈值范围内,其放电功率刚好弥补新能源的出力下降;

(2)场景 2 和场景 3 的场景特性大致相似,但场景 2 的负荷水平较高,故其发电机出力水平和储能智能体充放电深度均高于场景 3,考虑到两种场景下新能源出力波动同为单峰性的,两种场景下储能智能体的调度策略大体相似。

结合图 1-17 中不同场景下多智能体实时调度策略与图 1-16 中系统最大线路负载率可以看出:

(1)在新能源渗透率较低的 12 月(场景 1),新能源不确定性引起的功率波动总量处于较低的水平,电网的最大线路负载率处于较低水平。但由于早间时段出现了新能源陡降又激增的情况,日前调度计划中出现了平衡机下调容量不足的情况,而实时调度策略利用储能智能体充电能力消纳了新能源过剩的出力,解决了系统下调容量不足的问题。

(2)在新能源渗透率较高的 4 月(场景 2)和 8 月(场景 3),尽管调度时段的负荷总量不大,但系统主要依靠渗透率较高的新能源出力来供应负荷。从图中可以看出,在新能源激增的午间时段,发电机的下爬坡能力限制导致线路出现严重的阻塞,日前调度计划中出现了系统线路潮流越限的情况,而实时调度策略利用储能智能体的特性在新能源出力激增时充电,可以避免线路潮流越限,在新能源陡降时放电,可以减少发电机再调度的成本。

(3)通过观察三个场景中晚间时段的线路负载率可以发现,考虑到本算例限制了储能智能体的 SoC 偏差,储能智能体在午间新能源激增时存储了大量电力,在晚间时段就必须进行放电,这与新能源出力的特性互补,因此在晚间负荷水平仍然较高的调度时段,电网的最大线路负载率会处于较高的水平,而发电机在午间新能源出力激增时进行了下调,在晚间储能智能体主要承担供电任务时其只进行微量的再调度操作。

最后,我们结合智能体建模特性、场景特性和实时调度策略,宏观地分析三种不同调度场景。在 1.2.1 节中,我们设置发电机智能体会观测源荷波动以及邻域所有潮流信息,而储能智能体的观测量聚焦在邻近节点新能源的出力以及系统的源荷波动情况上,对比三种不同场景的负荷特性、新能源特性与智能体动作策略,可以发现储能智能体的动作策略主要是进行源荷平衡调节,而发电机智能体主要根据储能智能体的 SoC 值进行动作,具体表现为:

(1)在场景 1 中,新能源在早间时段有先增后降的情况,这一时段主要由发电机进行下调和上调,但由于新能源渗透率水平并不太高,部分储能智能体仍然处于 SoC 值较低的状态。在午间负荷水平较高的时段,依靠新能源出力和储能智能体放电能配合负荷的变化,发电机并未进行再调度动作,最后在负荷水平和新能源出力同时降低时储能智能体持续放电,实现了系统的源荷平衡。

(2) 通过对比场景 2、3 与场景 1 可以发现,由于场景 2 和 3 中负荷峰值出现得较早且新能源出力呈单峰值特性,场景 2 和 3 的储能智能体在初期就执行储能放电策略,而在午间新能源出力激增时利用发电机智能体的下调动作与储能智能体的充电动作进行消纳,在晚间新能源出力陡降时储能智能体进行放电以实现源荷平衡,发电机智能体观测到储能状态,不进行再调度的操作。由于场景 2 和 3 的新能源出力跌落的时间点晚于场景 1,其储能智能体的第二次放电时间也明显晚于场景 1 中储能智能体的第二次放电时间。

本章参考文献

[1] LI X P,BALASUBRAMANIAN P,SAHRAEI-ARDAKANI M,et al. Real-time contingency analysis with corrective transmission switching[J]. IEEE Transactions on Power Systems,2017,32(4):2604-2617.

[2] DIAO H R,YANG M,CHEN F,et al. Reactive power and voltage optimization control approach of the regional power grid based on reinforcement learning theory[J]. Transactions of China Electrotechnical Society,2015,30(12):408-414.

[3] ZHANG J Y,LIU C,SI J,et al. Deep reinforcement learning for short-term voltage control by dynamic load shedding in China southern power grid[C] //IEEE. Proceedings of 2018 International Joint Conference on Neural Networks. Piscataway:IEEE,2018:1-8.

[4] YANG Q L,WANG G,SADEGHI A,et al. Two-timescale voltage control in distribution grids using deep reinforcement learning[J]. IEEE Transactions on Smart Grid,2020:11(3),2313-2323.

[5] DUAN J J,SHI D,DIAO R S,et al. Deep-reinforcement-learning-based autonomous voltage control for power grid operations[J]. IEEE Transactions on Power Systems,2020,35(1):814-817.

[6] VINYALS O,EWALDS T,BARTUNOV S,et al. StarCraft II:A new challenge for reinforcement learning[DB/OL]. [2023-06-26]. https://arxiv.org/pdf/1708.04782.pdf.

[7] PETERSEN B K , YANG J C, GRATHWOHL W S, et al. Deep reinforcement learning and simulation as a path toward precision medicine[J]. Journal of Computational Biology, 2019,26(6):597-604.

[8] CHEN J Y, YUAN B D, TOMIZUKA M. Model-free deep reinforcement learning for urban autonomous driving[C]//IEEE. Proceedings of 2019 IEEE Intelligent Transportation Systems Conference. Piscataway：IEEE, 2019：2765-2771.

[9] LIU C H, CHEN Z Y, TANG J, et al. Energy-efficient UAV control for effective and fair communication coverage：A deep reinforcement learning approach[J]. IEEE Journal on Selected Areas in Communications. 2018. 36(9)：2059-2070.

[10] KHODAYAR M, LIU G Y, WANG J, et al. Deep learning in power systems research：A review[J]. CSEE Journal of Power and Energy Systems, 2021;7(2)：209-220.

[11] ZHANG Z, ZHANG D, QIU R C. Deep reinforcement learning for power system applications：An overview[J]. CSEE Journal of Power and Energy Systems. 2020,6(1):213-225.

[12] ADAMSKI I, ADAMSKI R, GREL T, et al. Distributed deep reinforcement learning：Learn how to play Atari games in 21 minutes[C]//Anon. High Performance Computing 33rd International Conference, ISC High Performance 2018, Frankfurt, Germany, June 24-28, 2018, Proceedings. Berlin：Springer, 2018;370-388.

[13] LIN K X, ZHAO R Y, XU Z, et al. Efficient large-scale fleet management via multi-agent deep reinforcement learning[C]//Anon. Proceedings of the 24th ACM SIGKDD International Conference on Knowledge Discovery & Data Mining. New York：ACM, 2018;1774-1783.

[14] TAN M. Multi-agent reinforcement learning：Independent vs. cooperative agents[C]//Anon. Machine Learning Proceedings 1993：Proceedings of the tenth International Conference Machine Learning. San Francisco：Morgan Kaufmann Publishers Inc. ,1993;330-337.

[15] SUNEHAG P, LEVER G, GRUSLYS A, et al. Value-decomposition networks for cooperative multi-agent learning based on team reward

[C]//ANDRE E，KOENIG S. AAMAS'18：Proceedings of the 17th International Conference on Autonomous Agents and Multiagent Systems. Richland：International Foundation for Autonomous Agents and Multiagent Systems 2018：2085-2087.

[16] RASHID T，SAMVELYAN M，de WITT C S，et al. QMIX：Monotonic value function factorisation for deep multi-agent reinforcement learning [DB/OL]. [2020-12-05]. https：//arxiv. org/pdf/1803. 11485.

[17] MAROT A，DONNOT B，ROMERO C，et al. Learning to run a power network challenge for training topology controllers[J]. Electric Power Systems Research，2020，189：106635.

[18] HAUSKNECHT M，STONE P. Deep recurrent Q-learning for partially observable MDPs [DB/OL]. [2022-12-05]. https：//arxiv. org/pdf/ 1507. 06527. pdf.

[19] AMATO C，CHOWDHARY G，GERAMIFARD A. Decentralized control of partially observable Markov decision processes[C]//IEEE. Proceedings of the 52nd Conference On Decision and Control. Piscataway：IEEE，2013：2398-2405.

[20] YANG H Z，LI M L，JIANG Z Y，et al. Multi-time scale optimal scheduling of regional integrated energy systems considering integrated demand response[J]. IEEE Access，2020，8：5080-5090.

[21] LIU J Q，HUANG X G，LI Z Y. Multi-time scale optimal power flow strategy for medium-voltage DC power grid considering different operation modes[J]. Journal of Modern Power Systems and Clean Energy，2019，8(1)：46-54.

[22] GUPTA J K，EGOROV M，KOCHENDERFER M. Cooperative multi-agent control using deep reinforcement learning[C]//SUKTHANKAR G，RODRIGUEZ-AGUILAR J A. Autonomous Agents and Multiagent Systems：AAMAS 2017 Workshops，Best Papers，São Paulo，Brazil，May 8-12，2017，Revised Selected Papers. Cham：Springer，2017：66-83.

第2章
基于示教学习的人机混合增强智能理论方法

高动态系统调控业务的复杂性往往给单纯的数据驱动方法带来可靠性欠缺、学习效率低等不足。笔者以高比例新能源接入条件下电网的校正控制业务为切入点,基于传统 DRL 方法,结合图神经网络和物理/数学机理明确的仿真系统,构建基于图注意力网络的系统变量关联关系提取方法和仿真深度探索的训练机制,实现对高动态系统状态的深入感知与对调控策略的稳定探索。在此基础上,进一步构建先验知识嵌入的强化学习(prior knowledge-embedded reinforcement learning,PKE-RL)增强机制,通过构建代表性示教数据集,引入示教学习机制与 λ-回报,为强化学习训练提供持续的指引信息,提高人工智能技术在复杂高动态系统中的适应性和学习效率,并可为以人类经验知识对机器智能进行引导与增强提供有效途径。

2.1 引言

随着新能源渗透率的不断提高和电网的广泛互联,当前电力系统形态发生了重大变化,使得其运行方式和稳定特性更加复杂,源荷波动和网络扰动事件发生的概率也随之增加,这就给有功校正控制带来了显著挑战。然而,作为传统控制资源的常规机组占比却不断下降,网络拓扑调节作为新的控制手段,引入了大量的离散决策变量,进一步增加了策略制定的难度。因此,必须研究兼顾时效性和控制效果的有功校正控制方法,快速有效地消除线路过载,防止其在高动态的复杂电力系统中引发连锁故障,保证电网稳定运行。

当前,国内外研究者对兼顾时效性和控制效果的有功校正控制方法进行了广泛研究。Shi 等人[1]基于电网历史运行中的典型线路潮流越限状态和对应的有功校正控制动作构建策略数据库,当电网运行过程中出现线路过载情况时,以策略数据库中的候选措施实时匹配当前状态,避开优化求解过程。该方法的有效性主要依赖于策略数据库的完整性,当电网运行方式过于复杂时,可能存在策略失配的风险。与此同时,部分研究者倾向于使用启发式算法进行兼顾时效性与策略有效性的有功校正控制。Li 等人[2]基于越限、故障线路邻近的线路集合和通过数据挖掘得到的线路集合快速生成候选传输线切换策略集合,但该方法可能受制于网络规模与启发式算法在求解稳定性方面的不足。在数学规划方法领域,研究者也针对校正控制策略的快速性、有效性开展了相关探索。郑延海等人[3]结合了基于灵敏度的反向等量配对法和非线性的原-对偶内点算法,构建校正控制的闭环控制系统,以满足实时性需求。Ding 等人[4]则设计了一种分布式校正控制方法来降低计算负担,以实时和闭环的方式减轻线路过载。Sahraei-Ardakani 等人[5]将校正控制问题建模为二阶锥规划问题并进行求解,极大地降低了计算成本。

现有的方法为实现复杂电力系统的高效、可靠有功校正控制提供了具有启发性的解决方案。然而,现阶段电力系统的强复杂性和不确定性加剧了有功校正控制问题的建模难度,为实现兼顾策略的有效性和求解效率的模型驱动方法带来了巨大的挑战。在高动态、强不确定性的现代电网运行过程中,高效、准确地缓解线路过载的操作方法很复杂。传统 DRL 方法的交互式学习通常需要耗费大量的时间进行训练,且即使存在安全校核辅助,按照这种方式在具有大量电气约束的复杂电力系统中探索,所得到的最终策略的性能也可能难以保证。与此同时,如前所述,在有功校正控制领域存在大量模型驱动方法以及人类经验。若能充分利用这些先验知识,将有助于 DRL 方法快速、有效地消除或缓解电力系统中的线路潮流越限情况。近年来,国内外学者开始研究先验知识在 DRL 方法中的融合方法。Hester 等人[6]提出了一种示教学习方法——示教辅助的深度 Q 学习(deep Q-learning from demonstrations,DQfD)方法,将人类经验作为示教数据进行收集和整理,对 DRL 智能体进行预训练,并在其交互学习过程中进一步引导智能体更新。在此基础上,一些研究人员着重于通过引入软约束或结合行为克隆方法来提高示教学习方法的性能[7]。近期,已有学者尝试在电力系统电压紧急控制任务中应用示教学习方法[8]。

在上述工作的基础上,笔者提出了一种先验知识嵌入的有功校正控制强化学习增强方法,以提高 DRL 方法对于复杂有功校正控制问题的探索效率和控制性能,相关核心工作为:

(1)结合电力系统的多层级特点,提出基于图卷积和图池化的实时电网状态差异化融合方法,在全局和局部层面充分表征和融合系统运行指标和细粒度的设备级特征;

（2）基于示教学习的思想，将先验经验引入智能体的初始策略优化和训练阶段，并提出一种基于有功校正控制动作信息熵最大化的示教经验优选方法，以从先验经验中筛选出更具代表性的示教数据；

（3）考虑到有功校正控制动作在实际电网运行中的稀疏性，进一步设计了含双优先级的基于 λ-回报的示教辅助深度 Q 学习（deep Q-learning from demonstrations with the λ-return，DQfD(λ)）训练机制，将 DRL 智能体训练过程聚焦在关键校正控制轨迹上。

所提先验知识嵌入的有功校正控制强化学习增强方法总体架构如图 2-1 所示。

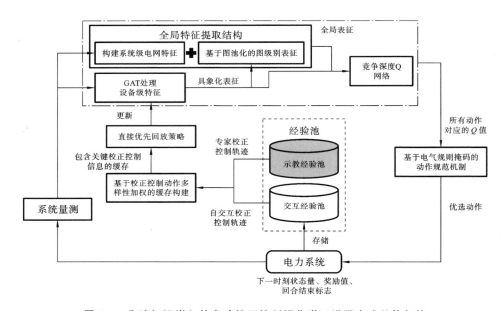

图 2-1　先验知识嵌入的有功校正控制强化学习增强方法总体架构

2.2　计及拓扑调节和电网拓扑可变性的有功校正控制强化学习方法

2.2.1　基本模型与约束设置

近年来的研究表明，将拓扑调节手段应用于有功校正控制有助于保留常规电源的调节能力，从而保障电力系统在应对其他扰动时的鲁棒性。文献[9]通过传输线切换和母线投切，实现了对线路过载状况的有效缓解。由于拓扑调节动作具有离散性,其在优化求解策略的制定上面临求解效率方面的难题。文献[10]将传输线优化投切问题简化建模为混合整数线性规划问题,并采用 CPLEX 软件进行求解。文献[11]则基于启发式算法制定了传输线优化投切方案。近年来,图神经网络已逐步应用于暂态稳定评估、潮流优化等电力系统分析与控制领域的研究中,以有效提取、捕捉电网的拓扑特征,使其具备对多样化网架结构的泛化能力[12]。

考虑到拓扑调节相对于节点注入功率修正的快速性和经济性,构建计及拓扑调节的电力系统有功校正控制基本模型。

拓扑调节手段主要可分为传输线切换和母线投切两种。传输线切换,顾名思义,主要是在出现线路潮流过载时,通过主动控制传输线断路器的通断情况,改变潮流在电力系统的分布,从而消除或缓解线路过载状况。母线投切则是通过主动控制变电站内断路器开合状态改变各设备(传输线、发电机、负荷)与母线的连接关系,以调整潮流分布情况,从而达到有功校正控制的目的。相对于传输线切换,母线投切动作对电网的扰动相对更小[11]。图 2-2 展示了双母线双断路器接线方式,在该方式下不同设备均具备在母线之间进行切换的能力。

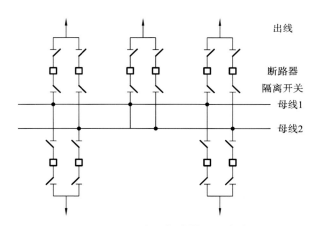

图 2-2　双母线双断路器接线方式

由上述可知,传输线切换和母线投切均通过修改网络矩阵来消除或缓解线路过载状况。具体而言,传输线切换仅改变节点导纳矩阵 Y 中特定元素取值,而后者则还可能改变导纳矩阵 Y 的维度,即增加额外的节点。

综上,计及拓扑调节动作和节点注入功率调整后,有功校正控制的目标为:

$$\min C(|\Delta \boldsymbol{P}_{\mathrm{G}}|, \Delta \boldsymbol{P}_{\mathrm{L}}, \Delta \boldsymbol{N}) \tag{2-1}$$

式中:$\Delta \boldsymbol{N}$ 为电网拓扑的调整量;$\Delta \boldsymbol{P}_{\mathrm{G}}$ 为发电机的有功功率调整量;$\Delta \boldsymbol{P}_{\mathrm{L}}$ 为负荷

的有功功率调整量。由于拓扑调节动作具有显著的经济性,当前研究中采用拓扑调节动作时控制成本往往被设定为 0,即 $C(\Delta N)=0$。

在计及拓扑调节动作后,为降低其对电力系统稳定性的干扰,还需要控制同时执行的拓扑调节动作数量,如式(2-2)所示:

$$X_{\text{line}} + X_{\text{bus}} \leqslant N_{\text{C}} \tag{2-2}$$

式中:X_{line}、X_{bus} 和 N_{C} 分别为当前采取的传输线切换动作数量、母线投切动作数量以及系统允许同时采取的拓扑调节动作数量。

此外,考虑电网实际运行的安全性和传输线断路器、变电站内断路器等设备的物理特性,同样对传输线、变电站母线的动作频率进行约束,设定设备冷却时间,即完成传输线、母线动作后,在其冷却时间未达到时不得再次执行相关拓扑调节动作。同时,由于拓扑调节动作的完全部署需要一定时间,假设拓扑调节可在有功校正控制的容许时间内完成,实现从接收调度指令到完成操作的整个流程的分钟级(如 5 min 内)在线执行。

需要特别指出的是,拓扑调节会因改变系统潮流分布而对系统造成一定冲击,从而影响系统的安全可靠性。但在这里我们的研究聚焦于电网稳态运行中线路潮流越限状况的消除与缓解,暂不深入考虑拓扑调节动作的暂态稳定分析、继电保护适应性分析与校核等。与此同时,在与常规控制措施的协调层面,设定拓扑调节动作一般在常规有功校正控制手段无法消除越限,或出现系统故障等紧急状况下的潮流越限时使用。

2.2.2 决策过程建模

当考虑将运行方式作为变量时,若基于上述目标和约束而采取优化方法,则决策变量中将新增大量离散变量,从而显著增加问题的求解难度。同时,对拓扑调节动作引起的潮流变化进行准确的数学建模也是保证模型驱动方法求解精度的关键所在。因此,在这里我们将计及拓扑调节动作的电力系统有功校正控制过程建模为马尔可夫决策过程,计及拓扑调节动作的电力系统有功校正控制目标函数为:

$$\min \sum_{t=0}^{T} \left[C(|\Delta \boldsymbol{P}_{\text{G}}(t)|, \Delta \boldsymbol{P}_{\text{L}}(t), \Delta \boldsymbol{N}(t), t) + E_{\text{loss}}(t) \cdot p(t) \right] \tag{2-3}$$

式中:$E_{\text{loss}}(t)$ 为系统崩溃后的停电损失;$p(t)$ 为停电电量对应的损失成本。

强化学习是一种自主交互学习算法,智能体通过与环境不断交互,以试错的方式积累经验以学习处理控制问题。智能体根据来自环境的观测值采取相应行动,并在行动后得到对应的奖励值,其决策过程一般可作为马尔可夫决策过程来建模。马尔可夫决策过程一般以五元组的形式表征为 $M=\{\mathcal{S},\mathcal{A},\mathcal{P},\mathcal{R},\gamma\}$。有功校正控制可以建模为形如 $M=\{\mathcal{S},\mathcal{A},\mathcal{P},\mathcal{R},\gamma\}$ 的马尔可夫决策过程。

（1）状态空间 $\mathcal{S}$：由于除调整节点注入功率外，我们还通过传输线切换和母线投切来缓解线路过载状况，因此智能体状态空间应包括发电机、负荷和传输线的电气特征和拓扑特征，具体为发电机和负荷的有功和无功功率、线路的负载率，以及各电气设备的母线连接状态，即

$$s_t=\{\boldsymbol{P},\boldsymbol{Q},\boldsymbol{B},\boldsymbol{P}_{\text{redisp}},\boldsymbol{\rho}\} \tag{2-4}$$

式中：$\boldsymbol{P}$ 和 $\boldsymbol{Q}$ 分别代表电气设备（即当前时刻所有发电机和负荷）的有功功率和无功功率，其中 $\boldsymbol{P}=[\boldsymbol{P}_\mathrm{G}^t,\boldsymbol{P}_\mathrm{L}^t]$，$\boldsymbol{Q}=[\boldsymbol{Q}_\mathrm{G}^t,\boldsymbol{Q}_\mathrm{L}^t]$；$\boldsymbol{P}_{\text{redisp}}$ 为各发电机的再调度量，用以突出表现智能体的再调度动作；$\boldsymbol{B}$ 代表各电气设备在相关变电站中连接母线的编号，以表示设备的拓扑特征；$\boldsymbol{\rho}$ 为传输线的负载率。

（2）动作空间 $\mathcal{A}$：除调节发电机出力外，还要引入拓扑调节动作，以进行有功校正控制。因此，动作空间由发电机再调度、传输线切换、母线投切动作和空动作组成。

（3）奖励函数 R：智能体的奖励函数，综合考虑稳定性和经济性制定。在稳定性层面，由于电网中重载和过载线路将阻碍电能传输，且可能成为引发连锁故障的风险源，因此加入对重载和过载线路的稳定性惩罚。在经济性层面，进一步考虑拓扑调节的经济成本。因此，计及拓扑调节动作的有功校正控制强化学习智能体奖励函数为：

$$r_t=\alpha\sum_{i=1}^{N_\mathrm{L}}\left[\max(0,(1-\rho_i^2))-w_1\cdot\max(0,\rho_i-1)-w_2\cdot\max(0,\rho_i-0.9)\right]$$
$$+\beta\left(\sum_{i=1}^{N_\mathrm{G}}|\Delta P_\mathrm{G}^i|+\sum_{i=1}^{N_\mathrm{L}+N_\mathrm{sub}}\Delta N_i\right) \tag{2-5}$$

式中：α、β 为奖励系数；ρ_i 为线路负载率；ΔN_i 为输变电设备 i 的拓扑改变量；N_L 为线路数量；N_G 为发电机数量；N_sub 为系统中的变电站数量；w_1 和 w_2 分别为线路过载惩罚和线路重载惩罚，可通过实验法进行设置；ΔP_G^i 为第 i 个发电机的有功功率调整量。

完成上述建模后，即可进行有功校正控制智能体的基本训练。

2.3　考虑电网拓扑可变性的复杂电网状态表征方法

2.3.1　时变电网状态的统一规整方法

智能体可从电力系统中观测到发电机、负荷以及传输线路等的电气特征，

以及当前设备之间的连接关系,即网络拓扑。网络拓扑中同样蕴含着丰富的电气信息,用以辅助智能体进行电力系统运行状态的分析。这些信息均可通过拓扑图的形式进行自然的整合和表示,以便智能体对电网状态进行全面的感知和表征学习。

拓扑图一般由节点和边组成,即 $G = (V, E)$。其中,V 代表节点集合,而 $E \subseteq V \times V$ 则代表节点间边的集合。图对应的邻接矩阵 $\boldsymbol{A}$ 为 $N \times N$ 的矩阵。对于简单的图,若节点连接 $(i, j) \in E$,则对应的邻接矩阵元素 $A_{ij} = 1$,否则 $A_{ij} = 0$。而图对应的特征矩阵 $\boldsymbol{X}$ 为 $N \times M$ 的矩阵,存储各节点对应的特征值,M 为节点特征的维度。

在复杂电力系统中,由于拓扑调节等业务需求和 N-1 故障等随机事件,电网拓扑会频繁地发生动态变化。而当采用传输线路切换和母线投切动作时,网络拓扑也会发生进一步的改变,则按照传统的图规整方法,将母线视为节点,传输线视为边,图的规模可能会随着母线运行方式的调整情况发生变化,不利于DRL 模型的构建。

由于母线投切动作会改变传输线路端点、发电机和负荷等设备连接的母线,电气设备的数量在这个过程中不发生变化,只有设备间电气连接关系有所改变。因此,可通过将电气设备定义为节点,设备之间的电气连接关系定义为边,实现对时变电网状态的统一图规整。图数据一般通过矩阵(即上文所述的邻接矩阵和特征矩阵)的形式表达,则可根据传输线首末端、发电机、负荷之间的连接建立邻接矩阵,在此基础上,进一步通过考虑所有设备的相关电气特征来构建特征矩阵。特征既包含有功功率等共同特征,也包含不同类型设备的独特特征,如线路的负载率。当元件不具备某些特征时,则将相应的特征维度设为 0。综上,邻接矩阵和特征矩阵的通用表示形式如下:

$$A_{ij} = \begin{cases} 1 & \text{(设备连接在同一母线上或在同一传输线的两端)} \\ 0 & \text{(其他情况)} \end{cases} \tag{2-6}$$

$$\boldsymbol{X}_i = \begin{bmatrix} f_{\text{C}} & f_{\text{line}} & f_{\text{gen}} & f_{\text{load}} \end{bmatrix} \tag{2-7}$$

式中:i、j 分别为对应的图数据中的节点编号,即设备编号;f_{C}、f_{line}、f_{gen}、f_{load} 分别为所有设备的共同特征、传输线路的独有特征、发电机的独有特征,以及负荷的独有特征。

进一步,以图 2-3 和式(2-8)为例,给出所提出的邻接矩阵和特征矩阵构建方法:

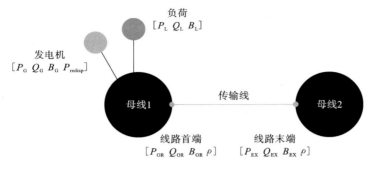

图 2-3　邻接矩阵和特征矩阵构建示例

$$
\boldsymbol{A} = \begin{bmatrix} 0 & 1 & 1 & 1 \\ 1 & 0 & 0 & 0 \\ 1 & 0 & 0 & 1 \\ 1 & 0 & 1 & 0 \end{bmatrix} \begin{matrix} (线路首端) \\ (线路末端) \\ (负荷) \\ (发电机) \end{matrix}
\tag{2-8a}
$$

$$
\boldsymbol{X} = \begin{bmatrix} P_{OR} & Q_{OR} & B_{OR} & 0 & \rho \\ P_{EX} & Q_{EX} & B_{EX} & 0 & \rho \\ P_{L} & Q_{L} & B_{L} & 0 & 0 \\ P_{G} & Q_{G} & B_{G} & P_{redisp} & 0 \end{bmatrix} \begin{matrix} (线路首端) \\ (线路末端) \\ (负荷) \\ (发电机) \end{matrix}
\tag{2-8b}
$$

式中：P_{OR} 和 Q_{OR} 分别为输电线路首端有功功率和无功功率；P_{EX} 和 Q_{EX} 分别为输电线路末端有功功率和无功功率；P_{L} 和 Q_{L} 分别为负荷有功消耗值和无功消耗值；P_{G} 和 Q_{G} 分别为发电机的有功输出和无功输出；B_{OR}、B_{EX}、B_{L}、B_{G} 分别为输电线路首端、末端、负荷、发电机在变电站中的连接母线的编号；P_{redisp} 为发电机的再调度功率；ρ 为输电线路的负载率。

2.3.2　基于图注意力机制的电网状态邻域聚合表征方法

本节介绍利用图神经网络（GNN）提取电力系统状态特征。图神经网络是专门为图数据设计的神经网络，它可以通过图卷积提取不规则的非欧氏数据的特征，并学习拓扑中隐藏的知识[12]。

图卷积是图神经网络的核心操作，通过学习特定的函数，图卷积基于网络拓扑，将特定节点的邻域节点特征与其本身特征聚合，生成该节点的表征，从而实现对图特征的高效提取。应用最为广泛的图神经网络为图卷积神经网络（graph convolutional network，GCN），其利用图卷积层对电力系统状态进行卷积运算。图卷积层的定义式为：

$$H^{k+1} = f\left(\widetilde{\boldsymbol{D}}^{-\frac{1}{2}} \widetilde{\boldsymbol{A}} \widetilde{\boldsymbol{D}}^{-\frac{1}{2}} \boldsymbol{H}^k \boldsymbol{W}^k\right) \tag{2-9}$$

式中：$\widetilde{\boldsymbol{A}} = \boldsymbol{A} + \boldsymbol{I}, \widetilde{\boldsymbol{D}} = \sum\limits_j \widetilde{\boldsymbol{A}}_{i,j}$；$\boldsymbol{H}^k$ 为第 k 个图卷积层的输入矩阵，其中，$\boldsymbol{H}^{(0)} = \boldsymbol{X}$；$\boldsymbol{W}^k$ 是第 k 个图卷积层的权重矩阵。

在电力系统运行过程中，当电网出现线路运维、运行方式调整或 $N-1$ 事件时，相应产生的网络拓扑与一般状态下的拓扑将存在较大差异。因此，有功校正控制 DRL 智能体必须具备充分的场景泛化能力，能够在不同的网络拓扑下做出有效决策，从而能够在多样化的电网运行场景中消除线路过载情况。

综上，我们利用 GAT 对电力系统状态图数据进行表征学习。与依赖于拉普拉斯特征基的图卷积神经网络不同，在 GAT 中，每个节点的隐藏表征都按照一种带掩码的自注意策略进行计算，目标节点的表征结果仅基于从其邻近节点传递的信息进行聚合测算。因此，使用 GAT 的智能体模型更容易被推广到不同结构的图数据分析中。则针对节点 i 的表征 h_i，将具有多头注意力机制的图注意力层卷积计算原理定义为[13]：

$$h'_i = \sigma\left(\frac{1}{K} \sum_{k=1}^{K} \sum_{j \in N_i} \alpha_{ij}^k \boldsymbol{W}^k h_j\right) \tag{2-10}$$

式中：h'_i 为节点 i 的表征经过一次注意力层处理后得到的新表征；σ 为非线性激活函数；N_i 为节点 i 的邻域节点集合；K 为所采用的注意力机制的数量；α_{ij}^k 为由第 k 个注意力机制计算得到的节点 j 对节点 i 的归一化注意力因子；$\boldsymbol{W}^k$ 为注意力机制对应的权重矩阵；h_j 为节点 j 的表征。

具体而言，在第 k 个注意力机制中，图注意力层对每个节点应用该层的权重矩阵 $\boldsymbol{W}^k$ 以执行自注意力机制。基于共享的注意力机制 $\pi(\boldsymbol{W}^k h_i, \boldsymbol{W}^k h_j)$，可以计算邻域中节点 j 的特征对第 i 个节点的重要性。之后采用 Softmax 函数，则可得到 α_{ij}^k。结合 K 个注意力机制的归一化注意力因子，则可实现多头注意力机制，并得到节点 i 的聚合特征。

2.4 基于改进蒙特卡罗树搜索的强化学习动作空间优化方法

考虑到多样化的有功校正控制手段，尤其是拓扑调整手段的离散性和组合性，在复杂电力系统中将会产生海量的候选控制动作。以母线投切动作为例，若变电站的母线支持双母线运行，且有 n 台电力设备（发电机、负荷、传输线）连接该变电站，则仅围绕该变电站即可产生 2^{n-1} 个可执行的拓扑校正控制动作。

虽然拓扑动作在消除线路潮流越限方面存在即时性强、经济性好的优点,但是如此庞大的候选动作空间将使建立的深度神经网络模型过于复杂,给 DRL 智能体的训练带来较大的挑战,在一些大规模电网中甚至可能无法训练。

为了降低动作空间的规模,我们基于蒙特卡罗树搜索方法进行改进,通过对整个动作空间的采样和评估来选择校正控制效果较优的动作。从多样化的电力系统运行场景中,选取典型场景组成动作评判场景集,在每个场景中,仅在传输线路的负载率大于设定阈值(如 1.0)时评估校正控制动作集,否则执行"断线自动重合闸"动作或不执行额外动作,以准确评估候选动作对重载或者过载情况的缓解能力。因此,在改进的蒙特卡罗树搜索方法中,出现线路负载率超过阈值的运行状态被设定为根节点,在此基础上,即可执行"选择—扩展—仿真—反向传播"的过程以更新蒙特卡罗树。

为筛选并得到有效的有功校正控制动作,树的叶节点表示在前一个重载/过载状态中应用可行校正控制动作后系统运行到的下一个重载/过载状态,而节点之间的边则表示执行的校正控制动作。每个节点 s_t 存储其对应的状态评估值 $W(s_t)$ 和模拟次数 $n(s_t)$。状态评估值 $W(s_t)$ 初始值为 0,并根据每次仿真结束后获得的收益 $u(n(s_t))$ 进行更新。收益 $u(n(s_t))$ 用于评估有功校正控制动作在对应仿真环节中的等效控制效果。定义

$$\begin{cases} u(n(s_t)) = \dfrac{T_{s,\text{end}} - t}{T - t} \\ W(s_t)_{n(s_t)} = W(s_t)_{n(s_t)-1} + u(n(s_t)) \end{cases} \tag{2-11}$$

式中:$T_{s,\text{end}}$ 表示本次仿真结束时电网对应的运行时刻,通过最终的系统运行时长反映候选有功校正控制动作消除线路潮流越限并支撑电网长时间稳定运行的能力。

在蒙特卡罗树搜索方法的动作筛选(选择)阶段,考虑到有效动作相对于整个候选有功校正控制动作集的稀疏性,针对当前重载/过载状态,首先对候选的所有动作,即可用的发电机再调度动作、传输线切换动作以及母线投切动作等进行遍历部署,筛选可缓解线路过载率状况的动作,形成可用动作集。在此基础上,遵循信心上限树算法(upper confidence bound apply to tree,UCT)的动作优选逻辑,以保证式(2-12)计算的结果最优为准则,进行当前状态下有功校正控制动作的选择以支撑系统运行。所选择动作的对应得分为

$$\text{score} = \frac{W(s_t)}{n(s_t)} + c\sqrt{\frac{\ln N_s}{n(s_t)}} \tag{2-12}$$

式中:N_s 为整体仿真次数;c 为控制搜索深度的常量。

综上,所提出的改进蒙特卡罗树搜索流程如图 2-4 所示。

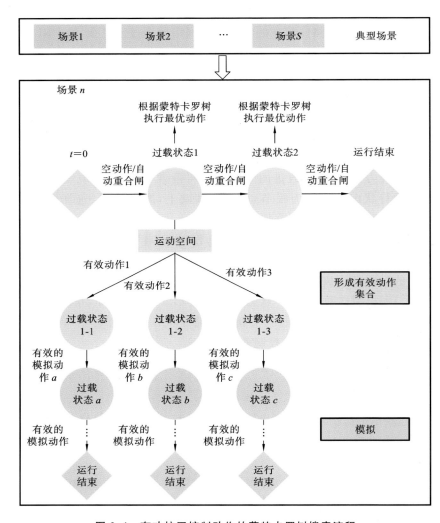

图 2-4 有功校正控制动作的蒙特卡罗树搜索流程

2.5 安全校核结果引导下的有功校正控制智能体训练与部署机制

2.5.1 安全校核结果引导的智能体深度探索训练机制

计及拓扑调节动作虽然提升了有功校正控制的灵活性,但求解线路过载控制方案的难度也随着离散决策变量的引入而增加。因此,为保证智能体在有功校正控制问题中的高效探索,应确保所执行的校正控制措施能够有效消除或减少潮流越限状况。在此基础上,提出安全校核结果引导的智能体深度探索训练机制。在训练阶段,当发生线路潮流越限时,按照各个动作的 Q 值从高到低选取 δ 个动作形成优选动作集,并依次通过安全校核。最终,优选动作集中安全校核结果奖励值最高的动作被选为智能体的最终决策。此外,当系统遭受 N-1 故障等网络扰动事件后,系统中的重载或过载线路均会给系统带来巨大的稳定性风险。此时,优选动作集的规模将较一般线路潮流越限情况下的大,此时 δ 可等同于整个动作空间的规模,即遍历校正动作空间以获取可使线路负载率下降效果最好的动作。安全校核结果引导的差异化深度探索策略有助于智能体更精确地评估其校正控制策略在线路过载状态下,尤其是遭受 N-1 故障后的即时控制效果,避免智能体在复杂的电网调控环境中因策略随机性或训练不足而进行低效探索,驱动智能体在部署时制定更有效的校正控制措施。

在电网实际运行中,按照编制的预调度计划,大多数运行状态下线路负载率均处在正常范围内,DRL 智能体不需要采取额外动作,即执行"空动作"策略。因此,在训练过程中,经验池中将存储大量的"空动作"经验,当进行经验回放时,会导致其他有效的控制经验采样效率较低,阻碍智能体对相应的有功校正控制动作效果实现准确评估。因此,我们进一步设计了一种经验池均衡机制:按照运行过程中"空动作"和有效校正控制动作出现的频率比值,将"空动作"经验以较小的概率存储在经验池中,以提高经验池中与发电机再调度和拓扑控制动作相关的经验的比例。

此外,考虑到因潮流转移或外因而断开的线路会导致系统拓扑发生预想外的变化,在每个时刻,在智能体执行动作前,首先进行先验的自动线路重合闸检测:若当前存在可被重新连接的意外停运线路,则对其执行自动重合闸操作,以减少系统随机扰动事件造成的电网拓扑异常情况,进一步降低智能体有功校正控制的难度。

安全校核结果引导的图深度 Q 网络训练方法如下。

算法 2-1 安全校核结果引导的图深度 Q 网络训练方法

1. 初始化图深度 Q 网络的参数 θ
2. 初始化经验池 $\mathcal{D}$
3. **for** episode＝1 to I **do**
4. 重置电力系统运行环境

5.   **for** $t=1$ to T **do**

6.   采集并规整电网当前状态 s_t

7.   在安全校核模块中执行"空动作" a^0，观察系统危险标志（标志为真代表出现线路潮流越限的情况或者系统崩溃，否则系统状态为正常）

8.   **if** 系统危险标志为正 **then**

9.   按照智能体所有动作的 Q 值 $Q(\cdot|s_t)$ 降序选择 δ 个优选动作：

$$\delta = \begin{cases} |\mathcal{A}| & （N\text{-}1\text{ 故障后状态}） \\ V & （\text{其他状态}） \end{cases}$$

10.   在安全校核模块中验证优选动作，从中选择即时奖励值最高的动作作为智能体输出动作 a_t

11.   **else then**

12.   选择"空动作" a^0 作为智能体输出动作 a_t

13.   **end if**

14.   在电网中执行智能体动作 a_t 并获取下一时刻状态量 s_{t+1}、即时奖励值 r_t 和场景结束标志 d_t

15.   在经验池 $\mathcal{D}$ 中存储经验 $(s_t, a_t, r_t, s_{t+1}, d_t)$，若 $a_t = a^0$，则以一个较小概率 p_s 存储该经验，若场景结束标志 d_t 为真，则在经验池中存储该经验多次

16.   利用重要性采样方法从经验池 $\mathcal{D}$ 中抽取一个批次的经验

17.   计算目标网络的 Q 值：

$$y_i = \begin{cases} r_i & （\text{场景结束}） \\ r_i + \gamma \max_{a'} Q(s_{t+1}, a'; \hat{\boldsymbol{\theta}}) & （\text{其他状态}） \end{cases}$$

18.   按照如下公式计算损失值并更新 Q 网络：

$$L_i(\boldsymbol{\theta}) = (y_i - Q(s_t, a_t; \boldsymbol{\theta}))^2$$

19.   定期将模型主网络权重 $\boldsymbol{\theta}$ 复制到目标网络

20.   更新系统状态，$s_t = s_{t+1}$

21.   **end for**

22.   **end for**

    与此同时，在部分电力系统，即使经过蒙特卡罗树搜索后，校正控制动作空间仍会由于电网规模较大或母线投切动作复杂而呈现出较强的高维特征，从而影响校正控制模型的训练进程。在此类情况下，为提高 DRL 智能体的训练效率，进一步提出分散式局部智能体训练机制：将动作空间均分为 F 个子空间，按照相同的输入、网架结构等条件构建 F 个局部智能体，分别与电网环境进行交互探索训练，在降低智能体单个模型复杂度的同时，提高训练流程对动作空间的评估效率。

2.5.2 考虑控制策略长短期效益的智能体部署机制

当部署在电力系统中时,有功校正控制智能体需有效消除或减少线路过载情况,即需要保证基础的短期控制效果以帮助电网脱离当前的不稳定状态。同时,由于执行时序有功校正控制,智能体还应考虑未来系统调控的灵活性和整体的控制成本,即需要兼顾长期效益以维持电网经济平稳地长时间运行。因此,需要对强化学习智能体部署时的短期控制效果和长期控制效益进行综合考虑。

因此,笔者提出考虑控制策略长短期效益的智能体部署机制:将当前时刻智能体所有动作的 Q 值降序排列,选取 α 个 Q 值最大的有功校正控制动作形成优选动作集,经过安全校核后选择预估短期控制效果最好的动作作为智能体采取的最终校正控制措施。该机制的数学表示为:

$$a_{\text{out}} = \underset{a}{\arg\max}\ r_{\text{simu}}(\text{top-rank}(Q(s, \forall a), \alpha)) \tag{2-13}$$

式中:a_{out} 表示输出的动作;$\text{top-rank}(Q(s, \forall a), \alpha)$ 表示从所有动作中获取 Q 值最大的 α 个动作的函数;r_{simu} 为预估短期校正控制效果的衡量函数,一般等同于即时奖励函数。

特别地,当智能体部署至复杂电力系统中并采用分散式局部智能体训练机制(见 2.5.1 节)时,考虑控制策略长短期效益的智能体部署机制可扩展为考虑控制策略长短期效益的多局部智能体协作部署策略。

具体而言,在线路重载或过载状态(s_t)下,每个局部智能体分别选取其 Q 值最大的 K 个动作形成各自的优选动作集并进行安全校核。将第一个局部智能体中通过校验且 Q 值最大的优选动作设定为基准动作,以保证其对应的长期控制效益:

$$a_t^{\text{base}} = \underset{a}{\arg\max}\ Q_1(s_t, a_{\text{simu}}) \tag{2-14}$$

式中:a_t^{base} 表示基准动作;a_{simu} 表示模拟动作。

该基准动作之后,由其他局部智能体根据预估奖励值进行动作更新,以确保智能体最终采取动作的短期校正控制效果。每个局部智能体将通过安全校核的优选动作按照 Q 值大小,依次与基准动作对应的预估奖励值相比较。当一个优选动作的预估奖励值超过基准动作时,该智能体的动作对比终止,对应的优选动作被设定为后一个局部智能体的新基准动作以进行比较和更新。经过所有局部智能体对比后得到的最终基准动作即为智能体输出的动作。在这种协作机制下,智能体所执行的校正控制策略在尽可能消除线路潮流越限情况的同时,也兼顾了电网长期运行的稳定性和经济性。

考虑控制策略长短期效益的多局部智能体部署策略如图 2-5 所示。

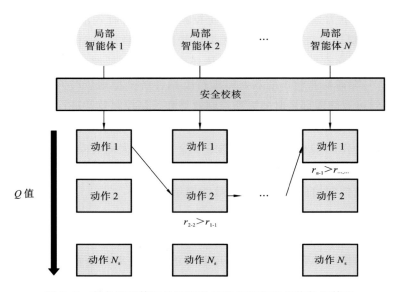

图 2-5　考虑控制策略长短期效益的多局部智能体部署策略

2.6　计及电网层级特征的实时状态差异化融合方法

2.6.1　电网高级、初级特征的构造方法

在复杂电力系统中,有功校正控制智能体在每个决策时刻都会接收到大量的源、网、荷电气信号,这些设备级的特征即为电力系统的初级特征。然而,对于这些广域的细粒度电气信号,有功校正控制智能体可能很难从中获取关键系统运行信息,从而影响其对环境的直接感知能力。因此,可预先汇集部分电气信号进行简单测算,构建系统级电网特征,将领域知识合并到有功校正控制智能体的输入特征中。具体地,考虑重载线路和过载线路惩罚的系统可用传输容量作为电网高级特征,以表现当前时刻电力系统的灵活性,为智能体提供额外的全局视角,全局状态可表示为:

$$s_{t,\text{global}} = \sum_{i=1}^{N_{\text{L}}} \left[\max(0,(1-\rho_i^2)) - \alpha \cdot \max(0,\rho_i - 1) - \beta \cdot \max(0,\rho_i - 0.9) \right]$$

(2-15)

式中：N_L 为系统中的传输线数量；ρ_i 为第 i 条传输线的负载率；α 和 β 分别为线路过载惩罚因子和线路重载惩罚因子。

可以发现，此处的电网高级特征即奖励函数稳定性部分的另一种表现形式。

2.6.2　综合全局、局部特征的电网状态多层级图表征架构

由于电网是具有强复杂性的高维动态系统，为辅助有功校正控制智能体协调多层次特征，进一步增强智能体对环境的感知能力，笔者提出了一种综合全局、局部特征的电网状态多层级图表征架构。

针对电气设备级的局部特征，结合其图结构数据形式，利用基于图注意力机制的电网状态邻域聚合表征方法（见 2.3.2 节）进行图卷积，得到各设备特征变换后对应的节点特征向量，作为当前电网状态的具象化表征。为完善有功校正控制智能体对复杂电网环境的感知结果，在电网状态邻域聚合表征上进一步利用图池化方法，以获取智能体自学习的图级别表征，即电力系统级别的表征。具体而言，笔者运用了一种自注意的图池化方法，在综合考虑节点特征和网络拓扑的同时，从节点特征向量中高效捕捉关键信息。

首先，对电网状态的节点特征向量执行图卷积操作，获取每个节点（电气设备）对应的重要度分数：

$$V = \delta(\mathrm{GAT}(\boldsymbol{H}, \boldsymbol{A})) \tag{2-16}$$

式中：$\delta(\ )$ 为激活函数，$\mathrm{GAT}(\ )$ 为带多头注意力机制的图注意力层函数；$\boldsymbol{H}$ 为节点表征矩阵；$\boldsymbol{A}$ 为邻接矩阵。

之后，可基于重要度分数保留最重要的节点：

$$\mathrm{id} = \text{top-rank}(V, |\zeta N|) \tag{2-17}$$

式中：id 为保留节点对应的索引；top-rank( ) 为获取保留节点索引的函数；ζ 为控制保留节点数量的系数；V 为重要度分数；N 为图中节点的总数。

通过截取重要节点的特征和邻接关系，图池化即可实现：

$$\begin{cases} \boldsymbol{H}_{\mathrm{out}} = \boldsymbol{H}_{\mathrm{id}} \odot V_{\mathrm{id}} \\ \boldsymbol{A}_{\mathrm{out}} = \boldsymbol{A}_{\mathrm{id,id}} \end{cases} \tag{2-18}$$

式中：$\boldsymbol{H}_{\mathrm{out}}$ 为输出节点表征矩阵；$\boldsymbol{H}_{\mathrm{id}}$ 为保留节点表征矩阵；V_{id} 为保留节点重要度分数；$\boldsymbol{A}_{\mathrm{out}}$ 为输出邻接矩阵；$\boldsymbol{A}_{\mathrm{id,id}}$ 为保留节点邻接矩阵。

综上，通过自注意的图池化方法，系统中的重要节点得以保留，智能体能够聚焦于含有关键信息的少数节点，避免大规模电力系统中海量电气信号的干扰。在此基础上，在神经网络中加入读出层，将关键信息进一步聚合，利用重要

节点特征的统计信息得到智能体自我学习到的电网状态图级别表征：

$$G = \frac{\sum\limits_{i=1}^{N_C} g_i}{N_C} \parallel \max\limits_{i}^{N_C} g_i \qquad (2-19)$$

式中：g_i 为第 i 个重要节点的特征；N_C 为重要节点的个数。

最终，将智能体自学习得到的图级别表征和按照先验知识设计的高级特征进行拼接，即可得到电网状态的全局表征。电网状态的全局表征和具象化表征经过神经网络全连接层进一步转换后可进行融合，从而实现实时状态特征的多层级差异化融合。融合后的电网状态表征即可进入竞争架构辅助智能体，以制定有功校正控制策略。这里采用的神经网络架构如图 2-6 所示。

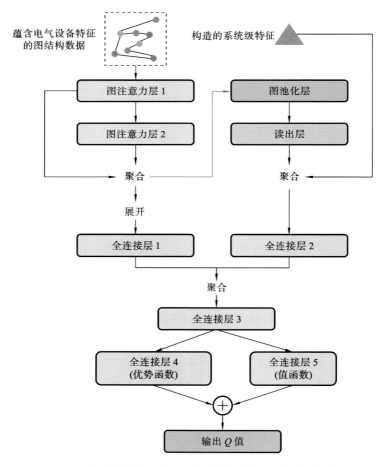

图 2-6 电网状态多层级图表征及强化学习神经网络架构

2.7　融合调度员校正控制经验的强化学习增强机制

2.7.1　基于示教学习的有功校正控制强化学习增强机制

在现有的大量决策问题中，典型的强化学习方法通常需要从零开始，通过与环境进行大规模交互而收敛到一个较好的策略。然而，在复杂电力系统的有功校正控制问题中，DRL 智能体需要从运行场景多样、物理约束众多、系统扰动随机的电网中，考虑网络潮流与节点注入功率或拓扑之间的复杂电气关系，从巨大的候选措施集合中选择少量的可行措施，使得 DRL 智能体即使在安全校核模块的引导下，也很难通过单纯的交互学习到有效的有功校正控制策略。因此，还需要采用其他的方式进一步提升 DRL 智能体的性能。

在电力系统有功校正控制领域，往往存在诸如调度员历史运行记录、模型驱动方法的控制轨迹之类的数据。这些数据均蕴含人类高级认知或由复杂机理分析推导而得到的先验知识，且在消除潮流越限方面均有良好的表现。因此，本节引入示教学习（DQfD）以充分利用专家知识和经验。收集到的领域知识首先被用于有功校正控制智能体的预训练，之后在智能体和环境的交互学习中进一步引导智能体，以提高智能体最终学习到的校正控制策略的有效性。

示教学习方法主要通过构造一个包含四种损失函数的综合损失函数 $L(\boldsymbol{\theta})$ 来实现先验知识在标准深度 Q 学习中的融合：

$$L(\boldsymbol{\theta}) = L_{DQ}(\boldsymbol{\theta}) + \alpha_1 L_n(\boldsymbol{\theta}) + \alpha_2 L_E(\boldsymbol{\theta}) + \alpha_3 L_{L2}(\boldsymbol{\theta}) \tag{2-20}$$

式中：$\boldsymbol{\theta}$ 为 Q 网络的权重；$L_{DQ}(\boldsymbol{\theta})$、$L_n(\boldsymbol{\theta})$、$L_E(\boldsymbol{\theta})$、$L_{L2}(\boldsymbol{\theta})$ 分别为一步深度 Q 学习损失函数、n 步深度 Q 学习损失函数、专家策略损失函数和 L2 正则化损失函数；$\alpha_1 \sim \alpha_3$ 为不同损失函数对应的权重。

在上述损失函数中，深度 Q 学习相关的损失函数主要保证智能体能够通过时间差分学习进行自主优化，专家策略损失函数则引导智能体学习和逼近演示者策略，即专家策略，L2 正则化损失函数主要通过限制 Q 网络权重大小来保证智能体的泛化能力。

具体而言，由于基本的深度 Q 学习往往存在较突出的信用分配问题，示教学习通过引入 n 步深度 Q 学习损失函数辅助智能体更好地评估动作的长期效益，从而提升训练的效果。n 步深度 Q 学习损失可基于 n 步回报计算得到：

$$L_n(\boldsymbol{\theta}) = E_{(s,a,R^n) \sim U(\mathcal{D})} \left[(R^n - Q(s,a;\boldsymbol{\theta}))^2 \right] \tag{2-21}$$

$$R_t^n = r_t + \gamma r_{t+1} + \cdots + \gamma^n \max_{a' \in \mathcal{A}} Q(s_{t+n}, a') \qquad (2\text{-}22)$$

式中：a 为智能体动作；$\mathcal{D}$ 为经验池；R_t^n 为 n 步回报；a' 为 $t+n$ 时刻智能体可能做的动作。

作为综合损失函数中最重要的部分,专家损失函数建立在对专家策略优越性的假设上,即在示教数据中的每个场景中,均假设专家策略采取的动作优于动作空间中的其他所有动作：

$$L_E(\boldsymbol{\theta}) = \max_{a \in \mathcal{A}} \big[Q(s, a) + l(a_E, a) \big] - Q(s, a_E) \qquad (2\text{-}23)$$

式中：$l(a_E, a)$ 为边缘监督损失函数；a_E 表示专家策略采取的动作。

在对应的场景中,利用边缘监督损失函数衡量深度 Q 网络采取的贪婪动作（即 Q 值最大的动作）与专家动作的差异[14]。若该贪婪动作等同于专家动作,则边缘监督损失为 0,否则边缘监督损失为一个正的常数,如 0.8。因此,在示教数据中,所有场景下非专家动作对应的 Q 值均小于专家动作的 Q 值,这样的设定在保证整个训练过程满足贝尔曼方程的同时,能够促使智能体模仿专家策略,并对其他动作的 Q 值进行较为合理的估计。

基于上述综合损失函数,示教学习将领域知识融入智能体的预训练阶段和正式训练阶段。在预训练阶段,DRL 智能体从收集到的示教数据中抽样并进行批量训练。然后,经过预训练的智能体开始与环境交互,并将交互生成的数据存储到经验池 $\mathcal{D}$ 中。在训练过程中,经验池的交互生成数据随训练进程不断更新,而示教数据保持不变,以便持续为智能体提供指导。同时,示教学习算法通过控制经验回放时示教数据样本数占整体样本数的比例（简称示教比例）来保证 DRL 智能体基于交互学习的自我提升能力。值得注意的是,在经验回放过程中,当采样场景来源于交互生成的数据时,专家损失函数不再生效,此项的值等同于 0。

2.7.2　考虑示教经验多样性的有功校正控制示教数据集构建方法

由 2.7.1 节可知,在示教学习中,专家策略主要通过示教数据表征对 DRL 智能体的训练进行全程指导。因此,示教数据的质量将显著影响智能体所能接收到的领域知识的质量。若示教的专家经验能够涵盖其对不同工况的解决方案,则智能体在训练过程中对多样化场景的应对与泛化能力会进一步增强。此外,目前在有功校正控制领域,在多级调度方案的指导下,线路发生重载或过载的频率相对较低,有功校正控制动作较少。准确地评估各个有功校正控制动作对于 DRL 智能体能否学习到有效的控制策略至关重要。因此,在有功校正控制强化学习中,构造能够充分涵盖多样化有功校正控制场景、涉及多种类校正控制动作的示教经验,对智能体训练具有良好的优化引导作用。

在机理明确的模型驱动方法或专家策略中,若明确对应的先验策略 π^*,考虑到所采用的动作集具有离散性和差异性,则可假定在本章所提及的有功校正控制问题中 $\pi^*(s) \rightarrow a$ 具有唯一性,即任一电网运行状态仅对应一个专家动作,反之,一个专家动作可能对应多个电网运行状态,而这些状态则由于同样的专家动作可归入同类型的运行工况。因此,可利用专家动作的差异性表征不同类型潮流越限事件对应的运行工况,即可通过最大化示教数据中有功校正控制动作的多样性保证示教数据的表征能力和动作种类的涵盖范围。

为此,笔者提出一种基于有功校正控制动作信息熵最大化的示教经验优选方法,旨在从已有的专家经验中筛选出具有更强表征能力的示教数据。

假设当前可用的先验数据集为 Ω,其内部蕴含 K 条有功校正控制轨迹,即 $T_k = (S_k, A_k)$,其中动作轨迹 $A_k = [a_1, a_2, \cdots, a_t, \cdots, a_T]$,$a_t \in \mathcal{A}$ 存储了各决策时刻对应的先验动作。当从先验数据集 Ω 中选取 D 条轨迹构建示教数据集 Λ 时,Λ 对应的动作信息熵可用式(2-24)计算:

$$H(a \mid \Lambda) = -\sum_{j=1}^{|\mathcal{A}|} \lg p_j \tag{2-24}$$

式中:p_j 为动作集中第 j 个动作在示教数据集 Λ 中出现的频率。动作信息熵越大,则该示教数据集对应的动作多样性越强。

最终,可根据最大化动作信息熵从先验数据集 Ω 中优选数据,构建优化的示教数据集 Λ^*:

$$\Lambda^* = \arg\max H(a \mid \Lambda) \tag{2-25}$$

2.8　计及校正控制动作稀疏性的智能体训练算法

基于 DRL 的有功校正控制架构中,智能体所进行的动作,如传输线运行状态切换或发电机再调度,在缓解当前重载或过载状况的同时也会改变电力系统后续的运行点。因此,有必要对校正控制动作的长期影响进行准确评估,以优化电网的长期运行稳定性。采用 n 步回报可以在一定程度上降低估计偏差,但在时序有功校正控制问题中,由于电力系统的高复杂度,选择恰当的 n 值,即确定智能体动作在时序上的后续影响范围,是一项困难的任务。同时,尽管存在不确定性强的扰动事件,得益于精细的预调度方案,电力系统在大多数情况下不需额外的有功校正控制动作即可维持稳定运行。因此,在智能体训练过程中,经验池内与预防控制动作或校正控制动作等有效动作相关的经验的比例相对较低,这使得即使采用诸如优先经验回放的技巧,此类重要控制经验也将因缺乏充分的采样和训练而不够可靠。而采用经验池均衡机制(见 2.5.1 节)则会破坏运行轨迹的完整性,从而影响对校正控制动作的长期效果评估。上述两个问题可能会阻碍智能体训练性能的进一步提升。

为了优化基于 DRL 的方法在有功校正控制问题中的应用效果,在前述工作的基础上,我们设计了一种含双优先级的基于 λ-回报的示教辅助深度 Q 学习(DQfD(λ))训练机制。该方法能在控制示教样本和交互生成样本比例的基础上,将智能体训练过程聚焦于关键校正控制轨迹的分析与评估。

在经验回放的基础上,使用 λ-回报代替 n 步回报对智能体动作的长期效果进行预估:

$$R_t^\lambda = (1-\lambda) \sum_{n=1}^{T-t-1} \lambda^{n-1} R_t^n + \lambda^{T-t-1} R_t^{T-t} \qquad (2\text{-}26)$$

式中:R_t^λ 为 t 时刻的 λ-回报奖励值;R_t^n 为 t 时刻的 n 步奖励值;$\lambda \in [0,1]$ 为控制对未来回报重视程度的衰减系数;R_t^{T-t} 为 t 时刻的 $T-t$ 步奖励值。如式(2-26)所示,λ-回报代表每个 n 步回报的加权和,因此使用 λ-回报同样可实现对动作效果的准确评估,同时也可避免对 n 值的选择。

考虑到 λ-回报能够计及每个 $n(n=1,2,\cdots,T-t)$ 步回报,因此,示教学习中深度 Q 学习相关的损失函数可以被含 λ-回报的深度 Q 学习损失函数代替。调整后的综合损失函数为:

$$L(\boldsymbol{\theta}) = L_\lambda(\boldsymbol{\theta}) + \alpha_2 L_E(\boldsymbol{\theta}) + \alpha_3 L_{L2}(\boldsymbol{\theta})$$
$$L_\lambda(\boldsymbol{\theta}) = E_{(s,a,R^\lambda) \sim U(\mathcal{D})} \left[(R^\lambda - Q(s,a;\boldsymbol{\theta}))^2 \right] \qquad (2\text{-}27)$$

在实际部署中,基于完整的控制轨迹,可通过递归的方式计算 λ-回报[15]:

$$R_t^\lambda = R_t^1 + \gamma\lambda \left[R_{t+1}^\lambda - \max_{a' \in \mathcal{A}} Q(s_{t+1}, a') \right] \qquad (2\text{-}28)$$

轨迹中各条经验对应的 λ-回报将存入经验池 $\mathcal{D}$,并等效为目标网络辅助深度 Q 网络的更新。

综上,结合调整后的综合损失函数,即可对抽样得到的控制经验进行批量训练,从而实现融合 λ-回报的经验回放。

由式(2-28)可知,当经验池中存在大量控制经验时,λ-回报的求取仍会消耗大量计算资源。因此,为更好地将 λ-回报与经验回放机制融合,降低资源占用率,在基准的 DQN(λ)算法中,会定期从经验池 $\mathcal{D}$ 中采集一些较短的控制轨迹样本以建立一个精简的缓存 $\mathcal{H}$,从而更新和存储这些轨迹对应的 λ-回报。具体而言,在训练过程中,每隔一段时间从经验池中抽取 C/B 个板块组成缓存 $\mathcal{H}$,每个板块均包含 B 条相邻的经验,即长度为 B 的轨迹。与文献[15]中的随机采样策略不同,在这里我们提出了一种含示教比例约束的板块关注度加权的缓存构建方法。该方法致力于在限制专家经验比例和自主交互经验比例的基础上,增加缓存中有效控制经验的数量。

在示教学习算法中,经验池 $\mathcal{D}$ 由两部分组成:示教经验池 $\mathcal{D}_{demo}$ 和交互经验池 $\mathcal{D}_{self}$。为在缓存建设阶段将专家经验的比例限制在特定的范围内,可将从示教经验池 $\mathcal{D}_{demo}$ 中抽取的板块数量定义为:

$$N_{demo} = \frac{C}{B} \cdot \varepsilon_d \tag{2-29}$$

式中:ε_d 为在批量训练中期望的示教数据占比。

因此,在缓存构建阶段,将分别从示教经验池 $\mathcal{D}_{demo}$ 和交互经验池 $\mathcal{D}_{self}$ 中抽取 N_{demo} 和 $N_{self} = (C/B) \cdot (1-\varepsilon_d)$ 个板块。以容量为 U_{demo} 的示教经验池 $\mathcal{D}_{demo}$ 为例,其对应的候选可抽样板块数为 $U_{demo} - B + 1$。定义每个板块中有效控制动作的多样性为该板块的关注度,表示为:

$$\varphi_i = \frac{\| set(\boldsymbol{a}_i) \| - 1}{B} \tag{2-30}$$

式中:$\boldsymbol{a}_i$ 为第 i 个板块中智能体动作的轨迹,该轨迹包含"空动作"操作;$set(\boldsymbol{a}_i)$ 为筛选非重复元素并组成集合的函数;$\| set(\boldsymbol{a}_i) \|$ 表示计算 $set(\boldsymbol{a}_i)$ 内部元素对应的数量。按照此设定,控制轨迹中含有更多种有效校正控制动作的板块将具有更高的关注度。

基于各板块对应的关注度,可从示教经验池 $\mathcal{D}_{demo}$ 中抽取 N_{demo} 个板块,则第 i 个板块对应的采样概率为:

$$P(i) = \varphi_i \left/ \sum_{k=1}^{U_{demo}-B+1} \varphi_k \right. \tag{2-31}$$

按照相同方法,可从交互经验池 $\mathcal{D}_{self}$ 中抽取对应的板块。基于所提板块关注度加权的采样策略,缓存中将包含数量充足且多样化的有效校正控制经验,相较于随机采样策略,增加了这些经验在经验回放时被抽取的概率,从而可提升训练过程中对有功校正控制动作集长期效益的评估效果。与此同时,限定示教比例也从源头控制了智能体的专家模仿能力和自主学习能力。

以下为含示教比例约束的板块关注度加权的缓存构建方法。

算法 2-2 含示教比例约束的板块关注度加权的缓存构建方法

---

1. 初始化空的缓存 $\mathcal{H}$

2. 设定期望的示教比例 ε_d

3. **for** type $=\{\text{demo},\text{self}\}$ **do**

4. 计算 $\mathcal{D}_{\text{type}}$ 中所有候选板块的关注度：

$$\varphi_i = \frac{\|\,\text{set}(\boldsymbol{a}_i)\,\| - 1}{B}$$

5. 基于各候选板块对应的关注度，按照概率从经验池 $\mathcal{D}_{\text{type}}$ 中抽取 N_{type} 个板块，形成 $\mathcal{H}_{\text{type}}$：

$$P(i) = \varphi_i \Big/ \sum_{k=1}^{U_{\text{type}}-B+1} \varphi_k$$

6. **end for**

7. 将示教缓存 $\mathcal{H}_{\text{demo}}$ 与自交互缓存 $\mathcal{H}_{\text{self}}$ 结合，形成初始缓存板块 $\mathcal{H}^0$

8. **for** $i=1,2,\cdots,C/B$ **do**

9. 从初始缓存板块 $\mathcal{H}^0$ 中抽取板块 i，即 $(s_i,a_i,r_i,s_{i+1},d_i),\cdots,(s_{i+B-1},a_{i+B-1},r_{i+B-1},s_{i+B},d_{i+B-1})$，其中 $R^\lambda \leftarrow \max\limits_{a'\in\mathcal{A}} Q(s_{i+B},a';\boldsymbol{\theta})$

10. **for** $k\in\{i+B-1,i+B-2,\cdots,i\}$ **do**

11. 执行递推计算 $R^\lambda = r_k + (1-d_k)\gamma\big[\lambda R^\lambda + (1-\lambda)\max\limits_{a'\in\mathcal{A}} Q(s_{k+1},a';\boldsymbol{\theta})\big]$

12. 将元组 (s_k,a_k,R^λ) 存入初始缓存板块 $\mathcal{H}^0$ 中相应的位置

13. **end for**

14. **end for**

15. 得到更新后的最终缓存 $\mathcal{H}$

缓存板块构建完毕后，即可在缓存内部每个板块更新每条经验对应的 λ-回报。之后，智能体遵循基于时间差分误差加权的直接优先回放策略对缓存进行经验采样和批量训练。经验采样概率定义如式（2-32）所示：

$$p(e_j) = \begin{cases} \dfrac{1+\mu}{C}, & |\delta_j| > \delta_{\text{median}} \\[2mm] \dfrac{1}{C}, & |\delta_j| = \delta_{\text{median}} \\[2mm] \dfrac{1-\mu}{C}, & |\delta_j| < \delta_{\text{median}} \end{cases} \tag{2-32}$$

式中：e_j 和 δ_j 分别为第 j 条经验和其对应的时间差分误差；$\mu\in[0,1]$ 为控制采样偏好程度的系数；δ_{median} 为缓存中时间差分误差的中位数。

由上述可知,基于含双优先级的 DQfD(λ)训练机制,智能体在训练过程中将有更大概率聚焦于关键的校正控制经验。

同时,考虑到电力系统动态运行过程中存在的大量物理约束,笔者提出一种基于电气规则掩码的动作规范方法,以防止 DRL 智能体在训练及部署过程中采取违反电气约束的动作。基于该方法,智能体推理的最优动作定义为

$$a_{\text{greedy}} = \text{argmax}\, \boldsymbol{a}_{\text{mask}} Q(s_t, \forall a) \tag{2-33}$$

式中:$\boldsymbol{a}_{\text{mask}}$ 为仅由 0、1 元素组成的动作掩码向量,其大小等同于动作空间规模。智能体决策时,根据当前观测量和简单的先验知识(如线路操作冷却时间间隔)进行该向量的测算。若动作空间中第 i 个动作违反约束,则该动作被掩盖,即 a_{mask}^i 设置为 0;若不违反,则该动作可正常选择,即 a_{mask}^i 设置为 1。

综上,所提出的计及校正控制动作稀疏性的含双优先级 DQfD(λ)算法如下。

算法 2-3　计及校正控制动作稀疏性的含双优先级 DQfD(λ)算法

1.　初始化深度 Q 网络的权重 $\boldsymbol{\theta}$,缓存更新频率 τ

2.　初始化经验池,基于示教经验多样性生成示教数据集并填充到其中的示教经验池 $\mathcal{D}_{\text{demo}}$

3.　**for** pre_train_step＝1 to k **do**

4.　　**if** pre_train_step％τ＝0 **do**

5.　　执行算法 2-2,得到缓存 $\mathcal{H}$,该阶段等同于 $\mathcal{H}_{\text{demo}}$

6.　　**for** $1, 2, \cdots, U/n\_\text{batch}$ **do**

7.　　按照直接优先回放策略从缓存 $\mathcal{H}_{\text{demo}}$ 中抽取一个批次的经验样本 (s_i, a_i, R_i^λ)

8.　　按照综合损失函数 $L(\boldsymbol{\theta}) = L_\lambda(\boldsymbol{\theta}) + \alpha_2 L_\text{E}(\boldsymbol{\theta}) + \alpha_3 L_{\text{L2}}(\boldsymbol{\theta})$ 更新深度 Q 网络

9.　**end for**

10.　**end if**

11.　**end for**

12.　预训练结束,进入正式训练阶段

13.　**for** episode＝1 to I **do**

14.　重置电力系统运行环境

15.　**for** t＝1 to T **do**

16.　采集并规整电网当前状态 s_t

17.　按照基于电气规则掩码的动作规范方法进行智能体校正控制动作推断:

$$a_{\text{greedy}} = \text{argmax}\, \boldsymbol{a}_{\text{mask}} Q(s_t, \forall a)$$

18.　在电网中执行智能体动作 a_t 并获取下一时刻状态 s_{t+1}、即时奖励值 r_t 和场景结束标志 d_t

19. 　在交互经验池 $\mathcal{D}_{self}$ 中存储经验 $(s_t , a_t , r_t , s_{t+1} , d_t)$

20. 　**if** train_step%τ=0 **do**

21. 　　执行算法 2-2,得到缓存 $\mathcal{H}$

22. 　　基于缓存 $\mathcal{H}$ 执行步骤 6~9,进行网络训练与更新

23. 　**end if**

24. 　更新系统状态, $s_t = s_{t+1}$

25. **end for**

26. **end for**

2.9 算例分析

2.9.1 算例设计

为验证基于安全校核的有功校正控制强化学习方法的有效性,笔者利用电力系统人工智能调度开源平台 Grid2Op 针对本算例进行所提算法的训练和部署。从 IEEE 118 节点算例系统中截取 36 节点子系统并进行改进,作为本算例系统,改进的 36 节点系统网络架构如图 2-7 所示,该电网包含 59 条传输线、22 台发电机和 37 个负荷。

观察图 2-7 可发现,发电机机组由 4 个风电场、8 个光伏电站和 10 个常规机组组成。系统中发电机详细信息如表 2-1 所示。

每个场景中每天发生一次时间和位置均随机的线路 N-1 故障,在整个电力系统运行阶段同样存在时间、位置已知的线路运维操作,智能体的有功校正控制频率为 5 min/次。

根据前述分析,拓扑动作存在执行快捷、经济成本低的优点,因此这里引入拓扑动作进行有功校正控制。为避免大幅度拓扑动作对电力系统稳定性的强烈干扰,算例中每个决策时刻允许的拓扑动作数量设置为 1,即 $X_{line} + X_{bus} \leqslant 1$,其中 X_{line} 为断开的线路数量, X_{bus} 为切换的母线数量。即便如此,在改进的 36 节点系统中仍存在 60000 余个候选的拓扑动作,其中绝大部分为母线投切动作。采用基于改进蒙特卡罗树搜索的动作空间精简方法后,共筛选出 1500 余个控制效果较好的有功校正控制动作,将这些动作和"空动作"操作一同组成智能体动作集。同时,考虑到实际电网调控运行中设备的物理限制,线路潮流越限后的容许控制时间和电气设备操作的冷却时间均设定为 15 min,即三个决策时

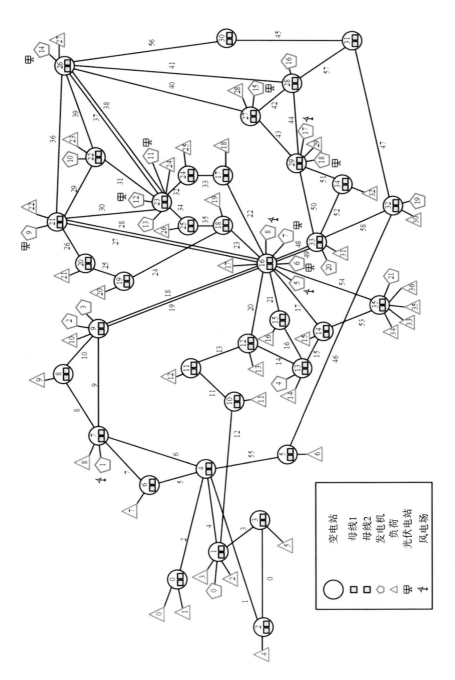

图2-7 改进的36节点系统网络架构

表 2-1　算例系统发电机详细信息

发电机编号	连接母线编号	类型	有功功率上限/(MW)	爬坡速率/(MW/h)
G0	1	火电	50.0	16.8
G1	7	风电	67.2	—
G2	9	火电	50.0	16.8
G3	9	水电	250.0	124.8
G4	13	火电	50.0	16.8
G5	16	风电	33.6	—
G6	16	光伏	37.3	—
G7	16	光伏	37.3	—
G8	16	风电	33.6	—
G9	21	光伏	74.7	—
G10	22	火电	100.0	33.6
G11	23	光伏	37.3	—
G12	23	光伏	37.3	—
G13	23	火电	100.0	33.6
G14	26	光伏	74.7	—
G15	27	光伏	74.7	—
G16	28	火电	150.0	51.6
G17	29	风电	67.2	—
G18	29	光伏	74.7	—
G19	32	核电	400.0	33.6
G20	33	火电	300.0	102.0
G21	35	火电	350.0	118.8

间步长。本算例中所有 DRL 智能体都是在相同的 Linux 服务器上进行训练，并基于 LightSim2Grid 进行潮流求解。

特别地，为验证所提方法对时变拓扑的泛化能力和有效性，本算例设定智能体与调度计划配合，进行为期一周，即连续 2016 个时间步的时序有功校正控制，以充分应对在随机 N-1 故障、线路运维以及拓扑调节等多重因素作用下电网拓扑结构的变化性与多样性。同时，由于本算例中强化学习控制周期显著增加,训练难度较大,为在训练过程中更好地帮助智能体规避不良策略,将 t 时刻对应的即时奖励定义为常规奖励在时间序列上的累加,即 $r'_t = \sum_{i=0}^{t} r_i$,以促使智能体更为深入、准确地评估不同动作的效果。

2.9.2　算法基本控制性能测试及分析

笔者利用多样化的测试场景验证了所提先验知识嵌入的有功校正控制强化学习增强方法(为方便起见,本节以"PKE-RL 方法"来指代该方法)的有效性。以图 2-7 所示的改进的 36 节点系统网络架构为 PKE-RL 智能体的网络架构,智能体详细参数信息如表 2-2 所示。基于专家策略[①]与算例系统交互产生示教轨迹,从中选择 12 个长度为 288 个时间步的有功校正控制轨迹作为智能体的示教数据,即先验知识,轨迹共含有效校正控制动作 88 个(在所有的校正控制动作中的占比为 2.55%),有效经验很少且具有很强的稀疏性。智能体训练相关的衰减系数、经验池规模、缓存规模、板块规模、期望示教比例以及缓存更新频率分别设定为 0.5、32768、8192、128、0.2 和 2048。

表 2-2　PKE-RL 智能体详细参数信息

参数名	值
第一个图注意力层维数	8
第二个图注意力层维数	8
注意力头数量	4
全连接层神经元个数	[128, 128, 512, 246, 1]
图池化比率	0.5
读出层输出维数	32

所提 PKE-RL 方法首先利用专家知识对智能体进行 500 步的预训练,之后进入正式训练阶段,在改进的 36 节点算例中训练 1500 个回合。训练过程中的智能体平均累积奖励曲线和电网平均运行步长如图 2-8 所示。

由图 2-8 可知,尽管本算例中设计的电网运行场景具有很强的复杂性,PKE-RL 智能体也能够在训练前期,通过先验经验的指导和与环境的交互快速提升自身的控制性能,并且在后续的训练过程中保持性能缓慢上升。图 2-8 中的曲线表明所提方法能够赋予 DRL 智能体在复杂电网运行环境中良好的学习

---

①　参见 https://github.com/horacioMartinez/L2RPN.

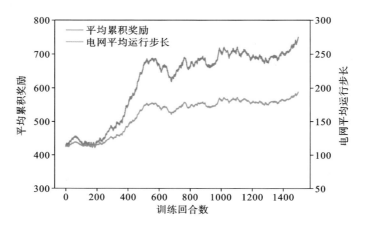

图 2-8   PKE-RL 智能体训练性能

能力。

为进一步评估所提 PKE-RL 方法应用的有效性,随机生成 100 个包含新能源波动和系统扰动的场景作为测试集。将专家策略方法作为基准方法做对比。专家策略由一个基于安全校核的动作枚举策略和一个预先设定的经验性动作策略组成,以保障全面的有功校正控制效果。同时,训练后的 PKE-RL 模型以有限安全校核辅助的方式进行部署:每个决策时刻,模型推理出动作集对应的 Q 值后,校验 Q 值最大的前三个动作,并选择对缓解线路过载状况仿真效果最好的动作来执行。PKE-RL 方法与专家策略方法的部署性能对比如表 2-3 所示。

表 2-3   PKE-RL 方法与专家策略方法的部署性能对比

方法	电网平均运行步长	完整控制的场景数	线路潮流越限消除率	控制动作平均生成时间/s
PKE-RL 方法	209.11	53	60.14%	0.079
专家策略方法	242.48	73	86.90%	0.426

然而,仅通过从专家策略方法产生的数据中抽取 12 条示教轨迹,所提 PKE-RL 方法即可达到专家策略方法约 70% 的控制性能,而 PKE-RL 方法制定有功校正控制策略的耗时仅为专家策略方法的 18.5%。在部署于测试场景时,专家策略方法往往需要借助安全校核模块进行 209 次的直流潮流计算以给出决策,若电网更为复杂,需要采用精确的交流潮流模型或动作枚举策略,就需

要考虑更多的候选校正控制动作,专家策略方法可能会更加耗时。因此,上述结果表明,所提 PKE-RL 方法具有在动态复杂电力系统中进行快速、有效校正控制的基本能力。

选取两个评估场景,即场景Ⅰ和场景Ⅱ,分别对应发生轻微和严重事故后过载的运行场景,对上述两种方法的有功校正控制过程进行详细的阐述。两种方法对应的场景Ⅰ的系统运行状态对比如图 2-9 所示。

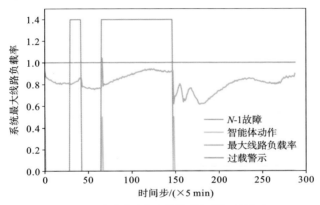

（a）专家策略方法控制下的系统运行状态

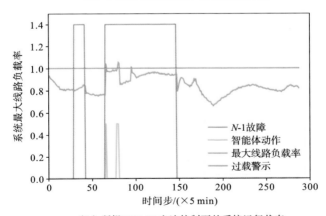

（b）所提PKE-RL方法控制下的系统运行状态

图 2-9　两种方法对应的场景Ⅰ系统运行状态对比

由图 2-9 可知,尽管遭受 2 次 N-1 事件,两种方法均可实时辅助电网在场景Ⅰ中实现日内的稳定运行。其中,电网在专家策略方法的控制下出现了 1 次线路潮流越限,而在所提 PKE-RL 方法控制下则出现了 3 次。针对双方共有的越限事件进行分析:电网在发生第二次 N-1 故障后,在第 66 步即出现线路潮流越限,两种方法均立刻采取了相应的有功校正控制措施并成功消除越限。值得注意的是,在动作方案制定上,专家策略方法需要借助 209 次安全校核,而 PKE-RL 方法仅需要借助耗时极短的深度神经网络推理和 3 次安全校核。上述结果表明,PKE-RL 方法可以学习到高效的有功校正控制策略,并在维持电网稳定运行方面具有良好的性能。

同样地,两种方法对应的场景Ⅱ系统运行状态如图 2-10 所示。

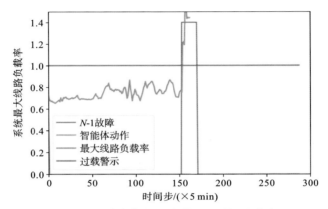

(a)专家策略方法控制下的系统运行状态

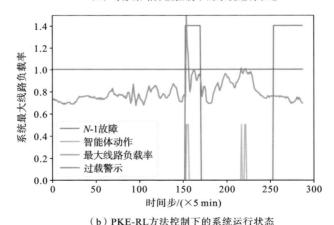

(b)PKE-RL方法控制下的系统运行状态

图 2-10　两种方法对应的场景Ⅱ系统运行状态对比

由图 2-10 可以清楚地观察到,所提出的 PKE-RL 方法在电力系统发生 2 次 N-1 故障的情况下成功维持了电力系统的稳定运行,而在专家策略方法控制下电力系统在遭受第一次 N-1 故障后即逐步崩溃。由图 2-10(a)可知,当 N-1 故障发生后,电网在第 154 步出现严重的线路过载,专家策略方法由于初始时采取了预防控制动作,此时无法在此基础上产生有效校正控制策略。而由图 2-10(b)可观察到,应对同样的潮流越限情况,PKE-RL 方法执行对应的校正控制动作,能够有效降低线路负载率,缓解过载状况,从而防止系统崩溃。虽然由于源荷功率波动,在后续的系统运行中仍出现了 2 次线路潮流越限,但在 PKE-RL 方法的控制下,2 次越限均被迅速消除。由此可以得出结论:PKE-RL 方法通过结合模仿学习能力和自主学习能力,具备学习到超越专家策略性能的有功校正控制策略的潜能。

进一步将所提方法与数学规划方法就解决独立线路潮流越限事件的性能进行对比,构建场景 a:45 号线路(30 号母线-31 号母线)发生 N-1 故障,41 号线路(26 号母线-28 号母线)因潮流转移出现严重过载,负载率为 1.5195。分别利用所提 PKE-RL 方法与混合整数线性规划(MILP)方法制定有功校正控制策略,后者离散决策变量为系统内各设备的拓扑连接关系,即设备的开断状态与母线连接方式,并利用大规模优化器 Gurobi 进行有功校正控制策略的求解,两种方法每次制定策略涉及的拓扑调节数量设置为 1。则在有功校正控制容许时间内,两种方法的控制结果对比如表 2-4 所示。

表 2-4　所提 PKE-RL 方法和 MILP 方法的结果对比

方法	目标线路最终负载率	动作数量	求解时间/s
PKE-RL 方法	0.9283	3	0.178
MILP 方法	0.7029	3	1.556

观察表 2-4 可发现,在设定的动作数量约束下,两种方法均执行了 3 次控制动作,成功消除了 41 号线路的过载情况,且系统中未出现新的越限线路。同时,所提 PKE-RL 方法在校正控制策略制定速度方面具备明显的优势,仅以 MILP 方法 11.44% 的时间成本即可完成严重过载事件处理方案的制定。

具体地,对比两种方法的控制方案,并展示线路潮流越限时负载率最高的三条线路——41 号、40 号和 55 号线路在方案部署后的负载情况,如表 2-5 所示。

由表 2-5 可知,在同样消除潮流越限的前提下,MILP 方法制定的控制策略对缓解过载、重载线路的潮流越限状况的效果更好,这应该缘于其决策空间的完整性和其追求短期最优的特点。除此之外,所提 PKE-RL 方法求解时长数值分布较为集中,而 MILP 方法求解时长变化幅度较大,这表明 PKE-RL 方法在部署时求解速度具有稳定性。

表 2-5　所提 PKE-RL 方法和 MILP 方法的决策方案及效果展示

动作前线路负载率	PKE-RL 方法			MILP 方法		
	动作方案	求解时间/s	动作后线路负载率	动作方案	求解时间/s	动作后线路负载率
1.5195	28 号母线投切	0.051	0.9283	32 号母线投切	0.796	0.7029
0.9676	23 号母线投切	0.057	0.8505	33 号母线投切	0.499	0.4716
0.7235	21 号母线投切	0.070	0.7481	22 号母线投切	0.261	0.7601

为验证上述结论的普适性,进一步设置三个线路过载场景 b、c、d 来对比分析所提 PKE-RL 方法和 MILP 方法的有功校正控制效果,如表 2-6 所示。

表 2-6　三个线路过载场景下的有功校正控制效果

项目	场景 b		场景 c		场景 d	
	PKE-RL	MILP	PKE-RL	MILP	PKE-RL	MILP
线路	32, 33, 22		32, 33, 22		31, 23, 22	
动作前负载率	1.0412		1.0238		1.0222	
	1.0001		0.9940		0.8669	
	0.9410		0.9391		0.8651	
动作后负载率	0.9725	0.0874	0.9467	0.8668	0.9749	0.8417
	0.9503	0.1618	0.9331	0.8689	0.8743	0.8555
	0.9022	0.3102	0.8930	0.8417	0.8732	0.8632
求解时间/s	0.057	0.241	0.085	0.554	0.059	0.366

观察表 2-6 可发现,面对不同的线路潮流越限情况,所提方法均能够在百毫秒以内制定出有效的有功校正控制策略,且具备较为稳定的求解时长。同时,相较于 MILP 方法,PKE-RL 方法对目标线路潮流的额外干涉较少。

2.9.3　示教数据融合训练机制的有效性分析

对于所提出的 PKE-RL 方法,将示教数据融入深度 Q 学习对机器智能的先验知识增强具有至关重要的作用。为验证所构建的示教数据融合训练机制的有效性,我们对 DQN 模型、标准 DQfD 模型和含双优先级的 DQfD(λ)模型进行了评估。除损失函数的权重系数存在不同外,上述三种模型均以相同的参数进行训练。其中,DQfD(λ)模型沿用 2.9.2 节介绍的训练成果,标准 DQfD 模型则使用与之相同的有功校正控制示教数据进行 500 步的预训练,之后和 DQN 模型均进行 1500 个回合的正式训练。上述三种模型的平均累积奖励曲线如图 2-11 所示。

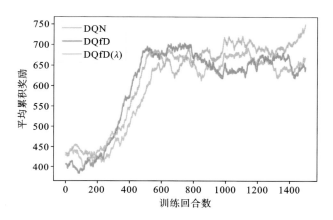

图 2-11　三种模拟的平均累积奖励曲线

由图 2-11 可知,在初始训练阶段,基于示教数据增强的两种模型在基本控制效果和性能提升速度方面的表现均优于 DQN 模型。同时,基于示教数据增强的模型在训练过程中大部分阶段都表现出更好的电网稳定控制效果。上述结果表明,专家知识的引入可以加快 DRL 智能体的学习进程,提高其处理复杂有功校正控制问题的能力。此外,从图中可观察到,标准 DQfD 模型在训练中后期性能出现了波动,而 DQfD(λ)模型的性能仍在持续提升。由此可以证明,所提出的含双优先级的 DQfD(λ)训练机制可以更好地引导智能体基于专家示教数据和环境交互经验进行学习。

为了进一步验证所提训练机制的有效性,仍采用之前所构建的 100 个随机电网运行场景进行模型的评测。所有模型均采用与算法基本控制性能测试(见 2.9.2 节)时一致的有限安全校核辅助的方式部署。将三种方法经过 250 个回合训练后的早期模型与经过完整训练的最终模型一并进行有功校正控制效果评估。三种 DRL 模型的性能对比如表 2-7 所示。

从表 2-7 中可以观察到,DQfD 和 DQfD(λ)模型在经过短时间训练后即可展现出尚可的有功校正控制效果,该现象表明专家数据的融合可以帮助 DRL 智能体获取充分的校正控制知识,而无须在复杂电力系统环境中进行过多的交互探索。同时,DQfD 和 DQfD(λ)模型在后续的训练过程中仍能取得进展并在

表 2-7　三种 DRL 模型的性能对比

模型	系统平均运行步长	完整控制的场景数	线路潮流越限消除率	系统平均越限时段数	智能体平均控制动作数量
早期 DQN 模型	185.06	39	46.10%	4.06	4.43
早期 DQfD 模型	200.33	47	52.59%	3.98	4.37
早期 DQfD(λ)模型	200.14	47	54.86%	3.96	4.29
最终 DQN 模型	205.39	50	58.09%	4.5	4.96
最终 DQfD 模型	209.48	50	55.7%	3.89	4.2
最终 DQfD(λ)模型	209.11	53	60.14%	3.5	3.91

控制效果上优于 DQN 模型，这表明示教学习方法能够引导智能体持续优化其校正控制策略。其中，DQfD(λ)模型在训练的初始和最终阶段均表现出了良好的线路潮流越限预防和消除能力。相对其他模型，DQfD(λ)模型能够以较少的控制动作缓解线路过载状况并维持电网的长期稳定运行。由此，上述信息可证明，所提出的含双优先级 DQfD(λ)训练机制可以提升 DRL 智能体对于复杂有功校正控制问题的训练效率和控制有效性。

　　同样，选取两个典型运行场景对三种完成训练的 DRL 模型有功校正控制能力进行详细的评测。

　　首先，再次选择场景Ⅱ（见 2.9.2 节）来评估 DQN 模型和标准 DQfD 模型在缓解发生严重的事故后的过载状况方面的性能，结果如图 2-12 所示。

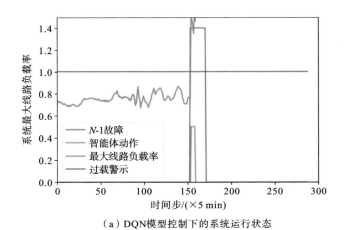

（a）DQN模型控制下的系统运行状态

图 2-12　场景Ⅱ中两种基础 DRL 模型控制下系统运行状态对比

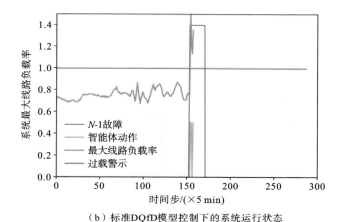

（b）标准DQfD模型控制下的系统运行状态

续图 2-12

由图 2-12 可知,虽然两种基础 DRL 模型都在一定程度上降低了越限线路的负载率,且标准 DQfD 模型采取了更有效的有功校正控制动作,更显著地缓解了线路过载状况,但两种模型控制下的系统均未能在第一次 N-1 故障后保持稳定运行。上述结果从侧面印证了笔者所提出的训练机制的可行性。

进一步选择新场景——场景Ⅲ,以评估三种模型在处理较为简单的线路过载情况时的表现。各模型控制下对应的电网运行状态如图 2-13 所示。

由图 2-13 可知,在场景Ⅲ中,三种模型均在系统遭受一次 N-1 故障后成功

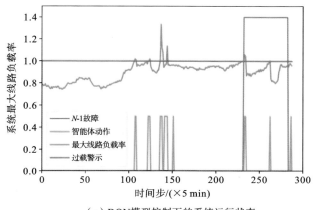

（a）DQN模型控制下的系统运行状态

图 2-13 场景Ⅲ中三种 DRL 模型控制下的系统运行状态对比

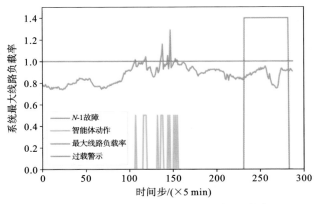

（b）标准DQfD模型控制下的系统运行状态

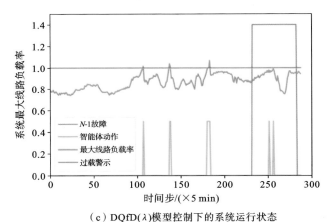

（c）DQfD(λ)模型控制下的系统运行状态

续图 2-13

维持了电网的全天候运行。然而,在 DQN 模型、标准 DQfD 模型和 DQfD(λ)模型的控制下,电网分别发生了 6 次、6 次和 3 次线路过载事件。此外,观察图 2-13(a)(b)可知,在两种基础 DRL 模型的控制下,电网在第 100 步到第 200 步之间发生了多次严重线路潮流越限,而在 DQfD(λ)模型的控制下,电力系统在对应阶段的线路负载率明显降低,线路潮流越限的次数较少、幅度较小。同时,为了缓解过载状况,DQN 模型和标准 DQfD 模型分别采取了 17 个和 14 个有功校正控制动作,而 DQfD(λ)模型仅采取了 5 个有功校正控制动作以处理线路潮流越限情况。上述结果进一步证明了所提出的含双优先级 DQfD(λ)训练机制的有效性,基于该机制训练出的模型能够学习精简、有效的有功校正控制策略以保证电网的长期稳定运行。

2.9.4　先验经验比例对智能体性能的影响分析

调整期望示教比例,可以改变缓存中示教数据的数量,从而改变智能体对专家策略的模仿偏好。为评估该超参数对训练结果的影响,使用所提出的 PKE-RL 方法训练三个期望示教比例分别为 0.1、0.2 和 0.3 的强化学习模型,训练涉及的其他参数与 2.9.2 节中设置的相同。上述三个模型的平均累积奖励曲线如图 2-14 所示。观察图 2-14 可发现,在本算例涉及的有功校正控制问题中,训练初始阶段期望示教比例最高的智能体性能提升的速度快于其他智能体,而在之后的训练过程中保持稳定但较差的校正控制效果,该现象表明较强的专家策略干预可能会限制智能体性能的进一步提升。相比之下,期望示教比例最低的智能体会先学习到性能更好的控制策略,但其整体训练性能会像图 2-11 中的 DQN 智能体一样频繁出现大幅波动,该现象表明在涉及复杂电网运行环境的训练中,过于侧重自主交互探索过程可能会造成智能体性能不稳定。此外,期望示教比例中等的智能体在整个训练过程中性能变化趋势最佳。基于上述结果可以推断,在对应的有功校正控制问题中,示教学习方法可能存在一个最佳期望示教比例,以平衡专家策略模仿过程和自主交互探索过程,使智能体能够兼顾训练效率和控制效果。

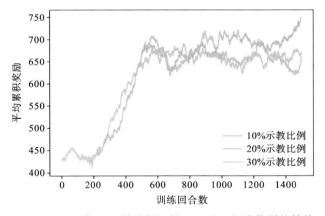

图 2-14　不同期望示教比例下的 PKE-RL 智能体训练性能

本章小结

针对复杂电力系统中有功校正控制对时效性和有效性的双重需求,考虑调度员控制经验、模型驱动方法所蕴含的高级认知策略,笔者提出了一种先验知识嵌入的有功校正控制强化学习增强方法,以提升 DRL 方法在复杂有功校正控制问题中的性能上限。该方法针对电网多层级特征,额外构建先验的系统高级特征,并结合图注意力网络与图池化方法,对电网状态的全局、局部特征进行多层级图表征,在此基础上结合示教学习思想将先验经验引入 DRL 智能体的初始策略优化和训练过程。笔者还设计了含双优先级 DQfD(λ)训练机制,引导 DRL 智能体训练过程聚焦在稀疏性较强的有效校正控制轨迹中,以提高训练效率和效果。通过改进 36 节点系统算例的强扰动运行场景,验证了所提先验知识嵌入的有功校正控制强化学习增强方法的有效性。具体如下:

(1)所提方法借助适量代表性示教数据和训练即可达到综合动作枚举和先验经验两种决策模式下的复杂专家策略的大部分控制性能,并显著降低了制定有功校正控制策略的时间成本,同时也在部分场景中表现出超越专家策略的控制效果,这表明所提方法能够兼顾模仿学习和自主学习,具备实现快速、有效有功校正控制的可行性。

(2)与 MILP 方法相比,所提方法在同样消除线路过载的基础上,对应不同运行工况,均能够以更快的速度制定有功校正控制方案,且求解时间波动幅度更小,具备稳定进行在线辅助决策的可行性。

(3)与传统的强化学习方法相比,所提方法在训练初期即表现出良好的有功校正控制效果,并且在后续的训练中控制性能进一步提升,能够更高效地预防和消除线路潮流越限,体现示教学习对提升、强化学习性能的有效性。

(4)与基础的示教学习训练机制相比,所提含双优先级 DQfD(λ)训练机制能够以更少的有功校正控制动作更有效地消除线路潮流越限,并可降低系统在长时间运行中出现线路过载状况的频率,证明所提训练机制能够进一步提升校正控制策略的有效性。

此外,结合算例场景可发现,源荷的不确定性仍是引发线路过载现象的原因之一,因此,如何对源荷的不确定性进行显式描述并以此指导校正控制策略的执行,从而提高电力系统在强不确定性环境中的运行稳定性,是后续研究的重点。

本章参考文献

[1] SHI J Y, OREN S S. A data mining approach for real-time corrective switching[C] //IEEE. Proceedings of 2015 IEEE Power & Energy Socie-

ty General Meeting. Piscataway：IEEE，2015：1-5.

[2] LI X P，BALASUBRAMANIAN P，SAHRAEI-ARDAKANI M，et al. Real-time contingency analysis with corrective transmission switching[J]. IEEE Transactions on Power Systems，2017，32(4)：2604-2617.

[3] 郑延海，张小白，钱玉妹，等. 电力系统实时安全约束调度的混合算法[J]. 电力系统自动化，2005(12)：49-52.

[4] DING L，HU P，LIU Z W,et al. Transmission lines overload alleviation：Distributed online optimization approach[J]. IEEE Transactions on Industrial Informatics，2021，17(5)：3197-3208.

[5] SAHRAEI-ARDAKANI M，LI X，BALASUBRAMANIAN P,et al. Real-time contingency analysis with transmission switching on real power system data[J]. IEEE Transactions on Power Systems，2016，31(3)：2501-2502.

[6] HESTER T，VECERIK M，PIETQUIN O，et al. Deep Q-learning from demonstrations[DB/OL]. [2022-12-05]. https：//doi. org/10. 1609/aaai. v32i1. 11757.

[7] LI X S，WANG X，ZHENG X H，et al. SADRL：Merging human experience with machine intelligence via supervised assisted deep reinforcement learning[J]. Neurocomputing，2022，467：300-309.

[8] LI X H，WANG X，ZHENG X H，et al. Supervised assisted deep reinforcement learning for emergency voltage control of power systems[J]. Neurocomputing，2022，475：69-79.

[9] KUNDUR P，BALU N J，LAUBY M G. Power system stability and control[M]. New York：McGraw-hill，1994.

[10] FISHER E B，O'NEILL R P，FERRIS M C. Optimal transmission switching[J]. IEEE Transactions on Power Systems，2008，23(3)：1346-1355.

[11] DING T，ZHAO C Y. Robust optimal transmission switching with the consideration of corrective actions for N-k contingencies[J]. IET Generation，Transmission & Distribution，2016，10(13)：3288-3295.

[12] 王铮澄,周艳真,郭庆来,等. 考虑电力系统拓扑变化的消息传递图神经网络暂态稳定评估[J]. 中国电机工程学报,2021,41(7):2341-2349.

[13] WU Z H，PAN S R，CHEN F W，et al. A comprehensive survey on graph neural networks[J]. IEEE transactions on neural networks and learning systems，2020，32(1)：4-24.

[14] PIOT B，GEIST M，PIETQUIN O. Boosted bellman residual minimization handling expert demonstrations[C]//CALDERS T，EXPOSITO F，HÜLLERMEIER E，et al. Machine Learning and Knowledge Discovery in Databases：European Conference，CEML PKDD 2014，Nacy，France，September 15-19，2014，Proceedings，Part Ⅱ. Berlin：Springer，2014：549-564.

[15] DALEY B，AMATO C. Reconciling λ-returns with experience replay[C]//WALLACH H M，LAROCHELLE H，BEYGELZIMER A，et al. Proceedings of the 33rd International Conference on Neural Information Processing Systems. New York：Curran Associates Inc.，2019：1133-1142.

第3章
基于图计算的多源异构数据和知识 处理关键技术

在高动态系统的管控过程中,通常存在来源广泛、结构差异大的操作与经验数据,给相关知识的抽取和提炼工作增加了难度。笔者以电力多源异构数据的处理为例,提出了一种基于深度学习与自然语言处理的文本知识抽取模型,以充分利用海量多源异构数据,高效挖掘关键信息,将其映射融合为图结构的逻辑知识体系。同时,基于"预训练+微调"模式的 ERNIE(通过知识整合增强表示)-BiLSTM(双向长短期记忆网络)-CRF(条件随机场)模型,将由预训练的大规模语料库学习到的先验知识迁移至当前任务的样本数据上,降低了监督学习对标注样本数量的要求,可指导高动态系统的知识工程建设。

3.1 基于功能缺陷文本的电力二次设备智能诊断 与辅助决策

3.1.1 引言

电力系统中积累了大量反映电力设备功能缺陷及处理情况的文本数据,这些数据包含电力设备的历史缺陷情况,以及相对应的有效解决措施。长期以来,这些数据都未能得到有效利用,而往往闲置于数据系统中。此外,电力设备功能缺陷情况繁杂,缺陷处理效果在很大程度上依赖于运维检修人员的专业知识与经验。若能将历史积累的功能缺陷文本加以组织和利用,将各省电力系统中二次设备发生的缺陷及处理情况集成在一个平台上,建立缺陷处理案例库,则可以帮助不同区域运维检修人员进行查询、学习、借鉴,并更有效地进行相互间的经验交流,从而更高效地处理其自身尚未遇到过但历史数据中存在可借鉴的案例的缺陷情况,也有利于新员工快速掌握设备运维检修工作,提高自身业务水平[1]。

近年来,由于深度学习等智能算法的兴起,自然语言处理技术也取得重大进展。国内外学者针对以深度学习为代表的机器学习与自然语言处理技术在电力系统中的应用做了广泛的探讨。王桂兰、谢小瑜、赵文清等人[2-4]分别在电力系统不同领域应用了机器学习算法,并取得了较好的效果。而在电力文本数据处理(如简单的文本分类任务的处理)等方面,一些传统机器学习算法,如隐马尔可夫模型算法[5]、支持向量机(SVM)算法[6]、卷积神经网络(CNN)算法[7]等均取得了很好的效果。然而,简单的文本分类难以充分利用电力文本数据蕴含的价值。相对而言,对文本进行信息抽取、知识挖掘更具有实际应用意义。曹靖等人[8]针对电力缺陷文本,定义了电力语义框架和语义槽,以提取缺陷信息。该语义框架在处理相对规整的短文本数据方面具有较好的效果,但不便于处理蕴含信息较复杂的长文本数据。邵冠宇等人[9]基于依存句法分析技术,构建了用于电力设备缺陷文本和缺陷分类标准文本的依存句法树,完成了从文本到缺陷信息的辨识。但是,基于规则的方法对电力各类文本进行挖掘时,需要一定程度的人为干预。同时,所设计的规则与具体的业务场景具有强相关性,迁移能力较弱。文献[10]引入机器学习算法,对电力服务问答语料集中命名实体进行识别与提取,取得了较好的效果。

知识图谱由于本身具有图结构特性,可对蕴含语义信息及具有明确逻辑关系的文本数据进行组织与管理[11]。Tang等人[12]针对电力设备等相关数据建立了知识图谱,在一定程度上提高了设备查询及辨识的工作效率。刘梓权等人[13]基于知识图谱技术对电力设备缺陷文本进行了组织与利用,然而,在实体、属性抽取任务中,算法过程较为简化。

经过上述分析,为解决电力文本数据难以得到有效挖掘与应用的问题,我们进行了以下工作:首先,基于BiLSTM-CRF模型完成了功能缺陷文本信息抽取工作;然后,构建了电力二次设备知识图谱本体模型,并结合所规整数据,完成了知识图谱的构建;最后,基于BiLSTM-CRF模型与知识图谱构建了电力二次设备功能缺陷智能诊断与辅助决策平台,并通过算例验证了所建平台的可行性与有效性。

3.1.2 电力二次设备功能缺陷记录文本描述

电力二次设备是对电力系统内一次设备进行监察、测量、控制、保护、调节的辅助设备,如安全自动装置、电子式互感器等。保障二次设备的安全可靠运行,在其发生故障时进行及时有效的处理,对保证整个电力系统的安全性、可靠性有着较为重要的意义。

电力系统在运行管理中,记录了二次设备发生功能缺陷的详细数据,具体包括"缺陷设备分类""缺陷等级""缺陷部位""保护类别""责任单位""保护是否退出""缺陷原因""原因及处理情况"等几个方面的数据。电力二次设备功能缺陷记录示例见表 3-1。

表 3-1　电力二次设备功能缺陷记录示例

属性	内容	属性	内容
缺陷设备分类	保护装置本体	责任单位	××××
缺陷等级	严重	保护是否退出	是
缺陷部位	CPU 插件	缺陷原因	装置死机
保护类别	线路保护	原因及处理情况	运行灯灭,重启后恢复正常

注:CPU—中央处理器。

其中,"缺陷设备分类""缺陷部位""缺陷原因"等数据为规整的名词性短语,可经简单处理后作为后续知识图谱构建的数据输入。在取得的数据中,通过实体消歧等数据处理工作,经由专家确认,整理得到缺陷属性标准库,见表 3-2。

表 3-2　缺陷属性标准库(部分)

缺陷属性	数量/种	样例
缺陷设备	28	故障录波器,操作箱,…
缺陷部位	121	CPU 插件,通信插件,…
缺陷原因	48	操作不当,光纤折断,…

"原因及处理情况"为短文本数据,由一线运维检修人员消除缺陷后填写,描述较为口语化,没有固定的格式与结构,如:"×年×月×日×时×分,××站 220 kV ××线 2 号过压远切装置报开入、开出插件异常,经核实插件已损坏。汇报省调后退出 2 号过压远切装置。×月×日厂家已将插件寄到××站,×月×日厂家到现场将插件更换完毕,2 号过压远切装置投入运行。"同时,此类文本数据又包含着重要的缺陷信息,如缺陷现象——"开入、开出插件异常",解决措施——"厂家到现场将插件更换完毕"等。这类历史数据对于后续检修人员的工作往往有着较大的指导与借鉴意义。

缺陷文本也记载了设备家族性缺陷的情况。如"原因及处理情况"中某条数据记载:"通信插件家族性缺陷,×月×日厂家来人进行版本升级。"通过溯源该设备批次与责任单位,一线运维检修人员在处理同批次设备时可特别注意通信插件家族性缺陷问题。

因此,基于知识图谱与自然语言处理技术对电力二次设备功能缺陷记录文本数据进行挖掘与应用,构建电力二次设备功能缺陷智能诊断与辅助决策平台,对于电力二次设备功能缺陷处理工作具有重要意义,也便于运维检修人员交流经验,并有助于其提升自身业务水平。

3.1.3 电力二次设备功能缺陷智能诊断与辅助决策平台

针对电力二次设备功能缺陷文本数据的挖掘、应用问题,构建基于 BiL-STM-CRF 模型与知识图谱的电力二次设备功能缺陷智能诊断与辅助决策平台。该平台包括数据层、本体层、业务层和应用层,其架构如图 3-1 所示。

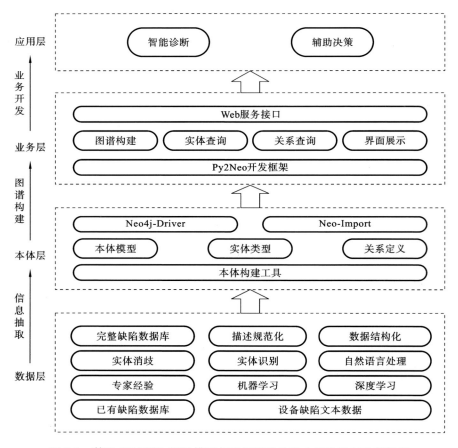

图 3-1 基于 BiLSTM-CRF 模型与知识图谱的电力二次设备功能缺陷智能诊断与辅助决策平台

其中,数据层基于电力二次设备历史功能缺陷文本数据,引入命名实体识别(named entity recognition,NER)模型以完成信息抽取工作,从而为下一步构建知识图谱提供数据支撑;本体层基于 Protégé 本体构建工具完成实体间关系构建,以建立电力二次设备功能缺陷知识图谱本体模型;业务层基于本体层构建的本体模型与数据层提供的数据构建电力二次设备功能缺陷知识图谱,并提供面向电力二次设备功能缺陷的信息查询和知识推理业务,以支撑应用层的智能诊断和辅助决策功能。

1. 命名实体识别

在数据层中,处理"原因及处理情况"类功能缺陷文本数据时,引入 NER 模型中的 BiLSTM-CRF 算法。

NER 是信息抽取和信息检索中一项重要的任务,其目的是在文本中定位命名实体的边界并分类到预定义集合。目前,NER 方法主要分为两类[14]:① 基于规则、字典和在线知识库的方法;② 基于智能算法的方法。近年来,深度学习技术已被广泛应用于各种自然语言处理任务。相比于传统的 NER 模型,基于深度学习的 NER 方法无须人工设计规则或特征,易从原始输入文本中提取隐含的语义特征[15]。

以缺陷现象为例,虽然一些表征现象的短语并不是一个名词或者名词性短语,不符合常规的实体定义,但就任务而言,如在"运行灯灭,重启后正常"等文本数据中,提取缺陷现象"运行灯灭",符合 NER 模型基本输入输出特征。而且在取得的功能缺陷文本数据中,缺陷现象均可在原文本中以某一子序列(或多个子序列,可视为多个实体)加以概括,因此可将从功能缺陷文本中提取缺陷现象信息视作 NER 任务,并针对具体缺陷现象,引入深度学习中用于 NER 模型的 BiLSTM-CRF 算法模型,以对其进行信息抽取。

2. 知识图谱

知识图谱是 Google 公司为了支撑其语义搜索而建立的知识库,包含实体、概念及其之间的复杂语义关系[11]。在数据规整工作完成后,各类数据之间蕴含着丰富的语义关系,例如"缺陷部位"是"缺陷设备"的组成部件,"缺陷现象"是"缺陷设备"发生缺陷的具象表现,等等。传统的数据存储管理方式是将数据以表格形式存储在数据库中,容易丢失数据之间的语义关系,阻碍对数据所蕴含的知识的应用。考虑到知识图谱的技术优势,我们构建了电力二次设备功能缺陷知识图谱。

当前,知识图谱主要分为两类:① 面向大众的通用领域知识图谱,如卡内基梅隆大学构建的知识图谱[16]，复旦大学研发的中文知识图谱[17]等；② 面向垂直行业的专业领域知识图谱，如医疗领域的"百度医疗大脑"，电商领域的"京东大脑"等。

然而，面向电力二次设备的知识图谱尚缺乏研究与探讨。针对电力二次设备建立行业性知识图谱，可将各类数据之间丰富的语义信息融入知识图谱中各类实体间的关系约束，并可基于业务需求，结合专业知识，设定特定的路径约束条件，以在各类应用场景中深度挖掘、应用数据。我们将所构建的知识图谱应用到了两个具体的业务场景：电力二次设备功能缺陷智能诊断、电力二次设备功能缺陷辅助决策。

3.1.4　基于 BiLSTM-CRF 的电力二次设备功能缺陷文本信息抽取

电力二次设备功能缺陷文本由一线运维检修人员填报，难免会出现专业术语表述口语化且不符合常规语法等现象，从而增加了文本数据的复杂性及挖掘其潜在知识与价值的难度。数据层的主要任务便是对上述数据进行信息抽取与规范化，以为后续知识图谱的构建提供数据基础。如前文所述，"缺陷设备""缺陷部位""缺陷原因"等数据是较为规整的名词性短语，可经简单处理后作为后续知识图谱模型构建的数据输入。而对"缺陷现象"和"解决措施"两类缺陷信息，则将其以文本（如："断路器失灵保护装置（LFP-923A）自检出错，运行灯熄灭，检修人员到现场检查，更换电源插件后，保护装置恢复正常"）数据形式存储在电力系统中。这些文本数据包含某次具体缺陷发生后，具体的缺陷现象以及相应的解决措施，但因其是非结构化的文本数据，需基于自然语言处理技术进行信息抽取，以得到较为简短、规范化的描述。

因此，我们将从功能缺陷文本中抽取缺陷现象作为 NER 任务，并引入 BiLSTM-CRF 算法（针对解决措施亦可进行相同的处理，此处不再赘述）。首先，使用 BIO（B 表示缺陷现象序列的开始，I 表示该字符属于缺陷现象序列，O 表示该字符不属于缺陷现象序列）标注法进行数据标注，然后基于 BiLSTM-CRF 算法进行模型的训练与测试，从功能缺陷文本中提取"缺陷现象"信息。

基于 BiLSTM-CRF 的 NER 模型是目前 NER 研究领域使用较为广泛的算法模型。BiLSTM-CRF 模型可以结合 BiLSTM 在提取文本特征上的优势和 CRF 在处理序列标注任务上的优势，完成 NER 任务[18]。

LSTM 模型是循环神经网络（recurrent neural network，RNN）的变体。LSTM 模型由于其遗忘门、输入门、输出门的特殊结构，可解决传统 RNN 模型不能解决的在长序列处理中存在的梯度爆炸/梯度消失问题[19]。LSTM 网络基本单元如图 3-2 所示。

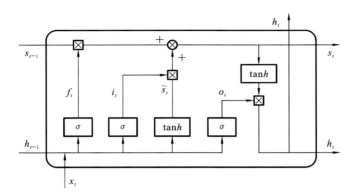

图 3-2　LSTM 网络基本单元

图 3-2 中，各状态量的计算公式如下：

$$
\begin{cases}
f_t = \sigma(W_f[h_{t-1}; x_t] + b_f) \\
i_t = \sigma(W_i[h_{t-1}; x_t] + b_i) \\
o_t = \sigma(W_o[h_{t-1}; x_t] + b_o) \\
\tilde{s}_t = \tanh(W_s[h_{t-1}; x_t] + b_s) \\
s_t = f_t \odot s_{t-1} + i_t \odot \tilde{s}_t \\
h_t = o_t \odot \tanh(s_t)
\end{cases}
\tag{3-1}
$$

式中：$\sigma(\ )$ 和 $\tanh(\ )$ 为激活函数；h_{t-1}、s_{t-1} 分别为上一个时刻的单元状态和隐藏状态；x_t 为当前时刻的输入；W_f、W_i、W_o、W_s 为矩阵权重；b_f、b_i、b_o、b_s 为偏置项；$\odot$ 表示元素按位相乘；f_t、i_t、o_t 分别为遗忘门、输入门、输出门的状态；h_t、s_t 分别为当前时刻输出的单元状态和隐藏状态。

BiLSTM 模型采用了双向 LSTM 架构，使得模型可更加灵活地进行序列的双向编码，这样的模型架构更贴合自然语言特征，可进行上下文特征学习，从而可提高模型完成自然语言处理任务时的性能。

CRF 模型用于解决在给定输入随机变量 $X = \{X_1, X_2, \cdots, X_n\}$ 的情况下，输出随机变量 $Y = \{Y_1, Y_2, \cdots, Y_n\}$ 的条件分布 $P(Y|X)$ 的预测问题。而线性链 CRF 模型则主要用于完成序列标注任务，该模型考虑了与 X_i 对应的标签 Y_i 与上下文标签的关系约束，因而取得了较好的效果。

BiLSTM-CRF 模型架构如图 3-3 所示。该模型主要由输入层、分布式表示层、BiLSTM 层（编码器）、CRF 层（解码器）以及输出层构成。在分布式表示层中,深度学习模型无法以非数值型数据作为输入,因此,需要将输入的语句表示成一组向量。BiLSTM 层与 CRF 层则完成原始数据的特征提取,最终输出目标序列。

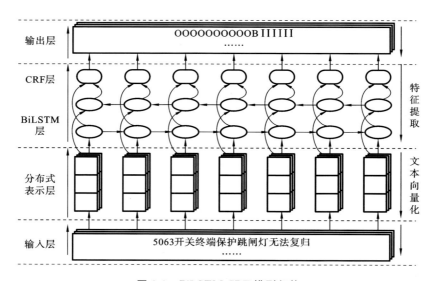

图 3-3　BiLSTM-CRF 模型架构

3.1.5　电力二次设备功能缺陷知识图谱构建与知识应用:智能诊断与辅助决策

基于当前知识图谱一般构建流程,结合实际应用的需求,在电力二次设备功能缺陷智能诊断与辅助决策平台的本体层、业务层、应用层中构建与应用电力二次设备功能缺陷知识图谱。

1）本体层

本体层为知识图谱数据库的抽象概念。电力二次设备知识图谱本体模型(见图 3-4)利用 Protégé 本体构建工具构建。

根据数据层规整的数据和应用需求可确定实体类别包含缺陷设备、缺陷现象、缺陷原因、缺陷部位、解决措施五类核心实体,以及缺陷程度、是否退出、保护类别三类相关实体。进一步地,实体间关系由"出现""原因""诊断""措施""等级""是否退出"及"类别"等定义构成。

2）业务层

业务层基于本体层所构建的本体模型,结合数据层所规整数据,填充具体

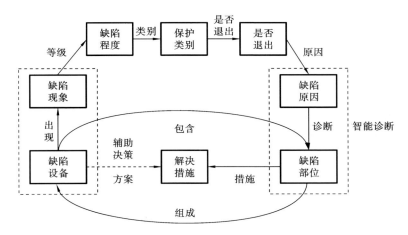

图 3-4　电力二次设备知识图谱的本体模型

实体、属性及关系。即基于图 3-4 所示的本体模型,结合规整的缺陷文本数据,进行本体模型实例化。图 3-5 所示为保护装置知识图谱子图,图 3-6 所示为安全自动装置知识图谱子图。

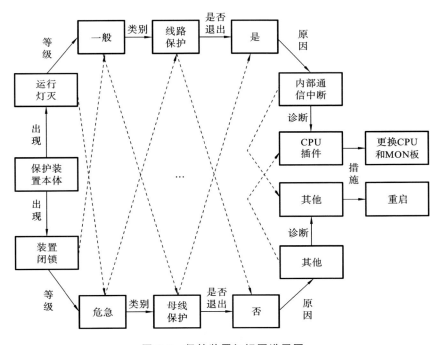

图 3-5　保护装置知识图谱子图

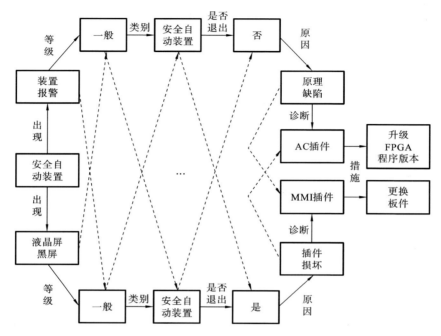

图 3-6　安全自动装置知识图谱子图

注:AC—交流电;MMI—多媒体接口;FPGA—现场可编程门阵列。

考虑到在处理设备缺陷时不同设备间的差异性与独立性,针对各个电力二次设备建立相对独立的子图,否则,各设备间的缺陷现象、缺陷部位等实体与属性之间将存在多对多的复杂映射关系,可能导致针对某一设备的缺陷部位、缺陷原因的智能诊断与辅助决策结果被推荐给另一设备的问题。针对各类设备建立子图,大大降低了知识图谱的结构复杂性,提高了在后续业务功能实现中,模型的检索与推理能力。此外,图 3-5 与图 3-6 中各实体间的虚线表示两类实体之间可能存在相应关系,需要依据实际数据而定。

3）应用层

在应用层中,选择开源 Web 应用框架 Django 作为前端页面开发框架,在框架内集成已训练完成的 BiLSTM-CRF 模型及已构建完成的知识图谱,搭建电力二次设备功能缺陷智能诊断与辅助决策平台。如图 3-7 所示,当新的缺陷发生时,输入缺陷设备＋现象描述后,平台将利用 BiLSTM-CRF 模型完成缺陷现象信息抽取,再结合所建知识图谱,通过知识推理,返回从历史数据里查找到的该设备发生相同缺陷现象时的缺陷部位以及缺陷原因,完成智能诊断;进一步地,基于历史数据,推荐合理的解决措施,以完成辅助决策。在实际应用中,平台会返回历史数据中出现频率最高的 5 条诊断及决策选项,供运维检修人员选择。

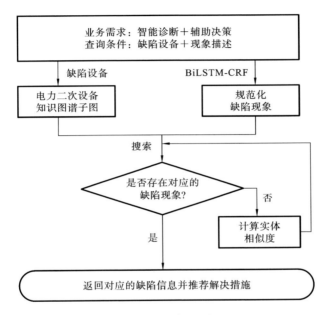

图 3-7　平台推理过程

在将平台部署到某省电网实际应用时,还考虑了两类具体的特殊情况。

(1) 输入现象描述并经过实体识别得到缺陷现象后,结合缺陷设备未能在历史数据中找到相对应的案例,如现象描述为"监控通知,××变××线 RCS-931BM 保护打出通道中断信号,后于××:××自行复归,复归后测量保护背板及光电转换装置收发电平均在合格范围内",经实体识别结果为"通道中断信号",案例库里缺陷现象为"通道中断"。在这种情况下,平台基于 Word2Vec 技术完成各实体的向量化表达,并计算该现象与各实体间的余弦相似度,以寻找最相似的缺陷现象,返回与该现象对应的缺陷原因、缺陷部位及解决措施。如通过计算"通道中断信号"与各实体间的余弦相似度,得到与其最相似的现象——通道中断,从而返回保护装置本体在发生通道中断时对应的缺陷原因、缺陷部位和解决措施。

(2) 在实际应用中可能出现设备几个部位均存在异常的情况,即现象描述中可能存在多个实体需要识别的情况,具体数据见表 3-3。

表 3-3　缺陷记录分析

缺陷记录	缺陷现象 1	缺陷现象 2
220 kV 旁路 290 开关 LFP-902A 超高压线路成套保护装置死机,液晶屏无显示。更换内部插件后缺陷消除	装置死机	液晶屏无显示
主变 1 号保护装置现场告警灯亮,液晶屏显示"召唤配置无应答"。站端申请退出 1 号保护,重启后装置恢复正常运行。工作人员对装置通信板件进行升级后,缺陷情况消失,装置正常运行	告警灯亮	液晶屏显示"召唤配置无应答"

在表 3-3 所示的情况下,在具体进行智能诊断与辅助决策时,本平台会依据缺陷设备与缺陷现象 1,以及缺陷设备与缺陷现象 2 推荐相应信息。

3.1.6　算例分析

基于近十年来多省电力公司在对电力二次设备进行运维检修时积累的功能缺陷文本,经数据清洗,我们得到 7200 条历史数据。我们搭建了基于 BiLSTM-CRF 模型的电力二次设备缺陷现象信息抽取模型,并将上述数据以 8∶2 的比例划分为训练集与测试集以进行模型的训练与测试;基于上述数据构建了电力二次设备功能缺陷知识图谱,从而建立了基于 BiLSTM-CRF 模型与知识图谱的电力二次设备功能缺陷智能诊断与辅助决策平台。所建平台开发环境配置见表 3-4。

表 3-4　平台开发环境配置

环境	版本	备注
Python	3.6.5	开发语言
TensorFlow	1.13	深度学习开发框架
Neo4j	3.3.1	图数据库
Django	2.0.3	Web 服务器
Java	1.8	JDK
CPU		Intel(R)Core(TM)i5-7200U CPU @2.50GHz
RAM		8.00GB

注:RAM—随机存取存储器。

1. 电力二次设备功能缺陷文本的信息抽取

为在电力二次设备功能缺陷文本中抽取缺陷现象信息,我们构建了基于 BiLSTM-CRF 模型的信息抽取模型。BiLSTM-CRF 模型及对照组(传统 NER 算法所采用的 CRF 模型、BiLSTM-softmax 模型、自然语言生成模型中的

Seq2Seq-Attention 模型)的相关超参数设置如表 3-5 所示。其中 λ 为 L2 正则化系数,Optimizer 为模型求解优化器,Hidden_dim 为 BiLSTM 层隐藏层单元数,Epoch 为训练回合数,Batch_size 为训练批次大小,Learning_rate 为模型学习率,Embedding_dim 为分布式表示层中将文字转换为数值向量的向量维度,Dropout 为模型中神经元随机丢弃率。这些参数都在不同层面影响着模型的最终效果。

表 3-5　模型超参数设置

超参数	值			
	BiLSTM-CRF	CRF	BiLSTM-softmax	Seq2Seq-Attention
λ	0.0001	0.001	0	0.0001
Optimizer	Adam	Adam	Adam	SGD
Hidden_dim	300	300	300	300
Epoch	30	30	30	30
Batch_size	32	32	32	32
Learning_rate	0.001	0.001	0.001	0.001
Embedding_dim	100	100	100	100
Dropout	0.4	0.4	0.4	0.4

四种模型在训练集及测试集上的精确率(Precision)、召回率(Recall)和综合评价指标(F_1 值)如表 3-6 所示。

表 3-6　模型性能

对照组	精确率/(%)		召回率/(%)		F_1 值/(%)	
	训练集	测试集	训练集	测试集	训练集	测试集
BiLSTM-CRF	90.04	87.12	90.38	86.46	0.9021	0.8679
CRF	83.80	81.63	85.95	82.71	0.8486	0.8217
BiLSTM-softmax	91.61	84.82	91.82	84.58	0.9171	0.8470
Seq2Seq-Attention	44.60	48.40	23.72	6.84	0.3097	0.1199

各指标计算公式如下。

精确率计算公式:

$$P = \frac{T_P}{T_P + F_P} \tag{3-2}$$

召回率计算公式:

$$R = \frac{T_P}{T_P + F_N} \tag{3-3}$$

综合评价指标计算公式：

$$F_1 = 2 \times \frac{P \times R}{P + R} \qquad (3\text{-}4)$$

式(3-2)至式(3-4)中：T_P 为模型正确识别出缺陷现象的样本数量；F_P 为模型能识别出缺陷现象但与标签不一致的样本数量；F_N 为模型应该能识别出缺陷现象但没有识别出的样本数量。

由表 3-6 可知，BiLSTM-CRF 模型的三项评估指标均优于其他三种模型。相对于 BiLSTM-CRF 模型，CRF 模型将 λ 增大了 10 倍，BiLSTM-softmax 模型将 λ 设为 0，即损失函数中没有正则化项。经计算，在模型训练结束后，CRF 模型的损失值稳定在 1.36 附近，BiLSTM-softmax 模型的损失值稳定在 0.45 附近，结合表 3-6 所示结果可知，CRF 模型欠拟合，BiLSTM-softmax 模型过拟合。Seq2Seq-Attention 模型则将求解优化器由 Adam 更换为 SGD，表 3-6 所示结果表明 Adam 求解结果更优。通过上述模型参数调优过程，最终选取最优参数为 BiLSTM-CRF 模型的参数。

对比 BiLSTM-CRF 模型与 CRF 模型、BiLSTM-softmax 模型及 Seq2Seq-Attention 模型，计算各模型应用在测试集上的精确率、召回率、F_1 值三项评估指标，如表 3-7 所示。

表 3-7　对比模型测试性能

模型	精确率/(%)	召回率/(%)	F_1 值/(%)
CRF	70.01	70.42	0.7042
BiLSTM-softmax	78.71	71.88	0.7514
Seq2Seq-Attention	71.53	—	—
BiLSTM-CRF	87.12	86.46	0.8679

由表 3-7 可知，BiLSTM-CRF 模型在精确率(87.12%)、召回率(86.46%)、F_1 值(0.8679)等指标上均优于 CRF、BiLSTM-softmax、Seq2Seq-Attention 模型。杨维等人[10] 在利用 CRF 算法对电力服务问答语料数据集中位置、故障、解决方案三类实体进行识别与提取时，达到了 90% 以上的精确率，笔者所提出的模型精确率低于该值。然而，本算例所抽取的缺陷现象并不是典型的命名实体，是较为复杂的短语类文本，因而抽取难度更大。事实上，在本算例对比模型中，笔者考虑了文献[10]所提出的 CRF 模型，该模型在本算例所使用的数据集上，测试精确率仅为 70.01%，这也验证了 BiLSTM-CRF 模型的优越性。

2. 电力二次设备功能缺陷的智能诊断与辅助决策

完成文本信息抽取工作后,结合所建知识图谱,笔者建立了电力二次设备功能缺陷智能诊断与辅助决策平台。下面以两个实例详细展示该平台智能诊断与辅助决策功能的实现。

输入检索条件如表 3-8 所示。

表 3-8　检索条件

输入检索条件	属性	输入内容
1	缺陷设备	保护装置本体
	缺陷现象	1 号主变失灵装置运行灯灭
2	缺陷设备	二次回路及辅助继电器 (含对时回路和通信回路)
	缺陷现象	海里 4363 线第二套线路保护 RCS-931A 通信中断

当输入检索条件 1 时,经已完成训练的 BiLSTM-CRF 模型,抽取缺陷现象为"运行灯灭",然后结合推理条件,即缺陷设备为"保护装置本体",缺陷现象为"1 号主变失灵装置运行灯灭",依据所建知识图谱及历史数据,本平台最终返回 5 条可能的诊断结果与解决措施,如图 3-8 所示。当输入检索条件 2 时,其智能诊断与辅助决策结果如图 3-9 所示。

图 3-8　输入检索条件 1 时的智能诊断与辅助决策结果展示

如图 3-8、图 3-9 所示,本平台针对具体缺陷现象,依据历史实际数据推荐的以往的解决措施具有较大可信度与参考意义。在实际应用中,由运维检修人员

二次设备缺陷知识图谱	智能诊断与辅助决策	实体及关系查询

⌂ 主页 ⚬ᢧ 智能诊断

查询条件：

| 二次回路及辅助继 | 海里4363线第二套线路保 | 诊断 |

诊断结果：

缺陷部位	缺陷原因	解决措施
通信回路	内部通信中断	更换网线
通信回路	内部通信中断	重新做水晶头
信号回路	其他	更换电源板

图 3-9　输入检索条件 2 时的智能诊断与辅助决策结果展示

参考所提供的建议选择具体的某一条措施执行，并将结果反馈给平台，以便在后续工作中优化平台性能。可以看到，图 3-8 与图 3-9 给出的可能缺陷原因中均有"内部通信中断"一项。

所建立平台完成了对电力系统二次设备功能缺陷文本从信息抽取到知识应用的全过程，所提技术框架有较好的可实施性与可移植性。该平台实际应用效果在一定程度上也依赖于原始文本数据的质量。例如图 3-8 中，解决措施中的"更换"一项，并未提及更换什么器件，这是原始数据信息记录不全导致的问题。图 3-9 中解决措施仅提供了 3 条，这是原始数据中缺陷设备信息量不足导致的问题。为此，在将平台部署到某省电力公司具体应用时，平台性能会根据不断积累的功能缺陷文本数据进行迭代优化，以不断提高平台所提供的二次设备功能缺陷智能诊断与辅助决策建议被采纳的概率。

3.2　基于迁移学习的电网故障处置知识图谱构建及实时辅助决策研究

3.2.1　引言

电网调控具有数据庞杂的特点，随着电网故障的日渐复杂，电网故障处置工作对调度人员的故障处置速度及处置准确性提出了更高的要求[20]。电网故障的处置需要调度人员能对电网设备拓扑结构、电网故障处置预案、省地两级电网调控规程细则、实时设备参数等多源异构数据进行迅速精准的把控，这就给当前以人工经验分析为主的现行调度方式带来了极大挑战[21]。因此，笔者提出采用构建电网故障处置知识图谱的智能化技术，将电网调控领域的专家经验、规章制度转化为知识，以便为调度人员提供实时的故障处置辅助决策，为电网调控工作提供支撑[22]。

近年来,国内学者对知识图谱在电力领域的应用进行了广泛的研究。蒲天骄等人[22]提出了电网故障处置知识图谱的总体框架及构建技术,并给出了基于知识图谱的电网故障处置流程。郭榕等人[21]提出了针对倒闸操作的知识图谱应用方案。余建明等人[23]研发的基于知识图谱的电网故障处置应用程序通过自然语言处理技术对调控语料进行处理,实现了人机语音交互功能。乔骥等人[24]采用 LR-CNN 模型实现电网故障处置预案实体识别,采用 BiGRU-Attention 模型实现实体间的关系抽取,从而构建了电网故障处置预案知识图谱。

目前,基于知识图谱的电网故障处置理论较为成熟,但是在实际应用中人们发现:

(1)调控管理规程等文本数据的量较少,传统的实体识别模型很难满足应用需求,电力领域短文本数据挖掘技术尚待完善。

(2)电网故障处置工作对响应速度要求较高,掌握实时数据可以实现实时辅助决策,电网故障处置知识图谱动态更新技术尚待研究。

(3)电网故障复杂,只对线路故障处置提供支持无法满足电网调控需求,应提出基于知识图谱的电网综合故障处置方案。

由此,笔者提出了基于迁移学习的电网故障处置知识图谱构建技术,以及结合实时数据的电网故障处置知识图谱动态更新技术,研究了电网故障实时辅助决策应用方案。首先,结合电网故障数据特征,对省地两级电网调控管理规程采用 GRU-CRF 迁移学习模型实现了实体识别,并构建了电网故障处置知识图谱。其次,结合实时设备参数实现了对知识图谱的动态更新。最后,提出了电网故障实时辅助决策设计方案,通过测试,省地协同故障处置引擎应用能够为调度人员提供实时辅助决策,缩短故障处置时间,提高故障处置效率。

3.2.2 故障处置实时辅助决策技术路线

基于电网故障处置的多源异构类数据构建实体库,从而构建故障处置知识图谱,同时利用图数据库能够直观、高效查询的优点,可为实时故障处置提供相应的处置经验[25],再通过研究知识图谱的知识推理技术,能够实现故障处置流程的可视化。

1. 故障处置实时辅助决策框架

笔者提出了基于知识图谱的实时辅助决策方法,旨在为电网省地调控人员提供电网实时故障处置决策支撑。故障处置实时辅助决策技术路线如图 3-10

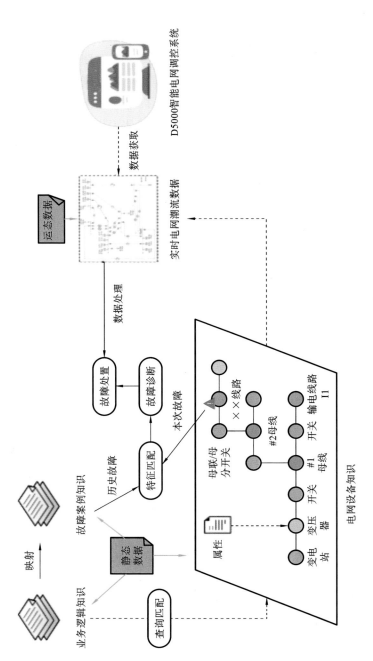

图3-10 故障处置实时辅助决策技术路线

所示。调控管理规程、故障预案、电网设备拓扑是故障处置中的重要依据[26]，将这些静态数据通过知识抽取、实体识别技术转化为业务逻辑知识、故障案例知识和电网设备知识，基于包含这些知识的知识图谱为当前发生的故障进行诊断，可以实现故障处置辅助决策。通过计算 D5000 智能电网调控系统中的实时电网潮流数据，可实时掌握设备运行状态。将故障处置辅助决策与设备实时运行状态相结合，即可实现电网故障实时辅助决策功能。

基于该技术路线，我们首先研究各类电网故障数据的知识抽取技术，构建电网故障处置知识库；然后基于知识库构建电网故障处置知识图谱；最后通过研究知识推理技术，实现电网故障实时辅助决策功能。

2. 省地协同故障处置数据特征分析与知识抽取

电网调控领域数据庞杂，按结构划分为结构化数据、半结构化数据和非结构化数据。数据特征分析见表 3-9。

表 3-9 数据特征分析

原始数据	数据类型	处理方式	抽取结果
电网运行断面数据	结构化数据	直接抽取	电网故障处置实体库
电网故障处置预案	半结构化数据	关键词抽取	
电网调控管理规程	非结构化数据	深度学习	

1）电网运行断面数据

电网运行断面数据是反映电网实时运行设备信息的结构化数据，可采用直接抽取的方式完成知识获取，通过知识抽取和潮流计算可获取电网设备拓扑结构和电网设备运行状态。电网设备拓扑结构可存入电网故障处置实体库，电网设备运行状态信息可为故障辅助决策提供支撑。

2）电网故障处置预案

电网故障处置预案是故障处置过程中必要的参考文本，包括变电站概况、故障现象和应急处置措施等相关的重要数据。故障处置预案相对规整，内容统一且编辑格式一致，属于半结构化数据，可通过正则表达式以关键词抽取的方式实现知识抽取。抽取后得到的故障处置预案中涉及的实体、关系、属性均呈现出扁平化特点。故障处置预案中的设备实体属性见表 3-10。

3）电网调控管理规程

电网调控管理规程是电网调控管理工作依据的规程、规定，是电网故障处置工作中重要的辅助决策参考数据。该数据属于非结构化数据，其中包含的现

表 3-10　设备实体属性

设备类别	属性 1	属性 2	属性 3	属性 4	属性 5	属性 6	属性 7
变压器	所属厂站	设备名称	额定电压等级	所属调度单位	变压器型号	额定容量	用途
母线	所属厂站	设备名称	额定电压等级	所属调度单位	母线型号	/	/
开关	所属厂站	设备名称	额定电压等级	所属调度单位	设备 ID	所属间隔	额定遮断容量
刀闸	所属厂站	设备名称	额定电压等级	所属调度单位	设备 ID	所属间隔	/
输电线路	所属厂站	设备名称	额定电压等级	所属调度单位	是否电缆	所属间隔	/
负荷	所属厂站	设备名称	额定电压等级	所属调度单位	是否电缆	所属间隔	保电等级
电容器	所属厂站	设备名称	额定电压等级	所属调度单位	额定容量	所属间隔	/

象和处置措施均为说明故障情况和具体操作的中文文本，无固定词频、关键词等，描述形式多样，因此难以应用正则表达式进行信息提取；其数据量较小，总数据量为 400 条，采用命名实体识别技术有助于未来新增电网调控管理规程数据的应用，具有可扩展性。传统的实体识别算法对于小数据样本泛化能力很弱，训练易过拟合，因此无法满足识别需求；而基于其所具有的先验知识，预训练模型的拟合能力、泛化能力较好，收敛速度快。故笔者采用深度学习技术对此类电网领域小样本数据进行实体识别。

3. 基于知识图谱的故障处置辅助决策引擎设计

笔者采用结合数据层、本体层、业务层及应用层的引擎设计方法[27]，构建了基于知识图谱的故障处置辅助决策引擎，其架构如图 3-11 所示。数据层结合了各类数据的处理方法以及各类知识融合的知识库；本体层对故障处置本体进行概念实体定义，所有知识库中的知识将基于本体层定义完全映射到概念实体中；业务层选用了 Web 应用框架的 Django 作为前端页面开发框架，框架内集成了已训练好的 BiLSTM-CRF 模型以及上述构建的知识图谱，实现了各类知识的存储与可视化；应用层通过友好的人机交互界面，主要实现了智能诊断与辅助决策两类功能。通过该方法可实现省地协同故障处置引擎应用开发。

3.2.3　面向电网故障领域的基于迁移学习的小样本文本实体识别

迁移学习是指将从其他领域、任务等中抽取出来的知识、信息迁移至自身任务中[28]。这里提出的迁移学习方法即通过采用已训练好的预训练模型，利用预训练模型成熟的语言表达能力[29]，将知识、信息迁移至所需处理的电网领域小样本数据实体识别任务。电网调控管理规程规定是小样本的非结构化数据，如果采用人工实体抽取方案，则不仅工作量巨大，而且影响实体抽取准确率。

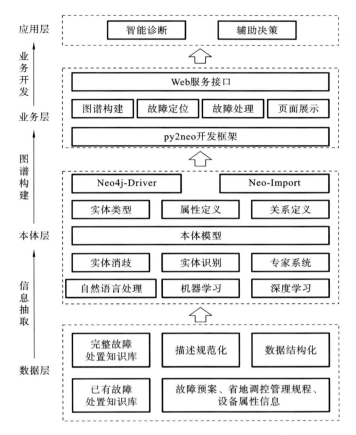

图 3-11 基于知识图谱的故障处置辅助决策引擎架构图

笔者采用深度学习结合迁移学习的算法在标注实体上做出了尝试,通过少量的人工标注数据训练出掌握某项文本识别任务规则的实体识别模型,再对剩余数据进行实体预测,以减少获取实体工作中的人工消耗和人工成本,提高实体抽取速度。此模型对于未来出现的同类型的数据也是适用的,具有可兼容性与扩展性。

1. 基于知识图谱的故障处置辅助决策引擎设计

电网调控管理规程数据需经过预处理后才能用于模型训练,处理步骤如下。

1）获取可用数据

基于电网故障处置知识图谱实时辅助决策研究任务,将电网调控管理规程文件转化为一条条的数据,筛选出故障及处置规则数据,经去重后共计 395 条数据。

2) 确定实体与标签

在调控管理规程实体识别中,通过对调控管理规程文本数据和实际应用需求的分析,确定了文本中需要提取的关键信息:故障现象、故障情景、故障处置操作。故障现象包含对各类设备异常情况的描述;故障情景是对故障现象所处情景的补充描述;故障处置操作为相关工作人员在故障发生后的处置操作。依照 BIO 标注体系,结合实际数据情况,确定标注标签共七类,标签字典为{0:'B-P',1:'B-F',2:'B-M', 3:'I-P',4:'I-F', 5:'I-M',6:'O'},其中以 B 作为实体的开始,以 I 作为实体内容的持续,以 O 表示不关注的字,P、M、F 分别对应故障现象、故障处置操作、故障情景三类实体。例如:"发电机开关跳闸时,应立即汇报冀北调控中心值班调度员,并按现场规程规定进行检查。当机组可以恢复并网运行时,经冀北调控中心值班调度员同意后方可启动并网。"这一条数据包含故障现象——"发电机开关跳闸",故障处置操作——"立即汇报冀北调控中心值班调度员,并按现场规程规定进行检查",还有情景补充——"机组可以恢复并网运行时",以及该场景的处置操作——"经冀北调控中心值班调度员同意后方可启动并网"。数据大多只包含三类实体中的一类或两类,其中故障现象和故障处置操作居多,情景较少,且存在一条文本数据包含多个同类实体的情况。根据以上数据分析情况随机选取 100 条数据进行标注,按照 8∶1∶1 的比例随机分成训练集、测试集和验证集,剩余的 295 条未标注数据作为预测数据文件。

2. 调控管理规程实体识别模型

BiLSTM 网络是由前向 LSTM 网络和后向 LSTM 网络组合而成的。BiLSTM 网络将两个 LSTM 的隐藏状态拼接起来,对前文和后文都具有记忆功能,能够捕捉双向的语义依赖。在 BiLSTM 网络后加上 CRF 层后,模型则会考虑上下文标签的约束关系,选择最符合语句规则的标注序列结果。

笔者基于预训练模型 ERNIE1.0 对调控管理规程数据采用通用语言规则编码,迁移至命名实体识别下游任务的微调网络 BiLSTM-CRF 中获取调控管理规程的标注结果,构建出了面向电网领域的基于迁移学习的调控管理规程实体识别模型(ERNIE-BiLSTM-CRF 模型),如图 3-12 所示。

图 3-12 主要分为输入层、ERNIE 预训练层、分布式表示层、微调网络层和输出层。首先,已标注的数据通过 ERNIE 的 Tokenizer(分词器)功能,对训

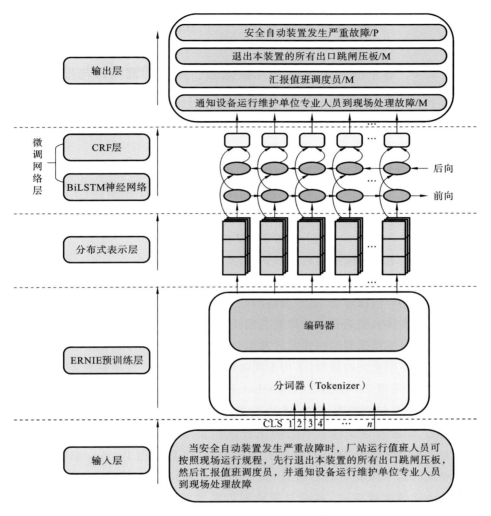

图 3-12　ERNIE-BiLSTM-CRF 模型

练数据进行分词处理。然后通过 ERNIE 的编码器 Transformer encoder 进行特征提取，输出维度为 $(256,768)$ 的 Sequence_output 特征向量，即对输入长度为 256 的每个字符均用 768 维向量语义特征表示。它融合了 ERNIE 预训练模型的先验知识和通用语言规则截取的可用于命名实体识别的下游任务的特征向量。最后，下游序列标注任务采用 BiLSTM-CRF 模型[30,31]完成。输入的 Sequence_output 特征向量经过维度转换后，分别经过前向和后向的 LSTM 层后组合成一个向量，再传送到 CRF[32,33]层选取最大概率的序列标注结果,便得到各字符的标注结果,完成基于迁移学习的调控管理规程实体识别工作。

3.2.4 基于故障处置的多元数据融合知识图谱构建与推理方法

基于电网故障处置数据完成电网设备拓扑实体、故障预案实体与调控管理规程实体的知识抽取,并构建电网故障处置实体库之后,可基于实体库构建电网故障处置知识图谱,实现知识推理。

1. 知识图谱本体模型构建

本体可称为知识库,知识图谱的本体 O_{KG} 包括对象的类型 $T(E)$、属性的类型 $T(F)$ 以及关系的类型 $T(R)$,即

$$O_{KG} = \{T(E), T(F), T(R)\} \qquad (3-5)$$

式中:$T(E)$ 表示的是同一类对象,同一类实体 E(如不同电压等级的母线)对应一类对象(如母线);$T(F)$ 表示的是同一类属性(如不同实体的属性,母线、变压器、线路都具有"电压等级"这一属性);$T(R)$ 表示的是同一类关系(如不同电压等级的母线实体和隔离开关实体具有相同类型的关系)。

知识图谱本体模型的构建方式基本分为三类:自顶向下、自底向上、混合方式[1]。针对不同类别的数据,采用不同的构建方法。对于变电站设备信息类的结构化数据,采用 ER 模型(entity-relation model)对该类数据进行本体模型设计。ER 模型是包含实体、属性、关系的基础模型,常用于信息系统建设。针对故障预案、调控管理规程等半结构化数据和非结构化数据,采用自顶向下的构建方式构建故障处理知识图谱本体模型,目前常采用 Protégé 本体构建工具对知识图谱本体模型进行设计,该工具是一种可视化的本体构建工具,采用半自动化的构建方式,可定义领域知识图谱的本体 O_{KG},实现本体模型设计。采用上述工具定义两类数据的本体后,综合构建故障处置知识图谱本体模型,如图 3-13 所示。

2. 多源异构数据融合的知识图谱构建

由于电网故障处置涉及的数据是多源且异构的,因此可通过获取多源异构数据的特征性信息来实现数据融合[16]。

首先对电网故障处置涉及的多源数据进行预处理。通过优化 D-S 证据理论分析,可以对多源数据进行特征提取,进而实现多源数据的特征性信息提取与融合,具体原理如下。

假设 V 为多种数据集的集合,数据集之间的关系为互斥穷举关系,则 V 为

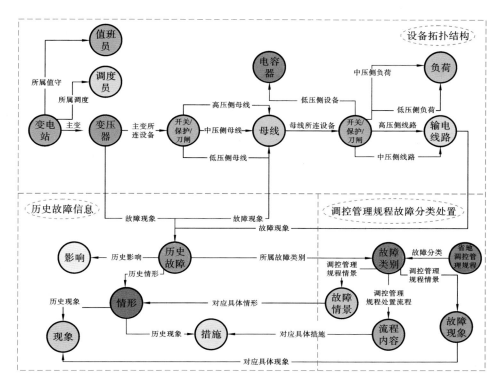

图 3-13　知识图谱本体模型

识别框架。若 $m:2V \to [0,1]$（其中 $2V$ 表示 V 的幂集）满足下列条件：

$$\begin{cases} m(\varPhi) = 0 \\ \sum_{A \subset V} m(A) = 1 \end{cases} \tag{3-6}$$

则可将信任函数 m 作为对 V 的概率分配。当 $A \subseteq V$ 时，$m(A)$ 称为 A 的基本可信度。若定义识别框架的基本命题序列为 $\hat{m} = m_1, m_2, \cdots, m_n$，则 $m = m_1 \oplus m_2 \oplus \cdots \oplus m_n$ 为其正交和，有：

$$\begin{cases} m(\varPhi) = 0 \\ m(A) = K \sum_{\cap A_i \subseteq V} \prod_{i \leqslant j \leqslant n} m_j(A_i), \quad A \neq \varPhi \end{cases} \tag{3-7}$$

式中：K 为归一化常数，当 $K < +\infty$ 时，即可将多源数据中单独的特征指标进行有效融合。在多源数据融合的应用中，以 $m(A)$ 表征设备状态的不确定性，以 n 表示设备的 n 种故障状态，最终通过式（3-7）对多源数据进行数据融合。

进一步,基于上述知识图谱本体模型,抽取实体及关系,完成电网故障处置知识图谱构建。所用结构化数据均由冀北调控中心 D5000 系统及调控云系统提供,通过在故障处置引擎内构建数据接口,实现多源异构数据的获取。对于故障预案等半结构化数据,可通过前述方法,对故障预案涉及的实体、关系、属性进行知识抽取,抽取后得到的各类信息均呈现出扁平化特点,因此可通过预案文本中提取的设备名称信息,对从故障预案中抽取的信息与设备信息进行知识融合。

实体链接是知识融合过程中最主要的任务,其目的在于将文本提取的实体与知识库中的对应实体进行链接。实体链接主要包括实体消歧(entity disambiguation)与共指消解(entity resolution)两类任务。因此分别对实体链接的两类任务进行分析。

实体消歧技术旨在解决同名实体产生歧义的问题。在实际文本中,常常存在一个实体指称项对应于多个命名实体对象的问题,如"1 号母线"这个名词(指称项)可以对应于 A 变电站的 1 号母线,也可以对应于 B 变电站的 1 号母线。通过实体消歧,就可以根据当前的语境,准确建立实体链接。

共指消解技术旨在解决多个指称项对应于同一实体对象的问题。如在故障预案与设备信息数据中,"崔各庄站 110 kV♯1 母线""崔各庄. 110 kV. 1 号母线"等名词指向的是同一实体对象,利用共指消解技术,可以将这些指称项合并到正确的实体对象上。

经上述方法进行知识融合后,可实现故障处置知识库构建[24]。

3. 实时辅助知识推理技术

依靠故障处置知识图谱蕴含的宝贵故障处置经验,利用智能语义搜索功能,可实现对调度人员所查询数据的解析与推理,进而映射到知识图谱中具体的实体、属性或关系上,并通过可视化工具展示图形化的知识结构。故障实时辅助决策将从接收到故障信息开始延续到故障处置结束。

当某设备发生故障时,故障处理知识库将基于开关变位信息、保护动作信息(作为引擎输入),通过智能语义搜索匹配类似故障的各开关、保护动作关系,进而定位故障设备。

由于所有设备的开关、保护名称已是分好词的语料,因此可通过 Python 第三方库 Gensim 模块中的 Word2Vec 函数来直接训练语料,并以 Skip-Gram 模型作为文本(案例)余弦相似度匹配的模型。所采用的故障处理相似度算法如下。

算法 3-1　故障处置相似度算法

Input1：动作的开关、保护名称$[W_1, W_2, \cdots, W_n]$

Initialization：文本转为词向量，存入列表中

To do：计算词向量的相似度

If（匹配到数据库中的开关、保护名称）｛

／＊返回与之相连的故障设备＊／

Return 相关的故障设备

｝

If（未匹配到数据库中的相关设备名称）｛

／＊返回余弦相似度最高的两个故障设备名称＊／

Return 类似的故障设备

｝

Output1：故障设备的历史故障处置措施

Output2：故障设备的相邻设备的潮流信息

Output3：调控管理规程规定的故障处置方案

Input2：调度人员人工校正故障处置措施

Output4：正确的故障处置流程

If（故障解决）｛

／＊故障处置操作结束＊／

Return true

｝

If（故障未解决）｛

／＊重复上述操作＊／

Return false

｝

3.2.5　基于电网故障处置知识图谱的实时辅助决策及应用算例

1. 实体识别模型验证与知识图谱实例

1）实体识别模型验证

为对比验证 ERNIE-BiLSTM-CRF 模型的识别效果，笔者在相同运行环境及软硬件配置下，输入相同的数据集，应用 ERNIE-BiLSTM-CRF 模型与没有采用 ERNIE 模型的 BiLSTM-CRF 模型进行了测试。ERNIE-BiLSTM-CRF

模型与 BiLSTM-CRF 模型运行环境及配置如表 3-11 所示。

表 3-11　模型运行环境及配置表

运行环境与配置	属性
操作平台	Jupyter Notebook
CPU	4 Cores. RAM：32GB. Disk：100GB
GPU	Tesla V100. Video Mem：16GB
Python	3.7
PaddlePaddle	1.8.4

在相同运行环境及数据集中设置模型训练参数，ERNIE-BiLSTM-CRF 模型与 BiLSTM-CRF 模型训练参数分别如表 3-12、表 3-13 所示。

表 3-12　ERNIE-BiLSTM-CRF 模型训练参数

参数	含义	数值
Max_seq_len	最大序列长度	256
Learning_rate	学习率	1×10^{-5}
Weight_decay	权重衰减	0.01
Hidden_dim	BiLSTM 神经元数	128
Epoch	训练回合数	60
Batch_size	训练批次大小	4
Optimizer	优化器	Adam

表 3-13　BiLSTM-CRF 模型训练参数

参数	含义	数值
Learning_rate	学习率	1×10^{-3}
Hidden_dim	BiLSTM 神经元数	128
Epoch	训练回合数	60
Batch_size	训练批次大小	4
Optimizer	优化器	Adam

评估指标包含精确率、召回率和 F_1 值，它们分别用于评估模型预测的准确率、全面性和综合性。根据测试集的指标结果，仅用 80 条标注数据训练，得到的最优模型在测试集上运行，精确率达到 84.46％、召回率达到 71.19％、F_1 值达到 0.7726。图 3-14 展示了在训练集和验证集上运行的 ERNIE-BiLSTM-CRF 模

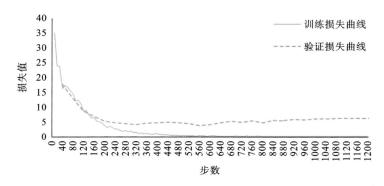

图 3-14　ERNIE-BiLSTM-CRF 模型损失曲线

型的损失曲线。

　　BiLSTM-CRF 模型在测试集上运行的三项指标中,精确率为 51.85%、召回率为 63.64%、F_1 值为 0.5714。BiLSTM-CRF 模型损失曲线如图 3-15 所示。根据损失曲线可以判断,该模型在训练过程中出现了严重的过拟合现象,损失曲线波动大,损失值高,无法满足调控管理规程实体识别需求。数据表明,BiLSTM-CRF 模型与 ERNIE-BiLSTM-CRF 模型性能相差较大。

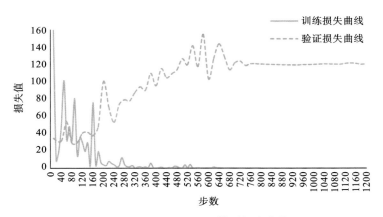

图 3-15　BiLSTM-CRF 模型损失曲线

　　通过以上对比可知,对于小样本的情况,ERNIE-BiLSTM-CRF 模型训练初期损失值下降速度更快且波动小,训练过程稳定,模型学习和拟合能力出色,而且能够避免过拟合。当步数为 560 时,模型的损失值稳定在 0.3 附近,且此时验证集的损失值也只有 3.83,模型的泛化能力强,训练性能较优。

模型验证证明 ERNIE-BiLSTM-CRF 模型可以极大提升模型实体识别效果，满足电网领域实体识别需求。ERNIE-BiLSTM-CRT 模型与 BiLSTM-CRT 模型评估对比如表 3-14 所示。

表 3-14　模型评估对比

模型名称	精确率/(%)	召回率/(%)	F_1 值
ERNIE-BiLSTM-CRF	84.46	71.19	0.7726
BiLSTM-CRF	51.85	63.64	0.5714

2）电网故障处置知识图谱实例

以某市变电站为例，预构建该市电网故障处置知识图谱，需依照实时潮流数据还原该市设备拓扑信息，抽取出设备实体间的关系，依据设备拓扑信息数据总表，构建变电站及相关设备信息的知识图谱。

图 3-16 所示为部分电网故障处置知识图谱实例，不同类节点采用了不同颜色加以区分，如紫色节点表示具体的故障情形，即该历史故障发生时某类开关的自动投切动作情况；橙色节点表示发生某类历史故障时的保护、开关动作情况；浅棕色节点则表示历史恢复送电操作。

目前，该知识图谱涵盖了 34 个变电站，其中包括 4968 个节点和 4117 个关系。

2. 电网故障系统应用与算例分析

当某设备发生故障时，系统将以开关变位信息、保护动作信息作为引擎输入，通过智能语义搜索匹配类似故障的各开关、保护动作关系，进而定位故障设备。为保证故障处置的有效性，采用人工介入的方式确认故障信息和相应的处置策略。根据不同的故障类别，返回不同类设备的试送条件，当满足试送条件并确认试送成功后即完成故障处置。若试送失败，人工介入判断是否进行倒闸操作，人工确认设备状态并进行倒闸操作后，系统判断设备是否恢复送电。若已满足恢复送电条件，系统给出调度人员设备状态及恢复送电操作提示，人工确认并完成操作后故障处置即完成。系统实时辅助决策业务逻辑如图 3-17 所示。

智能诊断包括对故障设备的定位以及对故障类别的判断。利用调控云平台提供的综合智能告警信息，以开关变位与保护动作信息作为输入，通过分析推理反馈历史类似故障，人工介入确认故障设备以保障故障设备识别的准确性，并返回所属变电站的拓扑信息及设备属性，实现故障定位。由故障设备的

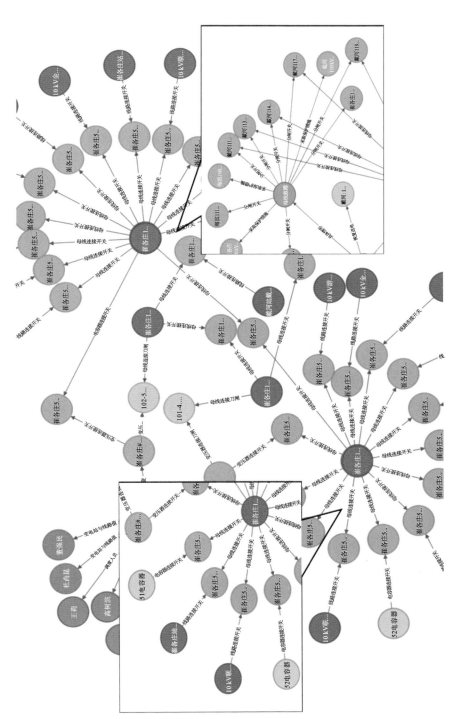

图3-16 电网故障处置知识图谱（崔各庄部分设备拓扑及故障处置措施）

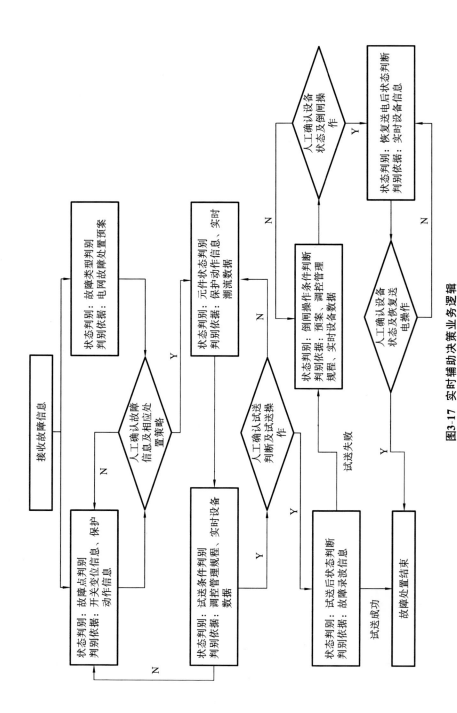

图3-17 实时辅助决策业务逻辑

故障现象及设备属性,推断此故障类别。图 3-18 所示为智能诊断故障定位示例。

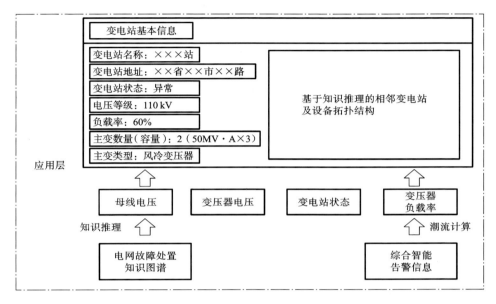

图 3-18　智能诊断故障定位示例

　　根据现场反馈的故障现象和通过知识推理获取的重大事件类别、依据,判断故障事件是否属于重大事件。若需向上级汇报,可通过知识图谱推理故障设备所在变电站的所属调度单位属性,该站的调度值班员、变电站及线路值守人员信息。

　　在故障处置过程中,系统会为调度人员提供设备实时运行参数,包括母线电压、变压器负载率等。根据电网故障处置知识图谱,系统会根据设备状态、处置进度为调度人员提供下一步的辅助故障处置决策;当在故障处置过程中需要试送、倒闸与恢复送电等操作时,系统会自动获取响应数据并计算当前是否具备操作条件。如具备操作条件,系统将会告知调度人员,经人工确认后,即可进行处置操作。除故障设备外,系统还将关注并展示相邻设备的运行情况,以便调度人员进行负荷疏导工作。故障处置步骤以节点的形式展示,方便在调度工作中进行回溯处置。以常规线路故障处置为例,传统处置时长为 30 min,采用系统处置时长可缩减至 12 min,提高了电网故障处置效率。辅助决策示例如图 3-19 所示。

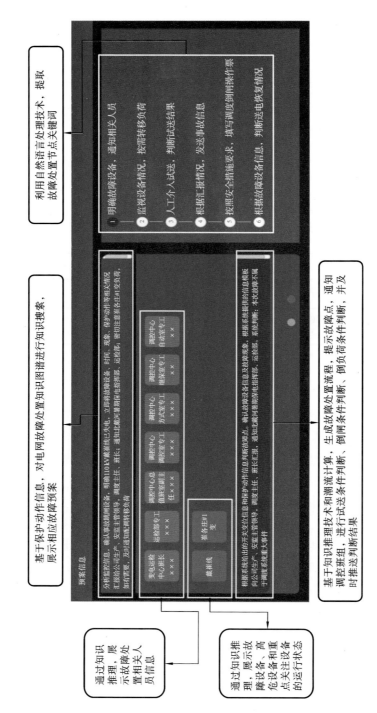

图3-19 辅助决策示例

实时辅助决策应用接收到综合告警信息,表明××站♯1变发生故障。应用展示了历史故障中,相同故障情况下的故障处置预案,同时向调度人员、故障处置相关一线班组、调控中心专业工程师(简称专工)等提示故障设备及周边高危设备运行情况。基于知识推理技术和潮流计算,生成故障处置流程,提示调度人员确认故障信息,通知相关调度业务专工,同时系统做出故障类型判断:本次故障不属于调度系统重大事件。

本章小结

基于 BiLSTM-CRF 模型,笔者搭建了电力系统文本信息抽取模型,引入精确率、召回率、F_1 值三项评估指标,将所提模型与 CRF 等模型对比,算例结果表明该模型相对于 CRF 等模型各项指标均有提升,可为后续电力系统知识图谱搭建提供数据基础,并为电力系统文本信息抽取、规范化处理等任务提供参考。

基于 Neo4j 图数据库与 Django 框架等工具,笔者构建了电力二次设备功能缺陷知识图谱,当新的缺陷发生时,可依据检索条件完成电力二次设备功能缺陷智能诊断与辅助决策,从而提高电力系统对二次设备的检修效率,缩短消缺时间,进而保障电网更加安全可靠地运行。

在对比实验中,Seq2Seq-Attention 事实上是一个序列到序列的"生成"模型,模型输出较为灵活,使得模型具有对文本进行抽象、总结的能力,该类模型是下一步电力文本深度挖掘研究的重点。

对于设备家族性缺陷问题,若一线运维检修人员发现某设备缺陷是由设备家族性缺陷导致的并且记录下来,所建立的电力二次设备功能缺陷智能诊断与辅助决策平台可进行同批次设备溯源,并做相应处理。但若在处理过程中未发现该缺陷是由家族性缺陷导致的,则需进一步针对同批次设备所链接的知识图谱拓扑进行相应的数据挖掘,如拓扑相似性度量、节点聚类,以识别所建知识图谱中隐藏的设备家族性缺陷。该问题是下一步研究的难点。

此外,笔者还构建了基于迁移学习的调控管理规程实体识别模型,引入了包含精确率、召回率和 F_1 值的评估指标,实现了小样本数据的模型训练与实体识别;提出了基于迁移学习的电网领域实体识别技术,该技术仅需要极少的标注数量即可实现较高的实体识别准确度,满足了电网领域数据的实体识别需求,减少了实体识别工作中的人工消耗和人工成本,提高了实体标注速度;通过实体识别抽取模型的对比实验,验证笔者所提出的 ERNIE-BiLSTM-CRF 模型训练过程稳定、泛化能力强,证明该方法可极大改善模型实体识别效果,满足电网领域实体识别需求;基于电网故障处置知识图谱,实现了实时辅助决策知识推理,融合历史故障处置经验和实时设备状态情况,转化得到电网故障处置决策方案,为调度人员提供故障处置参考,提升了调度故障处置业务的效率。后续的研究工作将重点考虑如何进一步提升 ERNIE-BiLSTM-CRF 模型的性能,以完善该领域知识图谱构建,并通过更细致的分析推理方案,辅助调度人员进行更为精准的故障处置操作。通过构建全面的评价体系,不断提升辅助决策方案的可信度。

本章参考文献

[1] 杜修明,秦佳峰,郭诗瑶,等.电力设备典型故障案例的文本挖掘[J].高电压技术,2018,44(4):1078-1084.

[2] 王桂兰,赵洪山,米增强. XGBoost 算法在风机主轴承故障预测中的应用[J].电力自动化设备,2019,39(1):73-77,83.

[3] 谢小瑜,周俊煌,张勇军.深度学习在泛在电力物联网中的应用与挑战[J].电力自动化设备,2020,40(4):77-87.

[4] 赵文清,沈哲吉,李刚.基于深度学习的用户异常用电模式检测[J].电力自动化设备,2018,38(9):34-38.

[5] 邱剑,王慧芳,应高亮,等.文本信息挖掘技术及其在断路器全寿命状态评价中的应用[J].电力系统自动化,2016,40(6):107-112,118.

[6] 汪崔洋,江全元,唐雅洁,等.基于告警信号文本挖掘的电力调度故障诊断[J].电力自动化设备,2019,39(4):126-132.

[7] 孙国强,沈培锋,赵扬,等.融合知识库和深度学习的电网监控告警事件智能识别[J].电力自动化设备,2020,40(4):40-47.

[8] 曹靖,陈陆燊,邱剑,等.基于语义框架的电网缺陷文本挖掘技术及其应用[J].电网技术,2017,41(2):637-643.

[9] 邵冠宇,王慧芳,吴向宏,等.基于依存句法分析的电力设备缺陷文本信息精确辨识方法[J].电力系统自动化,2020,44(12):178-185.

[10] 杨维,孙德艳,张晓慧,等.面向电力智能问答系统的命名实体识别算法[J].计算机工程与设计,2019,40(12):3625-3630.

[11] 刘峤,李杨,段宏,刘瑶,等.知识图谱构建技术综述[J].计算机研究与发展,2016,53(3):582-600.

[12] TANG Y C, LIU T T, LIU G Y, et al. Enhancement of power equip-

ment management using knowledge graph[C] //IEEE. 2019 IEEE Innovative Smart Grid Technologies-Asia（ISGT Asia）. Piscataway：IEEE，2019：905-910.

[13] 刘梓权,王慧芳.基于知识图谱技术的电力设备缺陷记录检索方法[J].电力系统自动化,2018,42(14):158-164.

[14] 刘浏,王东波.命名实体识别研究综述[J].情报学报,2018,37(3)：329-340.

[15] 张俊遥.基于深度学习的中文命名实体识别研究[D].北京:北京邮电大学,2019.

[16] MITCHELL T，COHEN W，HRUSCHKA E，et al. Never-ending learning[J]. Communications of the ACM，2018，61(5)：103-115.

[17] XU B，XU Y，LIANG J Q, et al. CN-DBpedia：A never-ending Chinese knowledge extraction system[C] //BENFERHAT S，TABIA K，ALI M. Advances in Artificial Intelligence：From Theory to Practice. 30th International Conference on Industrial Engineering and Other Applications of Applied Intelligent Systems，IEA/AIE 2017. Arras，France，June 27-30，Proceedings，Part Ⅱ. Springer，Cham，Arras，France，2017：428-438.

[18] 顾溢. 基于 BiLSTM-CRF 的复杂中文命名实体识别研究[D].南京:南京大学,2019.

[19] HUANG Z H，WEI X，YU K. Bidirectional LSTM-CRF models for sequence tagging[DB/OL]. [2023-06-25]. https://arxiv. org/pdf/1508. 01991. pdf.

[20] 王福贺,海威,张越,等.电网线路故障处置智能调度机器人研究及应用[J].电气自动化,2021,43(3):1-3,23.

[21] 郭榕,杨群,刘绍翰,等.电网故障处置知识图谱构建研究与应用[J].电网技术,2021,45(6):2092-2100.

[22] 蒲天骄,谈元鹏,彭国政,等.电力领域知识图谱的构建与应用[J].电网技术,2021,45(6):2080-2091.

[23] 余建明,王小海,张越,等.面向智能调控领域的知识图谱构建与应用[J].电力系统保护与控制,2020,48(3):29-35.

[24] 乔骥,王新迎,闵睿,等.面向电网调度故障处理的知识图谱框架与关键技

术初探[J].中国电机工程学报,2020,40(18):5837-5849.

[25] 郭振东,林民,李成城,等.基于 BERT-CRF 的领域词向量生成研究[J].计算机工程与应用,2022,58(21):156-162.

[26] 焦凯楠,李欣,朱容辰.中文领域命名实体识别综述[J].计算机工程与应用,2021,57(16):1-15.

[27] ASHAYERI C,JHA B. Evaluation of transfer learning in data-driven methods in the assessment of unconventional resources[J]. Journal of Petroleum Science and Engineering,2021,207:109178.

[28] DENG Y X,LU L,APONTE L,et al. Deep transfer learning and data augmentation improve glucose levels prediction in type 2 diabetes patients[J]. NPJ Digital Medicine,2021,4(1):109.

[29] SYED M H,SUN-TAE C. MenuNER:Domain-adapted BERT based NER approach for a domain with limited dataset and its application to food menu domain[J]. Applied Sciences,2021,11(13):6007.

[30] LIU Z G,CAO J X,YOU J C,et al. A lithological sequence classification method with well log via SVM-assisted bi-directional GRU-CRF neural network[J]. Journal of Petroleum Science and Engineering,2021,205(2):108913.

[31] YU C H,WANG S P,GUO J J. Learning Chinese word segmentation based on bidirectional GRU-CRF and CNN network model[J]. International Journal of Technology and Human Interaction,2019,15(3):47-62.

[32] 高鹏翔.基于多源数据融合的配电网运行故障特征信息提取技术研究[D].北京:华北电力大学,2019.

[33] 王骏东,杨军,裴洋舟,等.基于知识图谱的配电网故障辅助决策研究[J].电网技术,2021,45(6):2101-2112.

[34] 蒋晨,王渊,胡俊华,等.基于深度学习的电力实体信息识别方法[J].电网技术,45(6):2141-2149.

[35] 李海明,陈萍.基于迁移学习的电力短文本情感分类研究[J].上海电力大学学报,2021,37(4):407-413.

[36] 王海瑶.电力文本智能挖掘技术及其在电力对话文本中的应用研究[D].杭州:浙江大学,2021.

[37] 范士雄,李立新,王松岩,等. 人工智能技术在电网调控中的应用研究[J].
电网技术,2020,44(2):401-411.

[38] 陶洪铸,翟明玉,许洪强,等. 适应调控领域应用场景的人工智能平台体系
架构及关键技术[J]. 电网技术,2020,44(2):412-419.

第 4 章
小样本多源异构数据深度学习关键技术

受限于真实事件频率、采样质量、时间尺度等诸多因素,当前部分高变异性和高动态性系统管控业务数据呈现出样本稀少的特点,传统的深度学习方法难以针对这些高变异性和动态性的系统进行有效部署。笔者以电力系统电力负荷预测为例,结合迁移学习和深度学习思想,构建基于卷积神经网络(CNN)的迁移学习框架,并利用经济大数据和电力负荷之间的映射关系,实现了对我国新冠疫情期间电力系统的中期负荷预测,有效解决了现实高动态系统调控数据不足的问题,可为处理类似的开放性问题提供一种快速可靠的分析工具及解决方案。在此基础上,笔者将文本提取模型与政策评估框架相结合,研发了一种可融合混频数据和政策文本的深度学习算法,采用基于 BERT(bidirectional encoder representations from transformers,基于变压器的双向编码器表示)的摘要提取模型自动提炼政策文本,同时计算能源政策的重要性指数,实现对数据质量参差不齐的混频数据的融合处理,从数据增广方面为高动态系统管控的小样本问题提供了新的解决思路。

4.1 "黑天鹅"事件下的小样本迁移学习框架

由于数据分布差异,基于传统机器学习方法的模型难以适应性地对"黑天鹅"事件中的数据进行预测。考虑到迁移学习技术的知识迁移能力,笔者构建了"黑天鹅"事件下的小样本迁移学习框架,以解决小样本问题和数据分布差异导致的时间序列模型失效的问题。针对华中四省(河南、湖北、湖南、江西)在新冠疫情期间的电力负荷预测问题,笔者利用 CNN 构建了基于经济-电力关系的负荷预测模型,利用深度学习网络的非线性建模技术对多源异构经济、电力数据进行特征分析、提取与建模,然后利用迁移学习技术将模型学习到的经济因素与用电需求之间的非线性关系迁移到样本量较少的数据集中,从而使得模型可以利用小样本数据快速完成学习与收敛,提升模型对于目标任务的适应性,构建适用于"黑天鹅"事件的更精准的中期负荷预测模型。同时,所构建的"黑天鹅"事件下的小样本迁移学习框架也适用于处理与"黑天鹅"事件类似的事件下的小样本问题,从而实现对此类事件的快速有效的响应。

4.1.1 "黑天鹅"事件下的社会用电需求波动分析

在新冠疫情期间,社会经济与电力行业运行均遭受到了较大冲击,使得相关数据变化呈现出不同于以往的特征,特别是在疫情较为严重的华中地区,疫情期间相关经济与电力数据出现了不同于以往的异常波动。表 4-1 和表 4-2 展示了 2020 年 1—9 月华中地区各行业电力负荷情况。受新冠疫情影响,华中地区全社会累计用电量同比往年下降较为明显,华中四省用电量在第一季度均出现了不同程度的下滑,其中,湖北受疫情影响最严重,下降幅度最大。这也反映出了"黑天鹅"事件下社会的运转模式与历史同期存在较大差异,从而导致"黑天鹅"事件下的相关数据与历史数据出现了分布不匹配的状况,加大了数据分析与特征辨识的难度,因此,有必要研究和构建适配具有异常分布规律的数据的相关模型。

表 4-1　2020 年 1—9 月华中地区电力负荷相关数据

指标名称	用电量/亿千瓦时	累计增长/(%)	同比增速/(%)
全社会用电量	6649.26	−1.54	−6.64
第一产业用电量	73.40	5.56	3.40
第二产业用电量	3914.29	−2.91	−4.73
第三产业用电量	1129.60	−3.29	−8.16
城乡居民生活用电量	1531.97	2.93	−4.87

表 4-2　2020 年 1—9 月华中四省全社会用电量情况

指标名称	用电量/亿千瓦时				累计增长/(%)			
	河南	湖北	湖南	江西	河南	湖北	湖南	江西
全社会用电量	2527.73	1599.32	1374.48	1187.73	−1.95	−7.18	1.89	4.35
第一产业用电量	36.74	17.08	12.98	6.6	8.60	−1.1	5.2	8.41
第二产业用电量	1543.84	915.94	715.76	738.75	−5.40	−8.7	2.2	6.14
第三产业用电量	429.65	281.6	216.87	201.48	1.16	−10.8	−3.1	−1.13
城乡居民生活用电量	517.5	344.70	428.87	240.9	5.01	−1.3	3.8	3.35

华中四省全社会用电量同期变动百分比如图 4-1 所示。从逐月同期增速来看:2020 年 1 月下旬开始经济活动受到交通出行管制政策影响,华中地区的用电量下降 6.67%。2 月份,大部分企业停产,用电量下降 21.29%,下降幅度较大。3 月份,湖北之外其他三省复工复产,用电量降幅缩小至 11.27%。2020 年 1—3 月份的月用电量变动呈"V"形曲线,降幅最大超过 30%,为历史少有。4 月份之后,湖北用电量迅速攀升,达到与其他三省相近的水平。随着社会经济秩序逐渐恢复正常,华中四省用电量均逐渐升高,5 月份华中四省全社会用电量变动均出现正增长。到 7 月份,华中四省全社会用电量出现回落,从短期来看,考虑是由疫情后期社会经济仍未完全恢复,经济面临的下行压力还未缓解造成的。但是可以看出,随着疫情基本得到控制,经济逐渐回暖,华中四省电力需求逐渐得到释放,用电量出现增长,用电量变动出现由负转正的情况,总体趋势向好。

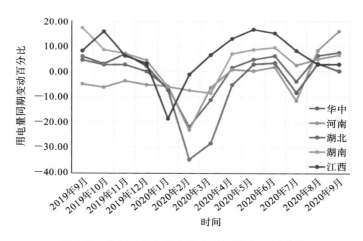

图 4-1　华中四省全社会用电量同期变动百分比

4.1.2　基于 CNN 的经济-电力关系特征提取器构建

1. 卷积神经网络

卷积是一种将一组权重与输入数据相乘的线性运算。与传统的人工神经网络类似,卷积神经网络(CNN)也是一种与前馈神经网络结构类似的深度学习网络,但是与前馈神经网络不同,CNN 的神经元排列结构有宽度、高度、深度三个维度,能同时处理多通道数据,因此被广泛用于图像处理、多维数据建模等领域。CNN 的结构与训练过程如图 4-2 所示。

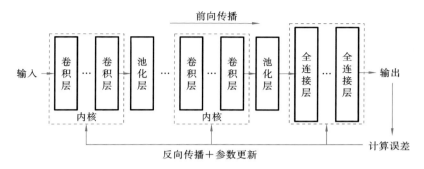

图 4-2 CNN 的结构与训练过程

基本的 CNN 由多个卷积层、池化层和全连接层堆叠而成,模型参数在前向传播后使用损失函数进行学习,再通过梯度下降进行反向传播,从而实现更新。CNN 的前向传播计算过程如下。

对于输入数据 $x_i(i=1, 2, \cdots, m)$,在经过第 j 个卷积层时,进行网络运算:

$$x_i^j = f\left(\sum_{k=i}^{n} \omega_k^j x_k^{j-1} + b_k^j \right) \tag{4-1}$$

式中:x_i^j 表示第 j 个卷积层中第 i 个神经元的输出;x_k^{j-1} 表示第 $j-1$ 个卷积层中第 k 个神经元的输出,若记卷积核的卷积步长为 s,则 $n=i+s-1$,由于 CNN 采用稀疏连接,因此 $k=i \sim n$;ω_k^j、b_k^j 分别表示网络对应的权重和偏置项;$f(\ )$ 表示对应的激活函数,常用的激活函数有 sigmoid 函数和 ReLU 函数等。

经过卷积层操作之后,全连接层将对卷积层输出的数据进行展平操作:

$$y = f(\boldsymbol{W}^{j-1} x^{j-1} + \boldsymbol{b}^{j-1}) \tag{4-2}$$

式中:$\boldsymbol{W}^{j-1}$、$\boldsymbol{b}^{j-1}$ 分别表示第 $j-1$ 个卷积层的权重和偏置矩阵。

在进行前向传播之后,CNN 会计算损失函数,进行反向传播,从而进行参数更新:

$$E = \frac{1}{2} \| y_q(t) - \tilde{y}_q(t) \|_2^2 \tag{4-3}$$

式中:t 为当前时刻;q 为样本编号;$y_q(t)$、$\tilde{y}_q(t)$ 分别为模型的期望输出与样本真实值。之后,CNN 通过链式法则计算各层的预测输出与真实输出之间的残差,并利用如下公式对网络参数进行更新:

$$\begin{cases} \dfrac{\partial E}{\partial \boldsymbol{\omega}^j} = x^{j-1} \cdot (\boldsymbol{\gamma}^j)^{\mathrm{T}} \\[2ex] \dfrac{\partial E}{\partial \boldsymbol{b}^j} = \boldsymbol{\gamma}^j \\[2ex] \boldsymbol{W}^j = \boldsymbol{W}^j - \eta \cdot \dfrac{\partial E}{\partial \boldsymbol{W}^j} \\[2ex] \boldsymbol{b}^j = \boldsymbol{b}^j - \eta \cdot \dfrac{\partial E}{\partial \boldsymbol{b}^j} \end{cases} \tag{4-4}$$

式中：$\boldsymbol{\gamma}^j$ 为第 j 个卷积层的残差矩阵；η 为学习率。

CNN 特征提取器一般由多个堆叠的卷积层构成，在卷积层内部，各个神经元只与相邻网络层中的一部分神经元相连，即采用稀疏连接模式。同时，各个卷积层内的神经元构成多个特征图，相关的权值参数构成卷积核，同一特征图内的神经元共享相同的卷积核。在网络训练的过程中，卷积核参数会根据前文所述的更新算法进行多次迭代，直至模型收敛。基于上述结构，CNN 相较于传统的全连接神经网络能有效减少模型参数，降低模型复杂度，并能避免出现过拟合的问题，同时也能更好地对数据特征进行提取，提高模型学习效率。

2. 经济-电力关系特征提取器构建

现实世界可以看作一个具有许多高维特征的多维复杂系统。深度学习技术可以实现多维原始数据中高维特征的有效提取，并可用于对不同数据之间的非线性关系进行建模。然而，随着数据维度的增加，手动构建特征提取器来过滤有用的高维特征变得更具挑战性。过大的特征维数也可能对模型的性能产生不利影响。因此，笔者采用 CNN 构建基本特征提取器[1]，以使模型可以学习输入特征以及输入到输出数据之间的映射关系。

具有不同大小和数量的卷积核可以被灵活地用于提取数据中的高维特征，以提高模型的性能。由于"黑天鹅"事件的相关数据量较少，不适合构建过于复杂的网络，因此，我们采用 1×1 卷积核构成卷积层来进行特征提取。1×1 卷积核可以减少输出特征图的数量并减少学习所需的参数，同时，也有利于用尽可能少的参数加深网络深度。1×1 卷积核可用于实现多维数据跨通道之间的信息交互，从而增强模型的非线性特性。最终构建的 CNN 特征提取器如图 4-3 所示。

该 CNN 特征提取器共有 7 层。输入层由一个具有 8 个卷积核的一维卷积层构成；两个中间卷积层均由具有 4 个卷积核的一维卷积层构成；数据展平层含 32 个神经元，通过将多维数据一维化实现从卷积层到全连接层的过渡；最后

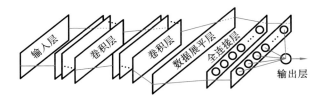

图 4-3　所构建的 CNN 特征提取器

是两个全连接层和一个输出层，分别包含 16、8 和 1 个神经元。各卷积层中的卷积核大小均为 1×1。为避免梯度消失问题并加快网络收敛，采用 ReLU 函数作为激活函数。该激活函数可以表示为：

$$\mathrm{ReLU}(x)=\max\{0,x\} \tag{4-5}$$

值得注意的是，本节所提出的 CNN 特征提取器可以灵活地根据不同的情况进行调整或设计，以更有针对性地提升模型性能。

4.1.3　基于迁移学习的小样本电力负荷预测框架

深度学习是解决复杂非线性问题最流行的方法之一，但深度学习模型对训练数据量要求很高，而"黑天鹅"事件的稀缺性导致此类事件下的数据往往难以满足深度学习模型的训练需求。迁移学习是深度学习技术的分支，旨在解决某些目标任务缺乏足够数据的问题，同时有针对性地提升模型在目标数据集上的性能。具体而言，迁移学习旨在将相关任务中的知识迁移到新的问题中，从而获得在目标任务上更好的性能。针对数据分布或数据特征存在差异的情况，迁移学习技术能有效运用源域中的大量已标记的数据来解决目标域中类似但不同的问题。目前，迁移学习已被广泛用于计算机视觉、自然语言处理、智能电网运行和电力系统优化等领域。

考虑到迁移学习在处理具有不同数据分布的问题上的优越性，笔者建立了基于迁移学习的小样本电力负荷预测框架。在所构建的基于 CNN 的特征提取器的基础上，该框架利用迁移学习的方法，基于正常情况下的数据学习可共享的特征或映射关系，对这类公共知识进行迁移，从而在数据不足或需要利用少量数据获得快速响应的情况下进行模型构建，提升模型对异常情况下数据的预测性能。同时，特征提取器和迁移学习模型也可以针对不同的任务进行调整或设计，因此，可用于解决多类"黑天鹅"事件下的开放性问题，具有广泛的应用价值。

迁移学习方法可以归纳为四类：基于实例、基于模型、基于特征和基于映射关系的迁移学习。我们采用基于模型的迁移学习方法进行小样本电力负荷模型构建,该方法侧重于识别源域和目标域之间可共享的公共信息[2-3]。该方法假设源域和目标域可以共享一些模型参数。深度学习模型的输入和输出数据应该有密切的关系,在迁移学习模型的目标任务中,经济和电力之间的关联在以新冠疫情为代表的"黑天鹅"事件下不会发生剧烈变化。因此,我们构建迁移学习模型的目标是利用迁移学习方法从历史数据中学习经济和电力之间的映射关系,并基于"黑天鹅"事件的数据共享相应的模型参数。

常用的基于模型的迁移学习方法是利用大量样本预先训练一个网络,然后针对目标任务微调已训练好的模型[4]。文献[2]证明了深度神经网络的可迁移性。在当前流行的深度卷积神经元网络 AlexNet 上的实验表明,经过训练后的深度神经网络的前几层具有较为适合进行迁移学习的一般特征。通过数据微调过程,模型能有效地克服数据差异,提升网络性能。

迁移学习模型的训练过程共分为两个阶段。第一个阶段是预训练阶段,旨在从源域数据中学习基础知识。在该阶段模型使用源域数据进行网络基础训练。第二个阶段是微调阶段,旨在提高模型在目标领域任务上的性能。在此阶段,卷积层的参数将被冻结,以保留可以进行知识迁移的可共享参数;第一个全连接层的参数也将被保留,但仍然可以进行后期的微调。在这一阶段要对网络其余部分的参数进行随机初始化,用于目标数据集上的自适应训练,并需利用目标域数据对网络进行微调,完成迁移学习,从而提高网络对目标域数据的适应性。由于目标域中的数据量较少,冻结一部分网络参数能有效减少需要训练的参数,从而降低模型复杂度。通过这种方式,也可将原本需要利用大量数据进行训练的深度神经网络转换为可在小样本数据上进行训练的具有有限参数的小型网络,从而可以有效防止过拟合的问题。在微调阶段,由于前几层的参数被冻结,输入和输出之间的一般性特征被保留。重新初始化剩余网络参数,又给了网络一定的自由度来对新的情况进行学习,使得网络可以利用有限的目标域数据进行微调,从而在已学习到的特征的基础上提取新的数据特征,在保持共有属性的情况下实现目标任务更好的泛化,减少数据分布差异带来的副作用。所采用的迁移学习流程如图 4-4 所示。

模型的预训练和微调过程如下。

(1)预训练:使用源域经济和电力消耗数据对网络进行基础训练。

(2)微调:

① 冻结卷积层的参数(不可训练),保留第一个全连接层的参数(可训练)。

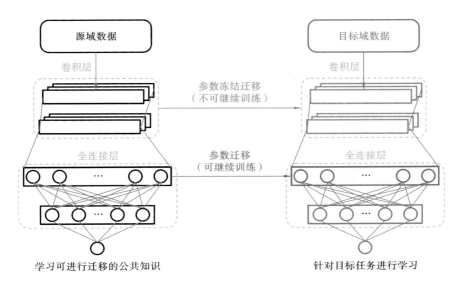

图 4-4　迁移学习流程

② 随机初始化剩余全连接层的参数。

③ 利用目标域的经济和电力负荷数据对网络进行微调。

④ 使用目标域的样本外数据验证模型性能。

4.1.4　算例分析

为了验证所提出的基于迁移学习的小样本电力负荷预测框架的有效性,以新冠疫情为典型的"黑天鹅"事件,针对疫情期间华中地区的中期电力负荷预测问题进行算例分析。

1. 数据预处理

为综合考虑各种经济因素对用电量的影响,选取 13 个月度经济指标作为模型输入变量,输入和输出变量如表 4-3 所示。

表 4-3　迁移学习模型的输入与输出变量

变量类型	指标名称
输入	进口额、出口额、进出口总额、房地产开发投资、房地产开发企业房屋施工面积、房地产开发企业房屋竣工面积、房地产开发企业房屋新开工施工面积、一般公共预算收入、发电量、金融机构本外币各项存款余额、金融机构本外币各项贷款余额、月份信息、所属行政区
输出	全社会用电量

选用全国 30 个省级行政区从 2007 年 1 月至 2020 年 9 月的经济电力数据构成中期负荷预测数据集,并基于上述经济因素构建华中四省在新冠疫情影响下的月度负荷预测模型。选取数据集中除华中四省外的其他 26 个省级行政区从 2007 年 1 月至 2019 年 12 月的数据构成源域数据集,以便模型在预训练过程中对经济和电力之间的基础映射关系进行学习。华中四省从 2007 年 1 月至 2020 年 9 月的数据构成目标域数据集,基于预训练之后可以进行迁移学习的知识对模型进行微调。2020 年 3 月至 2020 年 9 月的数据用于模型测试,以防止过拟合,并且确保迁移学习模型能够在"黑天鹅"事件下的样本外数据上表现良好。为了防止数据输入的先后顺序对模型训练造成影响,在预训练和微调过程开始之前对数据集中的时序数据进行随机打乱操作。

为了避免数据维度和数量级不同带来的影响,采用 Min-Max 标准化[5]方法对数据集进行数据归一化处理。Min-Max 标准化的公式如下:

$$x^* = \frac{x - x_{\min}}{x_{\max} - x_{\min}} \tag{4-6}$$

式中:x 是数据的原始值;x^* 是经过标准化后的值;$x_{\max}$、$x_{\min}$ 分别是由对应指标数据构成的数据集中的最大值和最小值。经过标准化变换之后的数据取值位于 $[0,1]$ 范围内。

2. 模型预训练与微调

迁移学习模型所采用的基本假设是源域和目标域中将要学习的任务之间可以共享一些模型参数。由于经济与电力消费关系密切,即使在"黑天鹅"事件下经济发展与电力消费情况同正常时期存在较大差异,二者之间的非线性关系也未发生显著的变化。因此,所提出的迁移学习模型旨在从历史数据中学习从经济数据到电力数据的基本映射关系,并在"黑天鹅"事件期间共享相应的模型参数。具体而言,所提出的迁移学习模型的任务是利用华中地区某省在第 t 个月的经济数据来预测其第 $t+1$ 个月的电力负荷,目标任务可以表示为:

$$EC_{i,t+1} = F(e_{1,i,t}, e_{2,i,t}, \cdots, e_{n,i,t}) \tag{4-7}$$

式中:$EC_{i,t+1}$ 表示第 i 个省级行政区在第 $t+1$ 个月的电力负荷需求;$e_{n,i,t}$ 表示第 i 个省级行政区在第 t 个月的第 n 个经济指标的数据;$F(\ )$ 表示将要构建的基于经济-电力关系的月度负荷预测模型。

由于华中四省的数据量太小,难以训练深度网络,因此我们利用数据集中除华中四省之外的 26 个省级行政区的历史经济和电力负荷数据进行数据增强,以满足迁移学习模型的预训练数据量要求,从而更好地提取数据集中的高维特征,学习经济发展和电力负荷之间的基本关系。由于本算例的目标任务是一个小样本问题,因此,在模型微调阶段,卷积层的参数被冻结,其物理意义是表征经济-电力关系的基本知识在微调过程中可以保持不变,从而使得模型可以基于"黑天鹅"事件下的少量数据进一步进行训练。同时,第一个全连接层的参数也被保留,但仍然可以继续训练,剩下的全连接层的参数将会再次被随机初始化,从而可以对部分前期学习到的参数做进一步的个性化微调,以使模型可以更好地适应目标任务。最后,基于华中四省的数据对预训练后的模型进行目标域训练。为了让模型感知到异常情况的出现,提升其对"黑天鹅"事件样本的适应性,在构建训练集时将华中四省 2020 年 1 月和 2020 年 2 月的数据纳入其中。为了检验模型的性能及迁移学习的有效性,采用华中四省 2020 年 3 月至 9 月的经济和电力负荷数据进行模型验证。

基于上述模型构建与训练过程,在模型微调过程中,所提出的迁移学习模型的被冻结参数个数占总参数个数的 2.15%,需要重新进行训练的参数个数占总参数个数的 5.99%,包含预训练信息但仍可以进行微调的参数个数占总参数个数的 91.86%。这说明在微调阶段,模型的大部分参数已被训练好,只有少数参数需要重新训练。同时,尽管大多数参数仍然可以继续微调,但这些参数在预训练期间已经收敛。因此,通过前文所述的迁移学习方法,模型的复杂度显著降低,不需要大量的目标域数据来重新使模型收敛,模型可以满足小样本训练的需求,并且对与源域数据分布不同的目标域数据的适应性也增强了。所提出的迁移学习模型参数设置如表 4-4 所示。

表 4-4 迁移学习模型参数设置

参数名称	预训练过程	微调过程
子训练样本集大小	16	4
迭代次数	250	150
学习率	0.01	0.001
优化器	Adam	Adam
损失函数	Mean Square Error	Mean Square Error

3. 对比模型

为了验证所提迁移学习模型的有效性,我们基于目标任务对所提模型与基于传统机器学习方法的 CNN 模型、支持向量回归(SVR)模型[6]、差分自回归移动平均(ARIMA)模型[7]、贝叶斯线性回归(BLR)模型[8]和梯度提升回归

(GBR)模型[9]进行了性能对比实验。

1）SVR 模型

SVR 模型是由传统的分类器模型——支持向量机衍生出的回归模型。支持向量机算法是一种有监督学习算法,通过构建超平面的方式将数据集划分为不同的类别,从而实现数据分类。SVR 方法采用相同的原理,其目标是拟合一个能覆盖尽可能多的数据的超平面,或是类似最小二乘原理,使各个数据点到拟合的超平面的距离尽可能小。传统的线性回归模型的目标是最小化误差项的平方和,而 SVR 模型的目标则是最小化模型的系数:

$$\min \frac{1}{2} \| w \|^2$$
$$\text{s. t.} \quad | y_i - w_i x_i - b | \leqslant \varepsilon \tag{4-8}$$

式中:w 为 SVR 模型参数;x_i、y_i 分别为模型输入、输出;ε 为容忍度系数;b 为偏置量。

但是对于一些数据集,可能总存在落在误差约束之外的数据点,因此,SVR 模型通过引入松弛变量将这一类数据点纳入考虑范围:

$$\min \frac{1}{2} \| w \|^2 + C \sum_{i=1}^{N} | \xi_i |$$
$$\text{s. t.} \quad | y_i - w_i x_i - b | \leqslant \varepsilon + | \xi_i | \tag{4-9}$$

式中:C 为惩罚参数,通过调整 C 的值,可以对误差的容忍度进行调整,以增强模型的适应性;ξ_i 为第 i 个样本的松弛变量,用于描述预测值超出容忍范围的程度;$\sum_{i=1}^{N} | \xi_i |$ 为所有数据点的总误差。

对于线性模型,SVR 模型的目标函数即为一拟合线性方程:

$$y_i = \sum_{i=1}^{N} w_i x_i + b_i \tag{4-10}$$

对于非线性模型,SVR 模型利用核函数将输入数据从原始的数据空间映射到数据特征可分的高维特征空间,再进行回归处理:

$$y_i = \sum_{i=1}^{N} w_i \varphi(x_i) + b_i \tag{4-11}$$

式中:$\varphi(x_i)$ 是将输入 x_i 通过核函数映射到高维特征空间中的函数。

2）ARIMA 模型

ARIMA 模型由自回归(AR)模型和移动平均(MA)模型组合而成。ARIMA 模型包含三个参数,分别为自回归阶数、差分阶数和移动平均阶数。传统的 ARIMA 模型仅考虑单一变量,在模型拟合时要求时间序列平稳。因此,在确定相关参数前，首先需进行平稳化操作，然后根据相应的信息准则（常见的信息准则有赤池信息准则（AIC）和贝叶斯信息准则（BIC）等）确定模型的剩余参数，以构建最终的 ARIMA 模型。

ARIMA 模型的表达式如下：

$$\left(1 - \sum_{i=1}^{p} \varphi_i L^i\right)(1 - L)^d X_t = \delta + \left(1 + \sum_{i=1}^{q} \theta_i L^i\right)\varepsilon_t \tag{4-12}$$

式中：p 是自回归阶数，即回归时使用的历史观测值个数；L 是滞后算子；φ_i 是自回归系数；d 是差分阶数；X_t 表示时间序列的观测值；δ 是常数项（截距），表示时间序列的平均水平；q 表示模型中包含的历史误差项个数；θ_i 是移动平均系数，反映当前值受移动误差的影响；ε_t 是白噪声误差项。

3）BLR 模型

传统的线性回归模型基于点估计的方法拟合回归公式，利用这种方法获得的回归模型参数往往是基于当前训练数据的单一估计。BLR 模型则是基于概率分布来实现回归的，其模型输出 y 是基于假定已知的先验概率分布得出的。BLR 的目的不在于获取最优的模型参数，而是根据已有的数据集确定可能的参数的后验分布。模型参数的后验概率 P 取决于相应的输入和输出数据：

$$P(\boldsymbol{\beta} \mid y, X) = \frac{P(y \mid \boldsymbol{\beta}, X) P(\boldsymbol{\beta} \mid X)}{P(y \mid X)} \tag{4-13}$$

式中：y 为以均值和方差为特征的正态分布的 BLR 模型的输出；$\boldsymbol{\beta}$ 为模型权重矩阵；$P(\boldsymbol{\beta} \mid y, X)$ 表示 $\boldsymbol{\beta}$ 的后验概率分布；$P(y \mid \boldsymbol{\beta}, X)$ 为似然函数，表示在给定 $\boldsymbol{\beta}$ 和 X 的情况下观测数据 y 出现的概率；$P(\boldsymbol{\beta} \mid X)$ 是 $\boldsymbol{\beta}$ 的先验概率分布；$P(y \mid X)$ 是边缘似然函数。

基于正态分布的 BLR 模型可表示为：

$$y \sim N(\boldsymbol{\beta}^T X, \sigma^2 \boldsymbol{I}) \tag{4-14}$$

式中：σ 为标准差；$\boldsymbol{I}$ 是单位矩阵，可用于构建多维 BLR 模型。

4. 模型训练结果与分析

为了量化所提出方法的预测效果，采用平均绝对百分比误差（MAPE）、平均绝对误差（MAE）和均方误差（MSE）评估模型误差。MAPE、MAE 和 MSE 越小，预测结果越准确。各指标对应的计算公式如下：

$$\text{MAPE} = \frac{1}{n} \sum_{i=1}^{n} \left| \frac{y_i - \hat{y}_i}{y_i} \right| \times 100\% \tag{4-15}$$

$$\text{MAE} = \frac{1}{n} \sum_{i=1}^{n} |y_i - \hat{y}_i| \tag{4-16}$$

$$MSE = \frac{1}{n} \sum_{i=1}^{n} (y_i - \hat{y}_i)^2 \qquad (4\text{-}17)$$

式中：n 是样本的数量；y_i 和 $\hat{y}_i$ 分别是第 i 个训练样本的实际值和预测值。

在模型对比实验中，各个对比模型（基于传统机器学习方法的 CNN 模型参数设置同所提出的模型）的参数选取情况如表 4-5 所示。

表 4-5　对比模型参数设置

模型名称	参数设置
SVR	核函数：径向基函数 核系数：$\gamma=1/$样本特征数 惩罚参数：$C=1.0$ 容忍度系数：$\varepsilon=0.1$
ARIMA	河南：$p=3$，$d=1$，$q=1$ 湖南/湖北/江西：$p=2$，$d=1$，$q=1$
GBR	损失函数：最小二乘回归函数 学习率：0.1 弱学习器个数：100 迭代次数：300
BLR	先验概率分布的 α 超参数：$\alpha_1=\alpha_2=10^{-6}$ 先验概率分布的 λ 超参数：$\lambda_1=\lambda_2=10^{-6}$

基于上述模型构建过程及参数设置过程，我们对新冠肺炎期间华中四省的月度负荷进行了预测，预测结果如表 4-6、图 4-5、图 4-6 所示（为简便起见，在图表中，所提出的迁移学习模型用"Transfer-CNN"指代，基于传统机器学习方法的 CNN 模型用"Traditional-CNN"指代）。

表 4-6　模型预测结果对比

模型	MAPE/（％）	MAE	MSE
Transfer-CNN	6.569	12.185	278.806
Traditional-CNN	14.407	31.325	1857.776
SVR	19.410	34.020	1697.475
ARIMA	11.635	23.480	929.046
BLR	13.511	26.276	1134.403
GBR	10.782	21.890	874.3

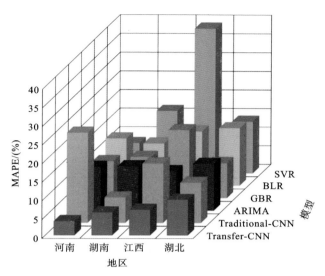

图 4-5　各模型误差对比

与对比模型相比，所提出的迁移学习模型的三个评价指标均达到了最高的
水平，这证明了所提出的模型的有效性。图 4-6 显示了华中四省从 2020 年 3
月至 2020 年 9 月的实际电力负荷和预测结果。可以看出，所提出的迁移学习
模型的预测值在测试数据集上与真实值的拟合效果较好，相对其他几种对比模
型而言预测精度最高，这一结果验证了所提出的迁移学习模型的有效性和优
越性。

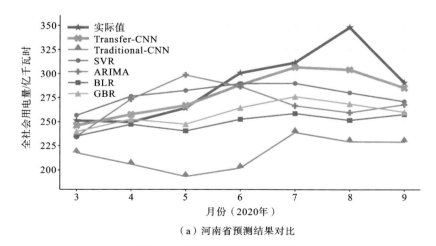

（a）河南省预测结果对比

图 4-6　华中四省预测结果对比

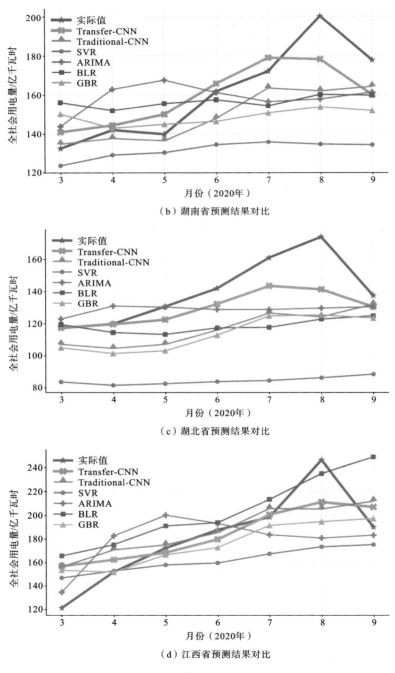

（b）湖南省预测结果对比

（c）湖北省预测结果对比

（d）江西省预测结果对比

续图 4-6

对于将源域数据和目标域数据共同用于训练过程的基于传统机器学习方法的 CNN 模型,由实验结果可知模型的预测效果在部分数据点上表现良好,但在多数情况下与所提迁移学习模型以及传统的回归模型相比精度较低,在部分情况下出现了预测精度显著低于其他模型的情况,如图 4-6(a)所示。这可能是由于各个地区之间的数据分布存在差异,以及新冠疫情期间不同的数据分布模式对模型训练过程产生了不利影响。这也从侧面验证了迁移学习的必要性以及其在提升模型在目标域数据学习方面的有效性。

由实验结果可知,传统的回归模型可以大致拟合电力负荷波动的整体趋势,但难以对新冠疫情期间的电力负荷需求进行精确的预测。这是因为此类模型较为简单,往往只能采用少量指标进行参数拟合,难以考虑与负荷相关联的多种经济因素,或是难以对复杂的非线性映射关系进行建模,从而造成模型精度较低。

综上所述,所提出的迁移学习模型在所有对比模型中具有最高的预测精度,这说明该模型能有效地学习经济和电力负荷之间的非线性映射关系,并且可以通过相对少的数据及时感知数据分布的变化,从而对"黑天鹅"事件下的小样本问题具有更好的泛化能力。

5. 统计学分析

为了进一步分析所提出的迁移学习模型的性能,我们对模型的预测残差进行了统计学分析。模型预测数据的残差分布如图 4-7 所示。其中,红色虚线曲线是针对残差分布的核密度估计曲线,黑色曲线是相应的正态分布曲线。从图 4-7 中可以看出,残差分布与正态分布较为接近,这说明模型的预测误差与随机误差的分布在直观上较为相似。

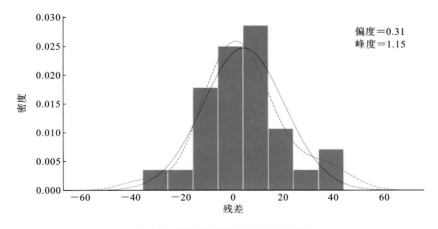

图 4-7　模型预测数据的残差分布

为了量化模型预测残差分布与正态分布之间的相似性,我们对预测数据残差的偏度(skewness)和峰度(kurtosis)值进行了计算。偏度和峰度分别代表随机变量的三阶矩和四阶矩,可以用来描述变量分布与正态分布的偏差。偏度和峰度的计算公式如下[10]:

$$\text{skewness} = \frac{E[(X-\mu)^3]}{\{E[(X-\mu)^2]\}^{3/2}} \tag{4-18}$$

$$\text{kurtosis} = \frac{E[(X-\mu)^4]}{\{E[(X-\mu)^2]\}^2} \tag{4-19}$$

式中:$\mu \in \mathbb{R}$ 是随机变量 X 的期望值。

根据前面得出的预测结果计算出的残差的偏度为 0.31,峰度为 1.15。基于计算出的偏度和峰度的 Z 分数可以进行正态性检验。Z 分数可以用于衡量变量分布与正态分布之间的接近程度,其计算公式如下[11]:

$$Z\text{-score} = \frac{A}{\text{SE}(A)} \tag{4-20}$$

式中:SE 代表标准误差;$A = \text{skewness}$ 或 kurtosis。对于数据量较少的样本(小于 50),在 0.05 的置信水平下,如果偏度或峰度的 Z 分数小于 1.96,则可以认为样本的分布满足正态分布[12]。计算结果表明,残差偏度和峰度的 Z 分数分别为 0.75 和 1.61,均小于 1.96。因此,可以认为模型预测值的残差分布满足正态分布,即所提出的迁移学习模型的预测误差与随机误差分布具有高度的相似性,这说明所提出的模型可以有效地提取原始数据中的信息,能实现更高精度的预测。

6. 鲁棒性分析

对于深度学习模型,随机性是在模型训练过程中不可忽视因素。任何深度学习模型都会包含一定的随机性成分,如样本的先后顺序、神经网络的随机初始化状态、梯度更新方向等,这些随机性成分均会在一定程度上影响模型的训练结果。在进行模型编程的过程中,通过设置不同的随机种子,可以影响样本的随机打乱顺序、训练集和测试集的划分情况以及模型初始化和训练过程中的超参数,从而影响模型的性能。为了验证所提出的模型的有效性和鲁棒性,我们利用随机生成的 100 个不同的随机种子,对前文所述利用华中地区某省月度经济数据预测其随后月份电力负荷的算例进行了重复实验,预训练和微调之后 MAPE 如图 4-8 所示。鲁棒性实验结果显示,模型经过预训练后的平均 MAPE 为 15.964%,经过再次微调后的平均 MAPE 为 9.711%,这就从数据上说明了所构建的模型的优越性。

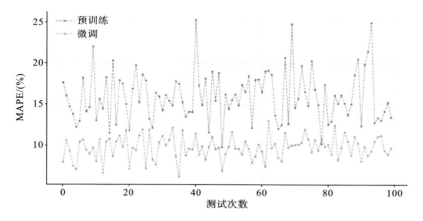

图 4-8　预训练和微调后的 MAPE

在针对目标数据集进行微调之后,预测精度显著提升,验证了所提模型及迁移学习方法的有效性和优越性。预训练和微调后预测误差分布情况如图 4-9 和图 4-10 所示。由图可知,经过微调之后,模型预测精度在统计学意义上有着较为明显的提升,这进一步说明了所提迁移学习方法的有效性。同时,在采用不同的随机种子的条件下,所提出的迁移学习模型均能实现较高精度的负荷预测,这就验证了该模型的鲁棒性。

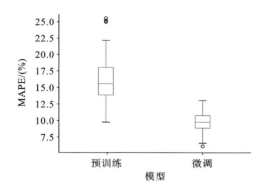

图 4-9　预训练和微调后的 MAPE 分布箱型图

7. 消融实验

为了研究所提出的迁移学习方法与训练过程设置的合理性、有效性和优越性,笔者构建了几个对比消融实验。具体实验设置情况如下:

实验一:基于基准模型,即所提出的迁移学习模型。其训练过程与前面相

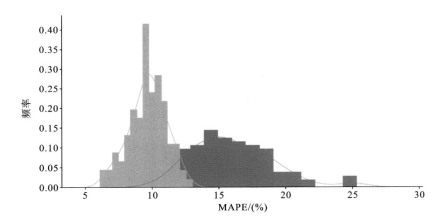

图 4-10 预训练和微调后的 MAPE 分布

同,即在预训练过程后固定卷积层的参数,保留第一个全连接层的预训练参数,并对其余网络参数进行随机初始化,再对模型进行微调。

实验二:基于所提出的迁移学习模型,在预训练过程后不对模型参数进行冻结,所有参数在微调阶段均可继续进行训练。该实验旨在研究所提模型前几层和较深层的网络参数包含的知识类型。一般而言,深度学习网络的前几层通常是适合用于迁移学习的一般特征,而后几层则属于更适合用于特定任务的具体特征。此类特征泛化性较差,如果也进行知识迁移,会对模型在其他任务上的性能产生不利影响。

实验三:由于目标域数据集相对较小,笔者猜测微调过程中参数过多也会对模型性能产生不利影响。因此,在本实验中,卷积层和第一个全连接层的参数在预训练过程之后均不被冻结,在微调阶段可进行知识迁移并继续进行训练,同时随机初始化剩余全连接层的参数。因此,在本实验中,模型有更多的可训练参数,具有更大的训练自由度。

基于上述三个实验设置,笔者基于前文所述实验进行了消融实验,实验结果如表 4-7 和图 4-11 所示。

表 4-7　消融实验结果

实验	MAPE/(％)	MAE	MSE
实验一	6.569	12.185	278.806
实验二	9.294	18.595	742.946
实验三	8.129	14.801	361.376

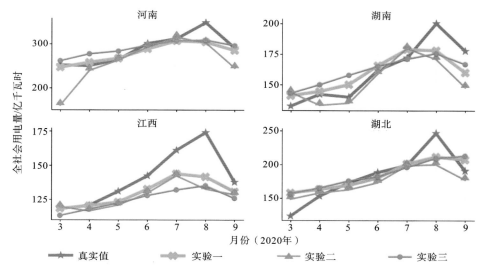

图 4-11 华中四省消融实验结果

从结果可以看出，所提出的迁移学习模型依然实现了最高的预测精度。在实验二中，使用源域数据训练的所有参数都被迁移到了微调过程中。此时网络保留了过多关于源域数据的信息，因此很难适应新数据分布下的学习任务。在实验三中，由于目标任务是"黑天鹅"事件下的负荷预测，属于小样本问题，对足够的参数进行迁移但是保留过多的训练自由度也使得模型面临数据量较少而训练参数量较大的不平衡情况。因此，所提出的迁移学习方法能在满足目标域数据需求的情况下实现更高的预测精度，提升迁移学习模型的有效性和泛化性。

8. 泛化性分析

如前文所述，所提出的"黑天鹅"事件下的小样本迁移学习模型旨在提供一种能有效响应"黑天鹅"事件的任务处理方法。因此，泛化性是一种关键能力，具有良好泛化性的框架能用于处理众多类似的问题。为了进一步证明所提出框架的泛化性，将所提出的模型用于对新冠疫情期间我国其他地区的月度电力负荷进行预测。具体而言，新的目标区域是华东地区的上海市、江苏省和浙江省。源域数据集和目标域数据集的构建方式与前文所述相同，且除 2020 年 2 月的数据存在缺失外，其余数据构成均与前文相同。模型参数与表 4-4、表 4-5 中给出的一致。基于新的数据集，各模型的预测结果如图 4-12 和表 4-8 所示。

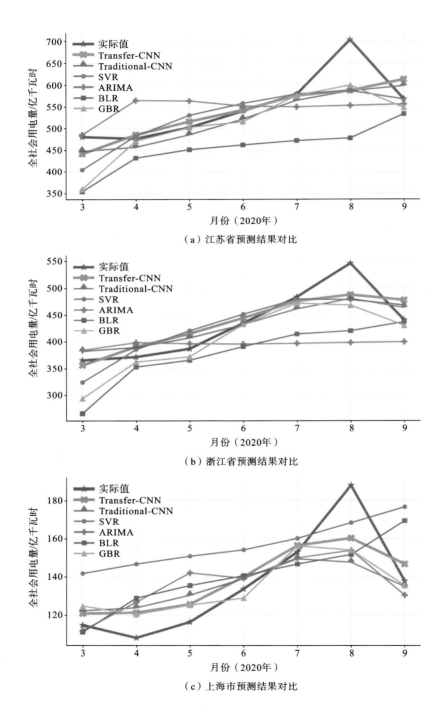

（a）江苏省预测结果对比

（b）浙江省预测结果对比

（c）上海市预测结果对比

图 4-12　华东地区预测结果对比

表 4-8　模型预测结果对比

实验	MAPE/(%)	MAE	MSE
Transfer-CNN	6.107	22.334	1167.359
Traditional-CNN	6.741	24.040	1199.688
SVR	11.230	30.220	1661.422
ARIMA	10.071	39.224	3395.932
BLR	13.970	56.033	6041.702
GBR	7.066	26.383	1895.752

由图 4-12 可知，所提出的模型在我国其他地区的预测任务上也取得了较好的预测效果。在泛化性实验中，构建新冠疫情期间的电力系统的中期负荷预测模型的过程与前面的实验类似。但是，在新的实验中，源域数据集和目标域数据集与之前的实验均有所不同。因此，新的实验进一步证明了所提模型的泛化能力。在处理类似问题时，所提出的"黑天鹅"事件下的小样本迁移学习框架可以作为一种快速有效地处理相关问题的工具。

4.2　用于社会能源和电力消耗分析的经济与政策综合计算系统

能源影响着每一个人和每一个实体。电力系统是能源系统的一个子系统，研究其中长期用电量需求是非常有必要的。有数据表明，用电量预测的误差每降低 1%，电力系统每年的运行成本将减少 1 千万英镑（约 9 千万元）[13]。因此，如何提高用电量预测的准确率一直都是研究者们所关注的热点问题。

中长期用电量会受到政策宏观调控、经济、气象等多方面因素的影响，这些因素随机多变且可显著影响能源需求。准确量化"能源政策"，掌握经济变化、能源政策对电力市场的影响，对于提升中长期用电量预测精度是十分有用的。但是目前针对政策实施效果的研究多以定性研究为主，在能源政策定量测度方面的研究还有所欠缺。这些研究[14]没有考虑到用电量与政策因素之间复杂的非线性关系，无法很好地量化政策宏观调控对区域用电量的影响。

很多学者对考虑经济因素影响的中长期用电量预测进行了研究。早期研究[15]大部分是基于经济因素与电力需求间因果关系的定性分析研究，这些研究利用经济大数据对电力预测展开了广泛探索,符合当前用电量预测的发展趋势,但是缺乏定量实证分析。此外,在中长期电力需求预测方面仍然存在以下问题:历史数据序列长度较短导致数据样本不足,预测精度难以提高;各地区的经济发展状况和气候条件均不相同,导致预测方法不具备广泛适应性。

鉴于目前缺乏合适的中长期用电量预测工具,笔者构建了能源和政策整合计算系统(EPICS),用于社会能源和电力消耗分析。该系统包括一个基于BERT 的能源政策量化模块和一个混频宏观经济数据处理模块。能源政策量化模块利用基于 BERT 的摘要提取模型对大量的电力政策文本进行理解、分析,得到电力政策文本摘要,然后在政策评价体系下输出每个电力政策文本的重要性指数,该指数能够反映不同政策措施在不同领域对电力负荷的影响。混频宏观经济数据处理模块可以对不同时间长度、不同影响因素的多种经济数据进行混合建模,全面反映经济因素与用电量间的关系。最后笔者提出了一种整合经济、政策因素的中长期用电量预测方法,它将不同时间尺度的宏观经济数据和能源政策量化结果作为输入,与未考虑经济、政策因素的传统中长期用电量预测模型相比,EPICS 模型在 27 个月的时间内表现出了良好的预测能力,这证明了 EPICS 的有效性。

EPICS 的创新性在于它首次将人工智能技术应用于能源政策量化,并实现了对数据质量参差不齐的混频经济数据的融合处理。首先,它能客观评价能源行业政策的实施效果。传统的政策评价模型多以定性研究为主,EPICS 与之不同,其政策量化模块可以利用政策量化模型客观评价能源行业政策的实施效果,以较高的精确度挖掘出每一项政策文本的优势及薄弱环节,弱化评分过程的主观性。其次,基于 BERT 的摘要提取模型赋予整个框架更强大的数据处理能力,能够对大量电力政策文本进行提炼(在相关文献中未见过这类处理方式,而传统的方法只能对少量单个政策文本进行处理)。再次,EPICS 创新性地采用了基于 Keras 的框架中 Masking 层的混频数据处理方式,利用 Masking层覆盖过滤掉缺失时间步,有效解决了宏观经济指标频率不同带来的数据时间长度不一致的问题。最后,笔者所提出的考虑经济、政策因素的中长期用电量预测方法具有良好的预测能力,能够利用能源政策量化结果和高频经济数据有效估计未来负荷需求。相比之下,传统的中长期用电量预测方法基本未考虑能源政策和宏观经济指标对用电量的影响,预测准确度也没有 EPICS所采用的方法高。

本节介绍了 EPICS 在社会能源和电力消耗分析中的一个关键应用。针对传统中长期用电量预测中存在的数据样本不足并且只考虑单一历史负荷影响因素的问题[16]，笔者利用我国 30 个省级行政区经济与电力扩充数据样本建立了用电量预测模型，并将政策因素和混频经济数据共同作为用电量预测模型的输入，以降低模型预测误差。针对不同频次的经济数据，笔者利用 Keras 框架下的 Masking 层对不同时间长度数据中的缺失时间步进行覆盖过滤，采用 LSTM 网络实现混频数据自动化特征提取并构建特征多输入融合模型。针对江苏、河南、湖北三个省份的实验结果表明，笔者所提出的考虑经济、政策因素的中长期负荷预测模型的准确度最高，这证明了 EPICS 框架的有效性。

4.2.1　EPICS 框架：政策量化

在对政策进行量化前，必须获取足够数量的政策数据，并对其进行预处理。电力政策数据通常以文本的形式存在，主要包括新闻资讯、政策文报等。这些数据可以通过网络爬虫技术在相关网站上获得，但其中存在很多无用的干扰文本，单靠人力从巨量的文本数据中提取出有用的信息是非常困难的。因此，有必要通过自动文本摘要技术，对海量的电力政策文本进行提取和精炼，概括出政策措施的主要内容，提升信息使用效率。

EPICS 框架的输入数据有两种类型，分别是政策文本数据和混频经济数据。文本数据是非结构化的，经济数据是结构化的，将二者融合并应用到电力系统用电量预测中是比较困难的，目前笔者尚未见到相关处理案例。笔者对 EPICS 的输入数据做了以下处理：

（1）将政策文本数据作为政策量化模块的输入，该模块可以通过基于 BERT 的自动文本摘要技术提取出海量的电力政策文本的摘要，并且可以通过 PMC（policy modeling consistency，策略建模一致性）指数模型[17]对电力政策摘要进行量化，这样就能概括出政策措施的主要内容，提升政策量化效率。

（2）融合政策量化模块输出的结果（PMC 指数）与混频经济数据，这一步用于实现结构化数据和非结构化数据的混合处理。

（3）将融合后的两种数据一同输入混频经济数据处理模块。该模块可以利用 Keras 框架下的 Masking 层对时间序列数据中的缺失时间步进行覆盖过滤，并且该模块可采用 LSTM 网络实现混频数据自动化特征提取并构建特征多输入融合模型，可以解决一个地区中长期电力数据资源少、难以建模的问题。

EPICS 系统的结构如图 4-13 所示。

为了适应电力政策量化需要，笔者对 PMC 指数模型建立过程进行了改

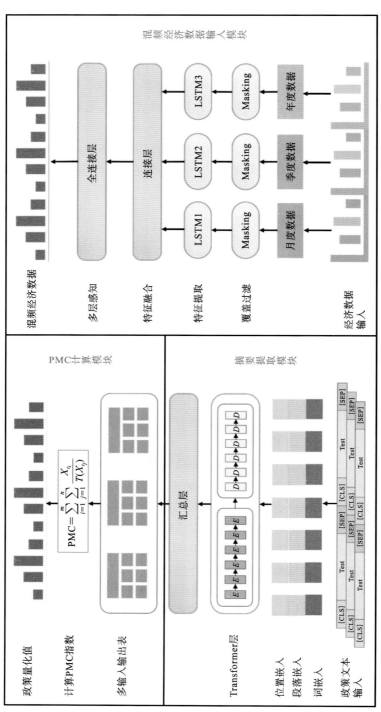

图4-13 EPICS系统结构

进,主要是参照 Estrada[17]对相关政策评价变量的设定,结合我国电力政策的具体特点确立了 9 个一级变量和 34 个二级变量。具体电力政策评价变量见表 4-9。

表 4-9　电力政策评价变量

一级变量	(X1)政策性质	(X4)政策领域	(X7)政策焦点
二级变量	(X1:1)预测	(X4:1)经济	(X7:1)能源价格
	(X1:2)建议	(X4:2)社会	(X7:2)能源投资
	(X1:3)监督	(X4:3)环境	(X7:3)环境保护
	(X1:4)支持	(X4:4)科学	(X7:4)电力安全
	(X1:5)引导	(X4:5)技术	(X7:5)电力改革
			(X7:6)节能减排
一级变量	(X2)政策影响	(X5)政策水平	(X8)政策评价
二级变量	(X2:1)长期	(X5:1)国家级	(X8:1)有良好的基础
	(X2:2)中期	(X5:2)省级	(X8:2)有明确的目标
	(X2:3)短期	(X5:3)地方级	(X8:3)有科学的解决方案
			(X8:4)有合理的规划
一级变量	(X3)激励和约束	(X6)政策受益人	(X9)政策的开放性
二级变量	(X3:1)政府补贴	(X6:1)部委	
	(X3:2)专项基金	(X6:2)省	
	(X3:3)法律和法规	(X6:3)自治区、直辖市	
	(X3:4)人才激励	(X6:4)国家电网	

　　EPICS 的混频经济数据融合建模模块主要包括混频输入、覆盖过滤、特征提取、特征融合、多层感知等步骤。混频数据通过 Masking 层实现对缺失时间步的覆盖过滤后,进入深度学习网络实现各频次经济数据的自动化特征提取,最后通过特征融合层和感知层,实现对月度用电量的预测。

　　为实现政策文本预处理,笔者提出了基于 BERT 的摘要提取模型。图 4-14 说明了笔者所采用的基于 BERT 的摘要提取模型的结构。输入文本被两个特殊符号即[CLS]和[SEP]分隔,其中:[CLS]位于文本开头处,表示该特征用于分类模型,对于非分类模型,该符号可以省去;[SEP]为分句符号,用于断开输入语料中的两个句子。

　　处理好的输入文本被分为三种嵌入:词嵌入(token embedding)、段落嵌入

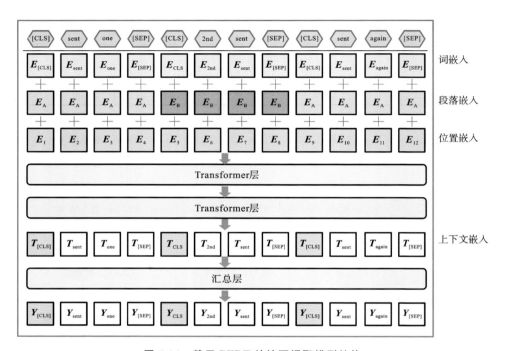

图 4-14　基于 BERT 的摘要提取模型结构

（segmentation embedding）、位置嵌入（position embedding）。其中词嵌入用于指示每个标记的含义，段落嵌入用于区分两个句子，位置嵌入用于指示每个标记在文本序列中的位置，基于 BERT 的摘要提取模型的输入编码向量就是这三个嵌入特征的单位和。

　　汇总层（summarization layer）用来对每个句子向量 $\boldsymbol{T}_i$ 进行处理，计算每个句子 sent_i 的黄金标签（gold label）$\boldsymbol{Y}_i$。整个模型的损失就是收益率 $\hat{\boldsymbol{Y}}_i$ 与黄金标签 $\boldsymbol{Y}_i$ 的二元分类熵。$\hat{\boldsymbol{Y}}_i$ 计算过程可表示如下：

$$\tilde{\boldsymbol{h}}^l = \mathrm{LN}(\boldsymbol{h}^{l-1} + \mathrm{MHAtt}(\boldsymbol{h}^{l-1})) \tag{4-21}$$

$$\boldsymbol{h}^l = \mathrm{LN}(\tilde{\boldsymbol{h}}^l + \mathrm{FFN}(\boldsymbol{h}^l)) \tag{4-22}$$

式中：l 为堆叠层的深度；$\tilde{\boldsymbol{h}}^l$ 为完成多头注意力操作后的隐藏状态向量；$\boldsymbol{h}^l$ 为经过前馈神经网络处理后的隐藏状态向量，其中 $\boldsymbol{h}^0 = \mathrm{PosEmb}(\boldsymbol{T}_i)$，$\boldsymbol{T}_i$ 是由基于 BERT 的摘要提取模型输出的句子向量，PosEmb 是将位置嵌入添加到 $\boldsymbol{T}_i$ 中的函数；MHAtt 是多头注意力操作；最终结果仍然采用 S 型分类器输出：

$$\hat{\boldsymbol{Y}}_i = \sigma(W_0 \boldsymbol{h}_i^l + b_0) \tag{4-23}$$

式中：$\boldsymbol{h}_i^l$ 是来自 Transformer 层（第 l 层）的句子向量。

通过上述步骤对政策文本进行预处理后,得到电力政策摘要。接下来需要建立合适的模型来对政策摘要进行评价量化。笔者设计了基于 PMC 指数的电力政策量化模型,该模型对电力 PMC 指数的计算包括如下步骤:

(1) 变量分类与参数设置　如前文所述,笔者结合我国电力政策的具体特点确立了 9 个一级变量和 34 个二级变量,具体变量设计见表 4-10。

表 4-10　多输入多输出表

X1					X2			X3			
X1:1	X1:2	X1:3	X1:4	X1:5	X2:1	X2:2	X2:3	X3:1	X3:2	X3:3	X3:4
X4					X5			X6			
X4:1	X4:2	X4:3	X4:4	X4:5	X5:1	X5:2	X5:3	X6:1	X6:2	X6:3	X6:4
X7					X8			X9			
X7:1	X7:2	X7:3	X7:4	X7:5	X8:1	X8:2	X8:3				
	X7:6				X8:4						

(2) 建立多输入多输出表　电力政策 PMC 指数建模的第二步是建立多输入多输出表(multi-input-output table)。多输入多输出表是一种可存储大量数据、对单个变量进行多维度测量的数据分析框架,具体见表 4-10。

多输入多输出表由一级变量和二级变量组成,其中一级变量没有固定的排列顺序且相互独立,每个一级变量可以包含任意数量的二级变量,这是因为在 PMC 指数建模过程中我们关心的是一个政策在某个特定领域有无影响,并不需要对变量重要性进行排序。每个一级变量下所有二级变量都拥有相同的权重,并且取值始终为 0 或者 1。

(3) 计算 PMC 指数　电力政策 PMC 指数的计算包括四个步骤:

① 由 9 个一级变量和 34 个二级变量列出多输入多输出表。

② 通过文本挖掘确定二级变量取值:

$$X_{t_j} \sim B(0,1) \tag{4-24}$$

式中: t 为一级变量; j 为二级变量。

各二级变量服从 0-1 分布,即二级变量的值可以取 0 或 1。

③ 依据式(4-25)计算电力政策的一级指标值:

$$X_t = \sum_{j=1}^{n} \frac{X_{t_j}}{T(X_{t_j})} \tag{4-25}$$

式中: T 表示二级变量的个数。

④ 将待评价电力政策各一级指标值加总,计算出 PMC 指数:

$$PMC = \sum_{t=1}^{m} X_t \qquad (4-26)$$

4.2.2 EPICS 框架:混频经济数据融合

不同频率的宏观经济指标包含各自的特色信息,其中高频月度经济数据包含的信息量大,能在一定程度上反映经济市场的短期波动;低频季度、年度经济数据由于核算周期长,其实时性不如月度经济数据,但对于准确描述地区经济运行的长期变化趋势和整体态势具有重要意义。综合利用地区长短期、多因素混频经济数据进行用电量预测建模有助于建立更全面的经济因素与用电量间的关系模型。

混频经济数据中的低频经济数据可视作带有缺省值的高频经济数据,此类由混频性引起的低频经济数据空值问题是宏观经济数据所固有的,无法直接通过传统插值方法来解决。传统的计量经济模型往往会通过累加将高频经济数据低频化,或通过插值填补将低频经济数据高频化,再基于单一频率的经济数据进行建模。然而,此类处理方法会改变数据的原有信息,导致重要信息缺失或人为信息虚增,从而造成预测结果误差增大、准确度下降。

参考深度学习多输入融合模型的网络结构,令混频数据通过 Masking 层,实现对缺失时间步数据的覆盖,然后让其进入深度学习网络,实现各频次经济数据的自动化特征提取,再通过特征融合和多层感知,最终实现对月度用电量的预测。

4.2.3 考虑经济、政策因素的中长期用电量预测方法

笔者构建考虑经济、政策因素的中长期负荷预测模型的基本思路是将 PMC 指数和混频经济数据作为 LSTM 用电量预测模型的输入。目前,在电力预测领域,LSTM 模型主要用于数据量相对充足的短期预测,且都取得了较高的预测精度,但是在中长期预测中,由于数据量不足,其应用较少。为解决中长期用电量预测历史数据少的问题,笔者利用中国 30 个省级行政区的电力经济数据扩展样本实现数据增强,构建省级经济与月度用电量间的关系模型。

中长期用电量受多种因素影响,为了耦合多个时间序列信息,将任一时刻的所有变量串联成向量,形成一个新的时间序列:

$$\boldsymbol{X} = (\boldsymbol{x}^1 \quad \boldsymbol{x}^2 \quad \cdots \quad \boldsymbol{x}^n) = (\boldsymbol{x}_1 \quad \boldsymbol{x}_2 \quad \cdots \quad \boldsymbol{x}_T)^{\mathrm{T}} \in \mathbb{R}^{T \times n} \qquad (4-27)$$

$$\boldsymbol{x}^k = (x_1^k \quad x_2^k \quad \cdots \quad x_T^k)^{\mathrm{T}} \in \mathbb{R}^T \qquad (4-28)$$

$$\boldsymbol{x}_t = (x_t^1 \quad x_t^2 \quad \cdots \quad x_t^n) \in \mathbb{R}^n \qquad (4-29)$$

式中：X 为新的时间序列；x^k 为单个变量在所有时间步的取值序列；x_t 为某一特定时间步 t 的所有变量值；T 为时间窗口大小；n 为影响因素变量个数，本节中 n = 43；x_T^k 为第 k 个变量在 T 时刻的数值序列；x_t^n 为 t 时刻 n 个变量值集合。

考虑到经济和政策因素对中长期用电量的影响是有时延的，选取过去 24 个月的历史经济、政策数据 X 和用电量数据 Y 作为特征向量，对下一个月度用电量 $\hat{y}_{T+1}$ 进行预测。该模型是一个多变量预测问题，其数学表达式为：

$$Y = (y_1 \quad y_2 \quad \cdots \quad y_T)^T \in \mathbb{R}^T \tag{4-30}$$

$$\hat{y}_{T+1} = F(y_1, \cdots, y_T, x_1, \cdots, x_T) \tag{4-31}$$

式中：F 为模型映射函数，对于此次研究的问题即模型要学习的非线性映射关系。

为减小春节这一典型移动节假日给用电量预测带来的误差，首先分离出用电量序列中的春节效应分量。然后，利用 X-12-ARIMA 季节调整算法将剩余量分解为长期趋势分量、季节性分量以及不规则分量。最后，利用所提出的预测模型对各分量分别进行预测并加总，得到最终的预测结果。这种方法可进一步提升模型的学习效果。

所搭建的基于深度 LSTM 网络的中长期用电量预测模型主要包含输入层、归一化层、Masking 层、LSTM 隐藏层、混频数据特征融合层以及输出层。模型的上一层输出作为下一层输入，并可以利用过去的经济、气象和电量数据进行用电量预测。该模型可充分利用丰富的混频经济数据信息，发挥各频次经济数据的价值。

4.2.4　EPICS 政策量化结果

笔者所采用的政策文本数据是采用网络爬虫技术在国家电网有限公司官网及中国各电力企业官网上获取的。对获得的原始数据进行人工标注后即得到电力政策数据。为了将原始政策文本构建为适用于基于 BERT 的摘要提取模型的数据集，我们采用 CoreNLP[18] 对句子进行切分，按照 Klein 等人的方法对数据集进行预处理[19]。

为了有效评估 EPICS 系统对于电力政策摘要提取任务的有效性，使用文本自动摘要领域的通用指标 ROUGE(recall-oriented understudy for gisting evaluation，面向召回的摘要评估替补)[20] 对摘要质量进行自动评估。该指标可以统计模型生成的摘要与人工摘要之间重叠的基本单元，客观评价模型生成摘要的质量。为了进行比较，我们构建了一个未经过预先训练的 Transformer 模型、LEAD 模型和 REFRESH 模型作为基线模型。其中 Transformer 模型有 6 层，隐藏大小为 512,前馈过滤器大小为 2048,它使用与基于 BERT 的摘要提取模型相同的架构,但参数更少,并且是随机初始化的。LEAD 是一个简单的摘要提取模型,它使用文档的前三句话作为摘要。REFRESH 是一个通过强化学习全局优化 ROUGE 指标而训练的提取摘要模型。采用单字重叠 ROUGE-1 指标评价电力政策文本摘要,在电力政策数据集上的摘要提取结果见表 4-11。

表 4-11 电力政策摘要提取结果

模型	ROUGE-1 指标
LEAD	31.3
REFRESH	33.2
Transformer	32.3
基于 BERT 的摘要提取模型	34.7

结果表明,基于 BERT 的摘要提取模型相对 Transformer、LEAD、REFRESH 等模型有显著优势,能够将电力政策文本摘要提取任务的 Rouge-1 评价指标提高 1.5～3.4,这为接下来的政策量化奠定了良好的基础。

在得到政策文本的摘要后,采用词频分析软件 ROSTCM6 对政策文本进行数据挖掘。该软件能够检索挖掘摘要文本中与多输入多输出表中二级变量相关的关键词,然后根据检索结果对各二级变量赋值,最终计算得出各政策文本的 PMC 指数。

此外,我们依据 Estrada[17] 所提出的评价标准,将所得到的 PMC 指数划分成四个等级(见表 4-12)。如果 PMC 指数为 9～10,那么该政策文本就是优秀的;如果 PMC 指数为 7～8.99,那么该政策文本就是良好的;如果 PMC 指数为 5～6.99,那么该政策文本就是可接受的;如果 PMC 指数为 0～4.99,那么该政策文本就是不良的。

表 4-12 基于 PMC 指数的政策评级

PMC 指数	0～4.99	5～6.99	7～8.99	9～10
评估等级	不良	可接受	良好	优秀

表 4-13 为三个政策文本的多输入多输出表,表 4-14 展示了这三个政策文本的 PMC 指数计算结果,并且根据政策评分标准对其进行了等级划分。从表中可以看出,政策文本 1 的 PMC 指数为 4.72,等级为"不良",其一级变量中 X7(政策焦点)和 X8(政策评价)得分较低,这表明该政策重点不明确,整体不具备

科学性；政策文本 2 的 PMC 指数为 5.43，等级为"可接受"，并且 X7（政策焦点）和 X8（政策评价）得分较高，而 X1（政策性质）和 X2（政策影响）得分较低，这表明该政策整体重点突出，制定合理，但是政策效力较差；政策文本 3 的 PMC 指数为 5.21，等级为"可接受"，并且 X2（政策影响）和 X5（政策水平）得分较低，其他一级变量得分适中，这表明该政策级别较低，效力也较差。

表 4-13　政策量化过程中的多输入多输出表

P	X1					X2			X3			
V	X1:1	X1:2	X1:3	X1:4	X1:5	X2:1	X2:2	X2:3	X3:1	X3:2	X3:3	X3:4
P1	0	1	1	0	0	1	0	1	1	0	1	0
P2	0	0	1	0	0	0	0	1	1	1	0	0
P3	0	1	0	1	0	0	0	1	0	0	1	1

P	X4					X5			X6			
V	X4:1	X4:2	X4:3	X4:4	X4:5	X5:1	X5:2	X5:3	X6:1	X6:2	X6:3	X6:4
P1	0	1	0	0	1	0	1	1	1	0	1	0
P2	1	0	0	0	1	1	1	0	1	1	0	1
P3	1	1	0	0	0	0	0	1	1	1	1	1

P	X7						X8				X9
V	X7:1	X7:2	X7:3	X7:4	X7:5	X7:6	X8:1	X8:2	X8:3	X8:4	X9
P1	1	0	0	0	1	0	0	0	1	0	1
P2	1	1	0	1	1	1	1	1	0	1	1
P3	0	0	1	1	0	1	1	1	1	0	1

表 4-14　政策文本的 PMC 指数计算结果

指标	政策文本 1	政策文本 2	政策文本 3
（X1）政策性质	0.4	0.2	0.4
（X2）政策影响	0.67	0.33	0.33
（X3）激励和约束	0.5	0.5	0.5
（X4）政策领域	0.4	0.4	0.4
（X5）政策水平	0.67	0.67	0.33
（X6）政策受益人	0.5	0.75	1

续表

指标	政策文本 1	政策文本 2	政策文本 3
(X7)政策焦点	0.33	0.83	0.5
(X8)政策评价	0.25	0.75	0.75
(X9)政策的开放性	1	1	1
PMC 指数	4.72	5.43	5.21
评估等级	不良	可接受	可接受

4.2.5　EPICS 混频经济数据指标选取结果

笔者采用的经济数据选自中国 30 个省级行政区从 2007 年 1 月至 2019 年 12 月的经济电力数据。由于样本数据时间跨度大、空间分布广泛,按照时空因素将训练集与测试集的比例设置为 8∶2。

随着数据统计的智能化程度不断提高,经济数据的种类、数量和可信度都得到了有效提升。考虑到中长期用电量预测是一个复杂的多维非线性问题,在选取经济数据时应保证统计指标的全面性与广泛性;此外,考虑到不同指标的更替及地域间的差异性,应保证被选取经济数据的时间连续性及统计上的充分性。

笔者引入气温、气压和湿度三个气象因素来表征气象因素对用电量的显著影响,使预测模型更加完善。最终我们通过国家或地方统计局等的开源网站获取了种类繁多、结构多样的社会经济数据,并基于上述原则构建了电力需求相关宏观经济气象指标库。该库共包含 52 个指标,其中月度指标 19 个,季度指标 10 个,年度指标 23 个,具体指标见表 4-15。

表 4-15　宏观经济气象指标

类别	指标
月度	年份信息、月份信息、所属行政区、居民消费价格指数、商品零售价格指数、发电量、房地产开发投资信息、房地产开发企业房屋施工面积、房地产开发企业房屋新开工施工面积、房地产开发企业房屋竣工面积、一般公共预算收入、金融机构本外币各项存款余额、金融机构本外币各项贷款余额、进口额、出口额、进出口总额、平均气温、平均气压、平均相对湿度
季度	地区生产总值、地区生产总值指数、建筑业总产值、建筑业竣工产值、房屋建筑施工面积、新开工面积、按总产值计算的劳动生产率、人均竣工产值、房屋建筑竣工面积、固定资产投资价格指数

类别	指标
年度	GDP、GDP 实际增长指数、人均 GDP、人均 GDP 实际增长指数、第一产业增加值、第二产业增加值、第三产业增加值、第一产业增加值实际增长指数、第二产业增加值实际增长指数、第三产业增加值实际增长指数、工业增加值、居民消费水平、城镇居民消费水平、农村居民消费水平、城乡消费水平对比情况、全社会固定资产投资完成额、固定资产投资总额(不含农户)、固定资产投资总额(不含农户)_能源工业、社会消费品零售总额、建筑业企业增加值、常住人口数、常住人口自然增长率、电力消费总量(实物量)

4.2.6 考虑经济、政策因素的中长期用电量预测结果

为进一步验证 EPICS 模型的有效性,笔者将经济、政策数据输入 LSTM 用电量预测网络,并就江苏、河南、湖北三个省份的用电量展开对照实验。这三个省份处于中国中东部地区,经济发展水平存在一定的差异,其中江苏省的经济发展水平要远高于河南省,而湖北省则处于中间水平。这样选择能够有效观察 EPICS 模型是否具有地域普适性。

EPICS 模型包含混频经济数据、政策量化数据、用电量数据。LSTM1 使用混频经济数据和用电量数据,LSTM2 只使用混频经济数据,LSTM3 只使用月度经济数据,LSTM4 只使用用电量数据。笔者还设计了两种传统的负荷预测模型作为对照:门控循环单元(GRU)[21] 网络,其输入为用电量数据;BP 神经网络模型,该模型先对用电量分量进行预测,再加总得到用电量总量,模型输入是历史用电量数据。

为衡量模型训练结果,我们采用 MAPE 和均方根误差 RMSE 对负荷预测结果进行评价。MAPE 的计算公式见式(4-15),RMSE 的计算公式为:

$$\text{RMSE} = \sqrt{\frac{\sum_{i=1}^{n} (y_i - \hat{y}_i)^2}{n}} \qquad (4-32)$$

式中:n 表示样本的数量;y_i 表示第 i 个训练样本的实际值;$\hat{y}_i$ 表示第 i 个训练样本的预测值。

表 4-16 至表 4-18 为采用 EPICS 模型与对照模型对中国三个省份中长期用电量进行预测的结果对比。观察对照组 LSTM1~LSTM4 的预测结果可以发现,相较于只使用用电量数据作为 LSTM 网络输入的 LSTM4,只使用月度经济数据的 LSTM3 的预测误差明显更小,这表明月度经济数据对用电量预测

表 4-16　不同模型预测误差（江苏省）

模型		MAPE/(%)	RMSE
EPICS 模型		1.368	8.814
对照组	LSTM1	1.546	9.784
	LSTM2	2.147	12.8
	LSTM3	2.579	13.378
	LSTM4	3.002	16.723
	GRU 网络	3.470	19.171
	BP 神经网络	4.144	25.169

表 4-17　不同模型预测误差（河南省）

模型		MAPE/(%)	RMSE
EPICS 模型		0.985	4.516
对照组	LSTM1	1.249	4.770
	LSTM2	1.662	5.527
	LSTM3	2.390	7.727
	LSTM4	2.933	8.955
	GRU 网络	2.970	8.840
	BP 神经网络	3.416	11.415

表 4-18　不同模型预测误差（湖北省）

模型		MAPE/(%)	RMSE
EPICS 模型		1.683	3.193
对照组	LSTM1	1.786	2.973
	LSTM2	2.654	4.645
	LSTM3	2.858	4.517
	LSTM4	3.383	5.311
	GRU 网络	3.037	5.780
	BP 神经网络	3.722	6.342

具有明显的改善作用。LSTM2 加入了季度和年度混频数据作为输入，相对于只使用月度经济数据的 LSTM3 模型，MAPE 误差平均下降 18.12%，RMSE 平

均下降 9.99%，这表明季度和年度经济数据同样隐含了重要信息，混频经济数据建模有助于提高用电量预测精度。LSTM1 在混频经济数据的基础上加入用电量数据，相对于 LSTM2 预测精度有部分提升。但是与同时考虑混频经济数据和政策数据的 EPICS 模型相比，LSTM1 的预测精度还是略低，这验证了 EPICS 模型的有效性。

图 4-15 展示了 EPICS 模型及对照组模型在三个省份测试集上的预测值与真实值的对比。从图中可以看出，传统负荷预测模型（即 BP 神经网络模型和 GRU 网络模型）对用电量变化趋势的拟合效果不如其他模型，在某些时间点上误差甚至达到 40 亿千瓦时。所有基于 LSTM 的预测模型对用电量变化趋势的拟合效果都很接近，只是在特定的几个时间点，例如湖北省的 11 和 24 时间点

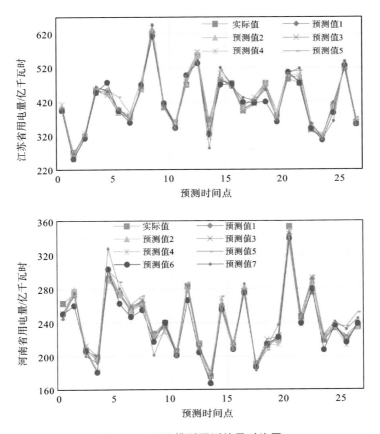

图 4-15　不同模型预测结果对比图

注：预测值 1～7 分别为 EPICS 模型及对照组 1～6 模型的预测结果。

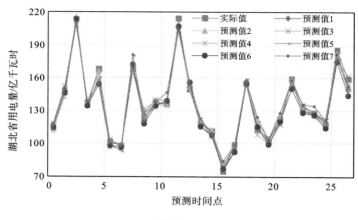

续图 4-15

上出现了较大偏差。在这些时间点上，笔者所提出的 EPICS 模型都保持了较高的预测准确率，这说明政策数据和混频经济数据对于提升中长期用电量预测系统的鲁棒性是有帮助的。

本章小结

在 4.1 节中，针对"黑天鹅"事件历史数据不足和此类事件需要快速响应的情况，笔者提出了"黑天鹅"事件下的小样本迁移学习框架——基于迁移学习的小样本电力负荷预测框架，并针对新冠疫情期间华中地区的月度负荷预测任务构建了基于 CNN 的迁移学习模型。由于"黑天鹅"事件的稀缺性，所构建的迁移学习模型基于经济-电力关系进行预测。实验结果表明，所构建的迁移学习模型可以有效提升华中地区在疫情期间的电力负荷预测精度，同时，所采用的迁移学习方法可以有效地从类似任务中提取公共知识，并将其迁移到对目标任务的训练过程中，从而提高模型对于目标任务处理的性能。通过统计学分析、鲁棒性分析、消融实验和泛化性分析，笔者验证了所提迁移学习方法的有效性。此外，除了实验中采用的新冠疫情期间华中地区的电力负荷预测这一目标任务之外，所提出的"黑天鹅"事件下的小样本迁移学习框架还可以为解决类似问题提供一种高效可行的解决方案，以便对此类小样本问题进行快速有效的响应。

此外，4.1 节提到的研究内容仍有可以进一步改进和优化的空间：

（1）由于影响电力负荷需求的因素众多，经济因素只是其中一个方面，气象因素、政策因素也会对中期电力负荷需求造成一定影响,因此后续需以更多方面的因素作为模型输入,量化其他因素对电力负荷的影响,通过引入更多相关信息提升负荷预测精度。

(2)当前模型对训练数据的敏感程度较高,受数据影响较大,而由于"黑天鹅"事件下的问题多为小样本问题,因此样本对模型将造成更大的影响。然而开源数据集中可能存在数据噪声,其对模型精度可造成一定影响,因此后续需通过数据错误值筛选等方式提升模型鲁棒性。

(3)当前模型输入众多,需要深度学习模型自行学习输入与输出之间的多维特征,但是不同经济因素与电力负荷之间的关联程度不同,后续需研究利用差异化特征权重、引入注意力机制等方式区分不同因素之间的差异性,使得模型能更有针对性地学习目标数据与具有强关联性的指标之间的映射关系,进一步提升模型的学习效果。

目前各国学者对能源需求进行预测时很少会同时考虑经济和政策因素的影响,这对于保障能源系统健康发展和满足各类用户的能源需求显然是不利的。在 4.2 节中,笔者提出了一种 EPICS 系统,并展示了该系统对于提升中长期用电量预测的能力。我们采集了中国 30 个省级行政区的经济和政策数据,用来预测某个地区在未来 27 个月内的月度用电量需求。我们对比了三个省的预测结果,用来观察 EPICS 是否具有地域普适性。所选取的三个省在地理位置上彼此接近,但是在经济状况上有很大差别,这就能体现出 EPICS 对不同频率的经济数据的处理能力。最终的结果表明传统的用电量预测方法对这三个省的用电量的预测精度均不如 EPICS 方法,这表明 EPICS 对经济和政策数据的处理是有效的,并且所采用的算法具有鲁棒性。

我们的研究强调了政策和经济因素在社会能源和电力消耗分析中的重要性,并考虑了宏观经济指标和电力政策对中长期用电量预测的影响。我们首次将人工智能技术应用于能源政策量化中,并对数据质量参差不齐的混频经济数据进行融合处理,实现了数据集成与增强,从而有效解决了一个地区中长期用电量历史数据少、难以建模的问题。该方法可为其他需融合不同频率数据的能源预测模型的构建提供参考。

目前大多数有关政策评价的研究都是以定性研究为主,很少有人研究政策量化。客观评价能源行业政策的实施效果,对于科学指导政策的制定具有重要意义。将复杂的政策文本量化为具体的影响力指数,是弱化政策评价主观性的一种重要方法,但是该方法的科学性和有效性一直受到人们的怀疑。笔者通过科学实验验证了该方法的有效性：利用 PMC 模型获得政策文本的影响力指数，然后将其应用于中长期用电量预测场景中观察该模型的预测效果。实验结果显示 PMC 指数对提升用电量预测精度有帮助，确实能够在一定程度上客观反映政策文本的影响力。

我们的研究还表明：丰富的混频经济数据信息，不仅有助于解决中长期用电量预测历史数据少的问题，还有助于提升预测精度。所提出的混频经济数据融合输入框架能够充分挖掘电力与经济之间的复杂关系，对预测复杂经济形势下的用电量发展趋势具有一定的参考价值。

未来的研究者可以利用更强大的摘要提取模型实现生成式文本摘要提取，挖掘更多政策要素，这样能提升摘要提取的全面性和政策量化的准确性。同时，引入更多的与经济、电力相关的政策因素，能够进一步提高模型对各类开源的社会经济政策数据的处理能力，降低模型的预测误差。

本章参考文献

［1］周飞燕，金林鹏，董军. 卷积神经网络研究综述［J］. 计算机学报，2017，40(6)：1229-1251.

［2］YOSINSKI J，CLUNE J，BENGIO Y，et al. How transferable are features in deep neural networks？［C］//GHAHRAMANI Z，WELLING M，CORTES C. NIPS'14：Proceedings of the 27th international conference on neural information processing systems. Cambridge：MIT Press，2014：3320-3328.

［3］MOHAMAD I B，USMAN D. Standardization and its effects on K-means clustering algorithm［J］. Research Journal of Applied Sciences，Engineering and Technology，2013，6(17)：3299-3303.

［4］王晋东，陈益强. 迁移学习导论［M］. 北京：电子工业出版社，2021.

［5］朱森，徐志军，王金明，等. 用于动态声纹密码认证系统的分类器和归一化的比较性研究［J］. 通信技术，2016，49(9)：1235-1238.

［6］闫国华，朱永生. 支持向量机回归的参数选择方法［J］. 计算机工程，2009，35(14)：218-220.

［7］夏丽. 基于 ARIMA 模型及回归分析的区域用电量预测方法研究［D］. 南京：南京理工大学，2013.

［8］韩敏，穆大芸. 基于贝叶斯回归的多核回声状态网络研究［J］. 控制与决

策，2010，25(4)：531-534，541.

[9] 龚越，罗小芹，王殿海，等. 基于梯度提升回归树的城市道路行程时间预测[J]. 浙江大学学报(工学版)，2018，52(3)：453-460.

[10] 田禹. 基于偏度和峰度的正态性检验[D]. 上海：上海交通大学，2012.

[11] WRIGHT D B，HERRINGTON J A. Problematic standard errors and confidence intervals for skewness and kurtosis[J]. Behavior Research Methods，2011，43(1)：8-17.

[12] KIM H-Y. Statistical notes for clinical researchers：assessing normal distribution (2) using skewness and kurtosis[J]. Restorative Dentistry & Endodontics，2013，38(1)：52-54.

[13] LIU K，SUBBARAYAN S，SHOULTS R R，et al. Comparison of very short-term load forecasting techniques[J]. IEEE Transactions on Power Systems，1996，11(2)：877-882.

[14] LI X L，LI B K，ZHAO L，et al. Forecasting the short-term electric load considering the influence of air pollution prevention and control policy via a hybrid model[J]. Sustainability，2019，11(10)：2983.

[15] LIU D，RUAN L，LIU J C，et al. Electricity consumption and economic growth nexus in Beijing：A causal analysis of quarterly sectoral data[J]. Renewable and Sustainable Energy Reviews，2018，82(3)：2498-2503.

[16] BOUKTIF S，FIAZ A，OUNI A，et al. Single and multi-sequence deep learning models for short and medium term electric load forecasting[J]. Energies，2019，12(1)：149.

[17] ESTRADA M A R. Policy modeling：Definition，classification and evaluation[J]. Journal of Policy Modeling，2011，33(4)：523-536.

[18] MANNING C D，SURDEANU M，BAUER J，et al. The Stanford CoreNLP natural language processing toolkit[C] //BONTCHEVA K，ZHU J B. Proceedings of 52nd annual meeting of the association for computational linguistics：System demonstrations. [S. l.]：The Association for Computational Linguistics，2014：55-60.

[19] KLEIN G，KIM Y，DENG Y T，et al. OpenNMT：Open-source toolkit for neural machine -translation[C] //BANSAL M，JI H. Proceedings of ACL，System Demonstrations. [S. l.]：The Association for Computa-

tional Linguistics，2017：67-72.

［20］LIN C Y. ROUGE：A package for automatic evaluation of summaries ［DB/OL］.［2022-12-05］. https：//aclanthology. org/W04-1013. pdf.

［21］SAJJAD M，KHAN Z A，ULLAH A，et al. A novel CNN-GRU-based hybrid approach for short-term residential load forecasting［J］. IEEE Access，2020，8：143759-143768.

第5章
基于可解释性方法的人机混合智能增强关键技术

当前机器智能模型的"黑盒"问题,是阻碍蓬勃发展的人工智能技术在高动态系统管控中落地应用的重要原因之一。笔者以电力系统调控人工智能的"透明化"为例,提出了一种基于可解释性方法的高动态系统调控机器智能的理解与表征方法。结合系统内部变量的连接关系图,构建了适用于图结构的机器智能模型多层级可解释机制,通过具象化机器智能决策机理来提高机器智能的可解释性。在此基础上,进一步构建基于新型倾斜决策树算法的 DRL 控制策略提取框架,将机器智能以深度神经网络呈现的复杂控制策略转换为具有可解释性的决策树形式策略。笔者所提出的可解释性关键技术通过具象化机器智能决策机理,可在一定程度上解决当前机器智能模型的"黑盒"问题,为人机知识共享协作过程构造人机互信前提。同时,精简的决策树可将机器智能内部知识转换为低维度的矩阵/向量,从而实现机器知识的显式表征,打造从机器智能到人类智能的知识融合通路。

随着我国"双碳"目标的提出和具体行动路径逐渐清晰,电力行业面临巨大的变革。电力系统容量和规模在逐步扩大,电力系统的开放性、不确定性和复杂性逐渐增强。新能源、主动式负荷、电力需求响应等技术应用逐渐广泛[1],分布式和综合能源比例不断扩大、源网荷协同互动程度不断加深,电力市场化发展在不断深入。与此同时,外部测量系统与通信技术的快速发展带来了海量多源数据的累积,使得电力系统发展成具有多源信息交互需求的典型高维时变非线性电力信息物理动态大系统[2],构建新型电力系统面临很多挑战。电力系统逐渐成为现代社会最重要、最庞大、最复杂的人工系统之一[3],电力系统的运行特性也变得越来越复杂,电力系统中的很多问题难以用精确的数学模型或者难以单纯用数学模型来描述。

电力系统调控是一项极为复杂的系统性工程[1],大量异构数据源的融合显著提高了系统的信息处理能力,同时进一步塑造了电力系统作为一个多维、动态、非线性的综合信息物理系统的特性[4]。国家电网调控系统构建了系统认知、运行控制和故障防御三大体系,有力地保障了调度控制各项工作的顺利开展。我国电网调控技术体系和管理机制日益完善,有效保障了大电网安全和清洁能源消纳,促进了我国经济社会的快速发展。但是,随着新能源行业的快速发展、特高压工程不断投产和电力市场化改革向纵深推进,电网调控面临新的挑战。电力系统在原理、机理上是可观、可知、可控的,但在实际大电网调控中又不尽然——电网调控系统在数据采集方面存在完整性与时效性的矛盾,影响了数据精度和信息的完整性,因此是不完全可观的。电力系统的时变性、强非线性、不确定性特征使得其在有效时间内不完全可知,即虽有规律可循,但却难以准确描述。状态量变化时间常数与轨迹控制要求、控制量时间常数、空间分布以及控制量之间的协调问题使得系统不完全可控。因此,时效性问题是大电网调控的核心问题,及时、有效、适应性强的调控是大电网调控的发展方向。

人工智能系统在提高决策的效率、规模、一致性、公平性和准确性方面具有潜力,因此其在电力系统当中的应用越来越广泛。人工智能技术作为新一轮产业变革的驱动力,是电力行业信息化发展的必然选择,也是能源电力转型发展的重要战略支撑[5]。人工智能技术应用于电网调控,能够大幅提高调度运行决策效率和电网智能化水平,通过建立安全操作决策辅助分析系统和自主知识学习机制,能够提升电网对异常情况和事故的响应速度和处理效率,减少人工调度的工作量,从而不仅能有效提升电力系统的工作效率,同时也能够保证电力系统运行过程的安全性。人工智能和大数据等先进的数字化技术将在电网调控中发挥重要的作用。

DRL 技术目前在电力系统调控的研究中得到了部分应用。文献[6]讨论了DRL 在电力系统能源管理、需求响应、电力市场、运行控制等领域的应用。文献[7]提出了一种基于区块链的人工智能支持的电动汽车集成系统。Francois-Lavet[8]将 DRL 方法用于优化微电网中存储设备的运行,其中考虑了未来用电量和光伏输出的不确定性。Zhang 等人[9]提出了基于 DRL 方法的电压不稳定减载方案。YAN 等人[10]提出了一种在连续作用域内基于 DRL 的多区域电力系统负荷频率控制数据驱动协同方法。LIU 等人[11]应用 DRL 技术来确定紧急情况下的发电机组跳闸决策。文献[12]提出采用机器学习方法来构建仿真电机驱动暂态。文献[13]讨论了人工智能技术在电力系统调度运行中的应用。

从现有的应用中我们可以看出,人工智能技术在电力系统调控领域仅限于作为辅助决策和边缘技术应用,对调控业务的支撑从范围、程度上来说还不够,急需结合业务需求、技术成熟度对人工智能技术开展系统性研究和应用[14]。在面对开放性问题时,人工智能系统存在缺乏安全性和可靠性、透明度不足以及监管问责等机制混乱的问题。尤其是对于关键决策过程,人工智能技术存在着不透明特性以及无法与人协同决策等问题,这使得人工智能技术无法在电力系统调控过程中真正发挥作用。如何令人工智能的决策具有高可信度以及如何实现人与人工智能之间的协同决策成为现阶段阻碍人工智能技术在电力系统调控领域发展的瓶颈问题[15]。

应用在电力系统调控中的机器学习模型,如基于监督学习的负荷预测模型和基于无监督学习的异常检测模型,大多数被视为用户的"黑盒"。DRL 模型以低可解释性(用"黑盒"表示)为代价,获得了很高的预测能力[16]。深度神经网络模型带来的多样化、先进性、复杂性使得其应用更不透明,人脑无法理解为什么某些决定能够达成,很难洞察其内部工作机制。然而,复杂系统的关键决策却往往需要可解释性,以保证决策的完备性和安全性。从本质上来说,在人工智能领域,机器学习的可解释性是指模型决策结果是以人类可理解的方式呈现的,它有助于人们理解复杂模型的内部工作机制以及决策过程[17]。即人工智能系统做出的决策以及做出决策的过程应该是可解释的。可解释性对于用户建立对人工智能系统的信任度是非常关键的。也就是说整个决策的过程、输入和输出的关系都应该是可信任的。

电网调控系统等一系列的人机混合系统需要满足所有复杂性、关联性、关键性需求,因此需要人类智能与机器智能能够互相理解和信任[18]。在整个复杂系统人机互信和人机协同决策过程中,人工智能的可解释技术是至关重要的。可解释性要求算法对特定任务给出清晰概括,并与人类世界中已定义的原则或原理相关联。在诸如自动驾驶、医疗和金融决策等高风险领域,利用深度学习算法进行重大决策时,往往需要知晓算法所给出结果的依据。因此,透明化深度学习模型的"黑盒"使其具有可解释性,这一点具有重要意义。最近 5 年来,机器学习模型人机互信的相关研究引起了学术界和企业界的高度关注,人们相继提出各类方法来解决机器学习模型"黑盒"问题,发表在各大顶级期刊和会议上关于可解释性的论文数量呈上升趋势。美国国防高级研究计划局在 2015 年制定了可解释的人工智能计划,其目的是构建一套全新、可解释的机器学习模型。该计划的四大原则草案由美国国家标准局于 2020 年 8 月公开,这四大原则分别是:解释原则、有意义原则、精确度原则、知识边界原则[17]。在我国,2019 年 7 月中央全面深化改革委员会第九次会议审议通过了《国家科技伦理委员会组建方案》,科技伦理建设工作全面启动,以确保人工智能安全、可靠、可控。

文献[19]提出在电力系统紧急调度中采用博弈论与梯度反向传播的方法构建一种基于特征影响力的可解释方法,通过特征的影响程度来判别机器学习的决策是否合理。文献[20]提出建立电力系统的异构信息网络,通过图注意力模型进行训练,设计一种可视化异构信息网络的关键部分来解释模型决策的可解释方法。文献[21]结合深度神经网络强大的非线性建模能力和决策树的可解释性来解释电力系统暂态稳定评估模型的决策过程。

5.1 SHAP 值法

5.1.1 DRL 中的 SHAP 值法

SHAP(Shapley additive explanation)值法最早由 Lundberg 等人提出。SHAP 值法是将 Shapley 值的解释表示为一种可加特征的归因方法,它将 Shapley 值同 LIME 模型(local interpretable model-agnostic explanations,与模型无关的局部可解释模型)联系起来。目前许多解释机器学习模型局部预测结果的方法都属于可加特征归因方法,比如 LIME 方法、DeepLIFT(deep learning important features,深度学习重要特征)方法、分层相关传播方法、Shapley 回归值方法、Shapley 采样值方法和定量输入影响方法,而 SHAP 值法则是统一了上面六种方法的解释预测框架。

一个简单模型(如线性回归模型)的最好解释是模型本身,它们容易理解。而像 DRL 模型这样复杂的模型则是不容易理解的,它们不能使用原始模型本身去解释,而必须采用一个简单的解释模型,可以将其定义为原始模型的任意解释逼近。SHAP 值法将模型的预测值解释为每个输入特征的归因值之和。

精确的 Shapley 值必须通过包括和不包括特征 x_i 的所有可能特征的集合来估计,当特征数较多时,可能的集合数量会随着特征的增加而呈指数级增长。因此,在实际的 DRL 模型当中,SHAP 值法一般采用梯度下降的近似方法计算输出值关于输入值的梯度,即输入梯度值可表示为状态特征对输出动作的影响:

$$\mathbf{\nabla}y = \left(\frac{\partial y}{\partial \boldsymbol{x}_1}, \frac{\partial y}{\partial \boldsymbol{x}_2}, \cdots, \frac{\partial y}{\partial \boldsymbol{x}_i}, \cdots, \frac{\partial y}{\partial \boldsymbol{x}_m}\right) \tag{5-1}$$

式中:y 为 DRL 模型的输出;m 为样本中特征的个数。计算第 j 个特征向量与整体样本的差值,表示为特征的变化:

$$\Delta \boldsymbol{x} = (\Delta \boldsymbol{x}_1, \Delta \boldsymbol{x}_2, \cdots, \Delta \boldsymbol{x}_i, \cdots, \Delta \boldsymbol{x}_m) \tag{5-2}$$

样本中各个特征值对输出动作的平均边际贡献值可以表示为：

$$\overline{\Delta y} = \frac{1}{n}\sum_{k=0}^{n}\left(\frac{\partial y}{\partial \boldsymbol{x}_1}\Delta \boldsymbol{x}_1, \frac{\partial y}{\partial \boldsymbol{x}_2}\Delta \boldsymbol{x}_2, \cdots, \frac{\partial y}{\partial \boldsymbol{x}_i}\Delta \boldsymbol{x}_i, \cdots, \frac{\partial y}{\partial \boldsymbol{x}_m}\Delta \boldsymbol{x}_m\right) \tag{5-3}$$

式中：n 为样本实例中特征向量的个数。针对 DRL 模型，主要采用深度解释器
（deep explainer）来进行模型解释，图 5-1 所示是 SHAP 值法中深度解释器的模
型框架。

5.1.2　Deep SHAP 方法

Deep SHAP 方法是将 SHAP 值法与 DeepLIFT 方法相结合的一种方法。
DeepLIFT 是一种基于反向传播的方法，其将重要信号从输出神经元通过各层
反向传播到输入神经元。DeepLIFT 方法根据与参考状态的差异来描述重要性
问题，用一些参考输入的差异来解释输出差异，输入差异可以表示为 $\Delta \boldsymbol{S}_t$，有

$$\Delta \boldsymbol{x}_i^k = \boldsymbol{x}_i - \boldsymbol{x}_i^{\text{baseline}} = \Delta \boldsymbol{S}_t = \begin{bmatrix}\Delta \boldsymbol{O}_{t-N_r+1} & \Delta \boldsymbol{O}_{t-N_r+2} & \cdots & \Delta \boldsymbol{O}_t\end{bmatrix}^{\text{T}}$$

$$= \begin{bmatrix}\Delta \boldsymbol{V}_{t-N_r+1} & \Delta \boldsymbol{V}_{t-N_r+2} & \cdots & \Delta \boldsymbol{V}_{t-N_r+l} & \cdots & \Delta \boldsymbol{V}_t & \Delta \boldsymbol{P}_{\text{load}}\end{bmatrix}^{\text{T}} \tag{5-4}$$

式中：$\Delta \boldsymbol{x}_i^k$ 是一个 $k \times 1$ 的向量，k 是样本的个数，$k = 1, 2, \cdots, K$；$\boldsymbol{x}_i^{\text{baseline}}$ 为参考
特征矩阵。模型的输出差异可以表示为：

$$\Delta \boldsymbol{A} = \sum_{i=1}^{k}C_{\Delta \boldsymbol{x}_i^k \Delta y} \quad (i = 1, 2, \cdots, k) \tag{5-5}$$

式中：y 为输出神经元的序号；$C_{\Delta \boldsymbol{x}_i^k \Delta y}$ 表示特征对输出神经元 y 的边际贡献。即
使在梯度为零的情况下，使用输出差异也能允许神经元传播重要信号。我们可
以采用梯度来表示状态对动作的影响：

$$\boldsymbol{\nabla} f(\boldsymbol{x}_i^k) = \frac{\partial \boldsymbol{A}}{\partial \boldsymbol{x}_i^k} = \frac{\sum_{i=1}^{k}C_{\Delta \boldsymbol{x}_i^k \Delta y}}{\Delta \boldsymbol{x}_i^k}$$

$$= \begin{bmatrix}\dfrac{\partial \boldsymbol{A}}{\partial \boldsymbol{V}_{t-N_r+1}} & \dfrac{\partial \boldsymbol{A}}{\partial \boldsymbol{V}_{t-N_r+2}} & \cdots & \dfrac{\partial \boldsymbol{A}}{\partial \boldsymbol{V}_{t-N_r+l}} & \cdots & \dfrac{\partial \boldsymbol{A}}{\partial \boldsymbol{V}_t} & \dfrac{\partial \boldsymbol{A}}{\partial \boldsymbol{P}_{\text{load}}}\end{bmatrix}^{\text{T}} \tag{5-6}$$

$$\boldsymbol{\nabla} f(\boldsymbol{x}_i^k) = \frac{\partial \boldsymbol{A}_k}{\partial \boldsymbol{x}_i^k} \tag{5-7}$$

特征对输出神经元 y 的边际贡献可以表示为：

$$\sum_{i=1}^{k}C_{\Delta \boldsymbol{x}_i^k \Delta y} = \sum_{i=1}^{k}\boldsymbol{\nabla} f(\boldsymbol{x}_i^k) \times \Delta \boldsymbol{x}_i^k = \sum_{i=1}^{k}\left[(\boldsymbol{x}_i^k - \boldsymbol{x}_i^{\text{baseline}}) \times \frac{\partial \boldsymbol{A}}{\partial \boldsymbol{x}_i^k}\right] \quad (i = 1, 2, \cdots, k)$$

$$\tag{5-8}$$

平均边际贡献可以表示为：

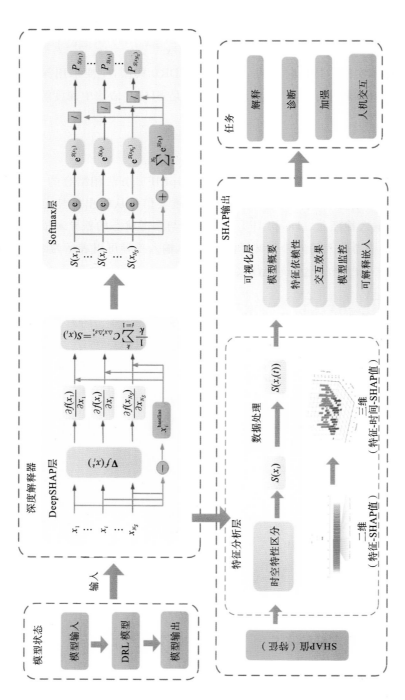

图 5-1 深度解释器

$$\overline{\Delta \boldsymbol{A}} = \frac{1}{k} \sum_{i=1}^{k} C_{\Delta x_i^k \Delta y} = \frac{1}{k} \sum_{i=1}^{k} \left[(\boldsymbol{x}_i^k - \boldsymbol{x}_i^{\text{baseline}}) \times \frac{\partial \boldsymbol{A}}{\partial \boldsymbol{x}_i^k} \right] \qquad (5\text{-}9)$$

对于每个输出神经元,需要处理正面和负面的贡献。$\Delta \boldsymbol{A}$ 的正、负部分可以分别定义为:

$$\Delta \boldsymbol{A}^+ = \frac{1}{2} (f(\boldsymbol{x}_i^{\text{baseline}} + \Delta \boldsymbol{x}_i^+) - f(\boldsymbol{x}_i^{\text{baseline}}))$$

$$+ \frac{1}{2} (f(\boldsymbol{x}_i^{\text{baseline}} + \Delta \boldsymbol{x}_i^- + \Delta \boldsymbol{x}_i^+) - f(\boldsymbol{x}_i^{\text{baseline}} + \Delta \boldsymbol{x}_i^-)) \qquad (5\text{-}10)$$

$$\Delta \boldsymbol{A}^- = \frac{1}{2} (f(\boldsymbol{x}_i^{\text{baseline}} + \Delta \boldsymbol{x}_i^-) - f(\boldsymbol{x}_i^{\text{baseline}}))$$

$$+ \frac{1}{2} (f(\boldsymbol{x}_i^{\text{baseline}} + \Delta \boldsymbol{x}_i^+ + \Delta \boldsymbol{x}_i^-) - f(\boldsymbol{x}_i^{\text{baseline}} + \Delta \boldsymbol{x}_i^+)) \qquad (5\text{-}11)$$

在未添加任何条件时和在添加了 $\Delta \boldsymbol{x}_i^-$ 之后将 $\Delta \boldsymbol{A}^+$ 设置为 $\Delta \boldsymbol{x}_i^+$ 的平均影响,在未添加任何条件时和在添加了 $\Delta \boldsymbol{x}_i^+$ 之后将 $\Delta \boldsymbol{A}^-$ 设置为 $\Delta \boldsymbol{x}_i^-$ 的平均影响。

在概率论和相关领域中,Softmax 函数被称为归一化指数函数,它是逻辑函数的一种推广。它能将一个含任意实数的 K 维向量通过 e^{x_i} 映射到 $(0, +\infty)$ 范围内的 K 维实向量中,然后再进行归一化处理,使得每一个元素的范围都在 $[0, 1]$ 内,并且所有元素的和为 1。相较于 $(-\infty, +\infty)$ 范围内的实数,概率天然具有更好的可解释性。Softmax 函数可表示为

$$P_{S(x_i)} = \mathrm{Softmax}(S(\boldsymbol{x}_i)) = \frac{\mathrm{e}^{S(x_i)}}{\sum_{k=1}^{K} \mathrm{e}^{S(x_k)}} \quad (i = 1, 2, \cdots, K) \qquad (5\text{-}12)$$

$$\boldsymbol{x} = \begin{bmatrix} x_1 & x_2 & \cdots & x_i & \cdots & x_k \end{bmatrix}^{\mathrm{T}} \qquad (5\text{-}13)$$

式中:$\boldsymbol{x}$ 是模型输入特征的向量集;$S(x_i)$ 为第 i 个特征值的 SHAP 值。通过 Softmax 函数就可以将多分类的输出值转换为范围在 $[0, 1]$ 内且和为 1 的概率分布。

5.1.3　实验平台

电力系统应急控制是保障电网安全和电网在发生严重故障时或在极端天气条件下能迅速稳定并恢复正常运行的最后一道安全措施。现有的应急控制方案通常是根据设想的"最坏"情况或一些典型的运行情况离线设计的。随着现代电网不确定性的不断增强,这些方案面临着显著的自适应性和鲁棒性问题。为了解决这些问题,利用 DRL 模型实现对复杂电力系统的高维特

征提取和非线性泛化,笔者提出了一种基于 DRL 的自适应紧急控制方案。

尽管 SHAP 值法在机器学习模型当中已经得到了应用,但缺乏可解释性始终是 DRL 模型的致命弱点。很少有文章涉及 DRL 的可解释模型。目前,DRL 模型在各种任务中均表现出了优异的性能,值得注意的是,DRL 模型以"黑盒"表示,以低可解释性为代价,获得了很高的分辨能力。DRL 模型的可解释性可以帮助人们突破 DRL 技术的几个瓶颈,例如,从一些注释中学习、在语义层通过人机通信进行学习。

笔者应用 SHAP 值法来实现 DRL 模型的可解释性,为了验证 SHAP 值法对于提升 DRL 模型的可解释性的作用,以一种基于 DRL 的电力系统自适应紧急控制方案作为研究背景,基于开源电力系统软件平台——RLGC 平台设计了一个电网控制强化学习平台,用于辅助电力系统控制 DRL 方法的开发和基准测试。通过一系列可视化方法以及 SHAP 值的概率表示,笔者所制定的电力系统自适应紧急控制方案中的降压减载模块获得了直观易懂的解释。

为了验证可解释人工智能技术在 DRL 模型当中的应用效果,笔者依托 RLGC 平台,实现了 SHAP 值法在电力系统紧急控制当中的应用。笔者使用的 RLGC 平台由 Google 团队和美国太平洋西北国家实验室(Pacific Northwest National Laboratory,PNNL)合力建设,权威性高,专业性强,具有良好的可拓展性和灵活性,旨在为电网控制中的强化学习研究提供一个近似于 ImageNet 的开源基准。图 5-2 所示为 RLGC 平台上的可解释框架。

故障引起的延迟电压恢复(fault-induced delayed voltage recovery,FIDVR)是指在故障被清除后,系统电压在几秒内显著降低并保持在这一较低水平上的现象。引起 FIDVR 现象的根本原因是家用空调电动机失速和长时间跳闸。随着住宅空调系统的普及率的不断提高,人们对 FIDVR 问题的担忧也随之增加,因此定义了暂态电压恢复准则来评估系统电压恢复。故障排除后,电压应在 0.33 s、0.5 s 和 1.5 s 内分别至少恢复到 0.8p.u、0.9p.u 和 0.95p.u(p.u. 即 per unit,是电力系统中所采用的无量纲的标准单位)。

5.1.4 实验算例

笔者将所使用的电网控制强化学习平台和 DRL 方法用于开发针对 FIDVR 的协调低压减载(under-voltage load shedding,UVLS)方案,并在修改后的 IEEE 39 节点系统上进行了测试,其中降压变压器被添加到 4 号、7 号和 18 号母线上。将原始负荷转移到变压器的低压侧,并按 50% 单相空调电动机和 50% 恒定阻抗负荷组合建模。笔者使用 OpenAI 公司提出的 DQN 算法作为基

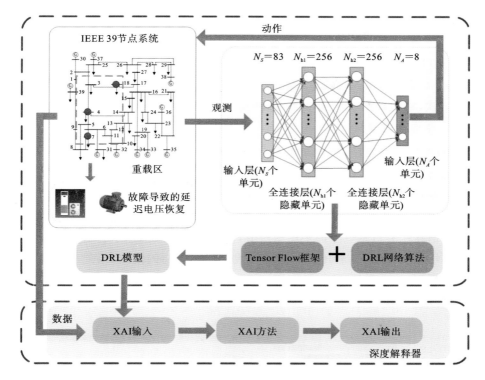

图 5-2　RLGC 平台上的可解释框架

注：XAI—可解释性人工智能。

线算法，来开发一个闭环控制策略，以自动调整 4 号、7 号和 18 号母线的负荷，防止由故障引起的 FIDVR 现象，并确保发生故障后电压能快速恢复到安全水平。

观测值包括 4 号、7 号、8 号和 18 号母线以及与其相连的降压变压器低压侧的电压幅值，最后 10 个最近的观测状态被叠加，4 号、7 号和 18 号母线的负载率用作 DQN 的输入，输入层中的节点数为 83 个。4 号、7 号和 18 号母线在每个动作时间步的控制动作为 0（无减载）或 1（减载为母线初始总负荷的 20%）。因此，每个动作步骤的潜在离散控制动作的组合总数为 8，即输出层的节点数为 8。其他重要的超参数如下：训练中的交互总步数为 1200000，隐藏层节点数 $N_{h1} = N_{h2} = 256$。

在训练过程中，每个回合从系统的稳定状态开始进行动态仿真。在仿真过程中的第 1.0 s，在 4 号、15 号或 21 号母线处随机施加短路故障，随机选择故障持续时间为 0.0 s（无故障）、0.05 s 或 0.08 s（故障自清）。这种故障位置和持续时间的随机选择可以保证训练智能体在有和无 FIDVR 条件下都能与系统交互。

随机挑选 1000 个作为可解释模型 deep explainer 的输入样本。其中输出动作 000（不做削减负荷操作）945 次，输出动作 001（将 4 号母线的负荷削减 20%）6 次，输出动作 010（将 7 号母线的负荷削减 20%）49 次。

1. 全局的可解释性

SHAP 值法可以实现整体模型的全局解释，模型中所有输入特征和输出动作都可以计算和呈现，以确定对于输出动作具有最大权重的输入特征。如图 5-3 所示，针对整个样本将所有输入特征进行排序，展示出前 20 个最重要的特征。图 5-3 中的每一行代表了一个输入特征，横坐标显示的是该特征的 SHAP 值在所有数据点上的平均绝对值，这种表示方式揭示了各特征对模型输出的平均影响程度。8 种不同的颜色代表了 8 种不同的输出，因此从图中可以清晰地看到对于不同的输出类型特征重要性的排序。图 5-3 中各符号的含义见表 5-1。

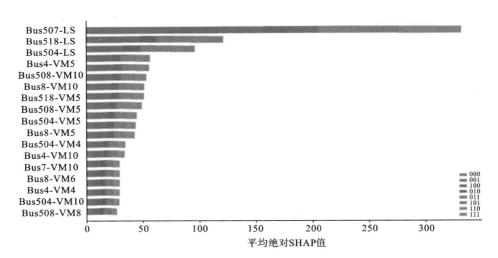

图 5-3　基于 SHAP 的解释模型总体概略图

表 5-1　图 5-3 中各符号的含义

符号	含义
Bus$i$-VMj	在 j 时刻观测到的 i 号母线的高压侧电压幅值
Bus5i-VMj	在 j 时刻观测到的 i 号母线的低压侧电压幅值

符号	含义
Bus5i-LS	观测到的 i 号母线负载率
000	没有负荷削减
001	将 4 号母线上的负荷削减 20％
010	将 7 号母线上的负荷削减 20％
011	将 4 号和 7 号母线上的负荷削减 20％
100	将 18 号母线上的负荷削减 20％
101	将 4 号和 18 号母线上的负荷削减 20％
110	将 7 号和 18 号母线上的负荷削减 20％
111	将 4 号、7 号和 18 号母线上的负荷削减 20％

2. 局部的可解释性

SHAP 值法能够提供针对单个样本的解释,这种局部解释揭示了对于特定输入,模型做出特定决策的具体原因。表 5-2 给出了 6 个案例,列出了 6 种不同的样本对应的累积奖励值,输出动作的类型由累积奖励值的最大值决定。以案例 3 为例,最大的累积奖励值是动作 001 的,为 -29.20,这意味着对于案例 3,模型的输出动作为 001,也就是将 7 号母线上的负荷削减 20％。同样,可以解释不同样本下输出行为的预测结果,并可以利用 SHAP 值法详细讨论和分析不同输出动作的局部可解释性。

表 5-2   不同输出动作下的累积奖励值

输出类型	动作 000	动作 001	动作 010	动作 011	动作 100	动作 101	动作 110	动作 111
案例 1	-81.14	-108.52	-101.08	-157.08	-216.61	-243.12	-270.71	-301.19
案例 2	-107.51	-130.88	-118.91	-159.61	-224.06	-245.35	-273.32	-296.06
案例 3	-33.92	-29.20	-45.47	-110.76	-178.91	-204.81	-239.26	-270.85
案例 4	-109.92	-83.61	-96.35	-154.36	-227.02	-248.26	-281.67	-308.44
案例 5	-151.39	-133.03	-116.09	-175.39	-255.58	-271.55	-298.58	-318.38
案例 6	-235.86	-231.72	-202.40	-240.26	-320.42	-333.58	-353.38	-366.24

图 5-4(a)所示是所有输出动作 000 的样本,即对系统不做任何负荷削减操作的样本集。针对该输出可以得出结论:电压幅值的分布都比较均匀,没有太

过明显地促进或者抑制输出作用。实际上电压的幅值都稳定在 0.95～1.1 的范围内。而负荷状态则较为分散,P7 和 P18 负载率越低越能促进输出,Bus4 负荷较高时对输出有正面影响。

图 5-4(b)所示是所有输出动作 001 的样本,即对系统做出将 4 号母线上的负荷削减 20% 的操作。从图中可以看出:4 号、7 号和 8 号母线高压侧电压集中在值更低的区域,且对输出有正面影响。7 号、8 号和 18 号母线低压侧电压集中在值更低的区域,且对输出有负面影响。7 号和 4 号母线上的负荷对系统输出有正面影响。

图 5-4(c)所示是所有输出动作 010 的样本,即对系统做出将 7 号母线上的负荷削减 20% 的操作。从图中可以看出:4 号、8 号母线高压侧电压集中在值更高的区域,且对输出有正面影响。8 号和 18 号母线低压侧电压集中在值更高的

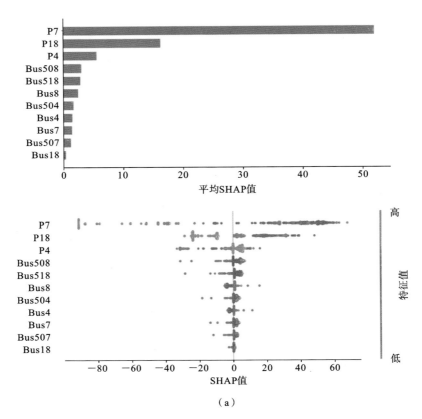

（a）

图 5-4　不同输出动作下的特征重要性分布图

注:红色表示高值;蓝色表示低值。

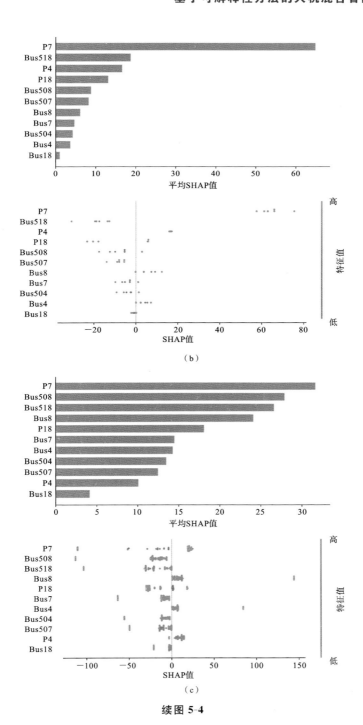

（b）

（c）

续图 5-4

区域,且对输出有负面影响。7 号母线负荷普遍较低,18 号母线负荷基本较高,且对输出有正面影响。

图 5-5 所示为采用单个样本且输出动作 000,即不做负荷削减动作时的特征影响力。图中的 base value 为对于所有样本模型输出动作 000 的平均累积奖励值,output value 为对于当前样本模型输出动作 000 的累积奖励值。图中红色部分的数据对系统输出动作 000 有正面影响,而蓝色部分对系统输出动作 000 有负面影响。图 5-5 所示样本中比较有利于当前输出的是 18 号母线上低压侧电压幅值的观测值,这些数据增大了 output value,同时 Bus507-LS＝1.0 不利于当前预测结果,output value 减小。

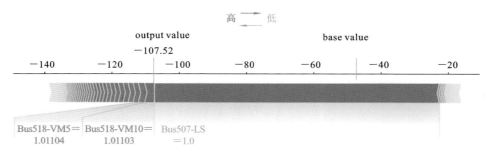

图 5-5　无负荷削减动作时的特征影响力

图 5-6 所示为采用单个样本且输出动作 001,即将 4 号母线上的负荷削减 20％时的特征影响力。图中的 base value 为对于所有样本模型输出动作 001 的平均累积奖励值,output value 为对于当前样本模型输出动作 001 的累积奖励值。样本中 Bus504-LS＝1.0,Bus507-LS＝0.0,使得 output value 的值增加,说明 4 号母线上的负荷比较高,而 7 号母线上的负荷已无法削减,从而驱使模型选择执行负荷削减动作 001。而 Bus518-LS＝1.0 ,Bus518-VM8＝0.90691,使

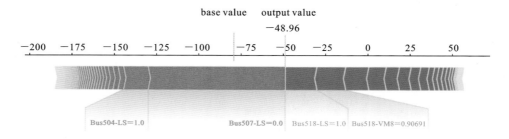

图 5-6　4 号母线上的负荷削减 20％时的特征影响力

得 output value 的值减小,说明 18 号母线低压侧电压幅值虽然没有达到 0.95,但是并没有很低,有可能在一定时间内得到恢复,且负载率为 1.0,不利于执行动作 001。

图 5-7 所示为采用单个样本且输出动作 010,即将 7 号母线上的负荷削减 20%时的特征影响力。图中的 base value 为对于所有样本模型输出动作 010 的平均累积奖励值,output value 为对于当前样本模型输出动作 010 的累积奖励值。样本中 Bus504-LS=1.0,Bus507-LS=0.0,使得 output value 的值增加。这说明 4 号和 7 号母线上的负荷均有余量,而且 4 号母线上的实际负荷总量要比 7 号母线上的实际负荷总量大得多,由于这两个特征,模型选择执行动作 010。而 Bus518-LS=1.0 ,并不利于当前的输出,Bus518-VM8=0.92414,说明 18 号母线低压侧电压幅值虽然没有达到 0.95,但是并没有很低,有可能在一定时间内得到恢复,所以不利于输出动作 010。

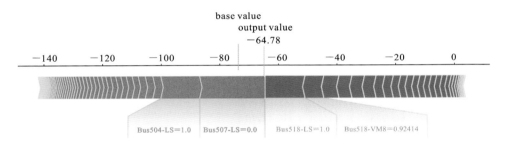

图 5-7　7 号母线上的负荷削减 20%时的特征影响力

可以通过单一的输出或者是在单个样本实例中选择的特征来做局部的解释。

针对输出动作 000、001 和 010 各举两个例子,从所有的 83 个特征中选出影响力最大的前 6 个特征,如表 5-3 所示。排名前 6 的特征分别为 7 号母线的负荷、18 号母线的负荷、4 号母线的负荷、8 号母线低压侧电压幅值在第 10 次的观测值、18 号母线低压侧电压幅值在第 10 次的观测值,以及 8 号母线高压侧电压幅值在第 10 次的观测值。对于每一个特征,相对应的 SHAP 值和概率值如表 5-3 所示。

3. 基于概率的可解释性

但是仅仅展示 SHAP 值还是不够直观,并不利于理解,因此在这里将 SHAP 值转换成概率的形式,概率的概念要比单纯的 SHAP 值容易理解得多。以动作 010 下的案例 5 为例来进行分析,7 号母线上负荷的归一化值为 0.4,相

表 5-3　相关特征的 SHAP 值和概率值

动作种类		Bus507-LS		Bus518-LS		Bus504-LS	
		SHAP	概率	SHAP	概率	SHAP	概率
000	案例 1	−42.425 (0.8)	−53.2%	−22.932 (1.0)	−28.8%	4.351 (0.8)	11.2%
	案例 2	−33.02 (0.0)	−30.2%	17.265 (0.4)	15.8%	−3.856 (0.8)	−6.6%
001	案例 3	56.589 (0.2)	30.1%	−20.883 (1.0)	−10.6%	17.558 (1.0)	9.35%
	案例 4	62.907 (0.2)	21.4%	5.113 (0.8)	1.88%	17.896 (1.0)	6.58%
010	案例 5	19.786 (0.4)	6.57%	1.042 (0.8)	0.36%	13.697 (1.0)	4.25%
	案例 6	−54.138 (0.8)	−16.9%	−20.299 (1.0)	−6.3%	5.985 (1.0)	3.2%
动作种类		Bus508-VM10		Bus518-VM10		Bus8-VM10	
		SHAP	概率	SHAP	概率	SHAP	概率
000	案例 1	2.132 (0.986)	5.47%	1.919 (1.014)	4.92%	−0.465 (0.996)	−0.58%
	案例 2	3.819 (1.036)	3.49%	2.635 (1.014)	2.41%	−3.059 (1.045)	−5.21%
001	案例 3	−5.593 (0.938)	−2.84%	−18.871 (0.903)	−9.58%	4.335 (0.958)	2.31%
	案例 4	−9.775 (0.896)	−4.38%	−17.390 (0.883)	−7.65%	7.410 (0.921)	2.88%
010	案例 5	−15.658 (0.867)	−5.44%	−20.746 (0.884)	−6.28%	8.871 (0.912)	3.54%
	案例 6	−21.262 (0.824)	−6.6%	−5.315 (0.973)	−1.7%	7.136 (0.921)	3.8%

注：括号内为母线上负荷的归一化值。

对应的 SHAP 值为 19.786，概率为 6.57%。这意味着，在案例 5 中，如果 7 号母线的负荷对动作 010 有正面影响，则动作 010 的输出概率会增加 6.57%。类似地，18 号母线负荷的归一化值为 0.8，可使动作 010 的输出概率增加 0.36%。

5.2 基于加权倾斜决策树的电力系统 DRL 控制策略提取

5.2.1 引言

在世界各地发生的一些大停电事件[22-23]警示着我们必须尽快构建一个更加可靠、安全的电力系统[24]。但是,当前的电力系统保护与控制机制都是在离线情况下基于一些典型场景设计的,并不能适应电力系统的未知变化[25]。与此同时,随着人工智能技术在自然语言处理[26]、计算机视觉[27]、自动驾驶[28]等领域的发展,电力系统中的某些技术,例如负荷预测和新能源预测[29]、输电线路覆冰厚度辨识[30]、电动汽车快速充电引导[31]等技术也取得了进展。

近年来,DRL 方法在自动驾驶、电子游戏等领域的应用,证明了它在解决序列决策问题(包括电力系统控制问题[31])方面的优势。Duan 等人[25]采用 DRL 方法以解决电力系统自动电压控制问题。赵晋泉等人[13]基于多智能体 Nash-Q 强化学习完成了综合能源市场交易优化决策。袁红霞等人[32]将电力市场中联合投标和定价问题建模为马尔可夫决策过程,并利用 DRL 求解最优定价。在其他领域,包括预防控制[33]、紧急控制[34]、恢复控制[35]领域,DRL 的应用都取得了成功。

但是人工智能算法自身的黑盒性、难以交互性[36,37]限制了其在实际场景中的应用。因此,国内外学者尝试在现有人工智能模型基础上建立一个更轻量级、具有可解释性的模型[38]。决策树模型因其自身模型结构特点,具备一定的可解释性,因此被众多学者用于人工智能模型的可解释性研究。Yousefian 和 Wu 等人[37,39]使用软决策树算法[40]去提取 DRL 策略。Dahlin 等人[41]结合模型压缩和模仿学习的思想,提出了一个用于提取 DRL 策略的模型。Hinton 等人[42]也提出级联决策树算法,以提取 DRL 策略。但是,这些方法、模型及策略的可行性都仅仅在一些简单的游戏场景下得到了验证,在电力系统控制领域中的相关研究还未开展。

基于以上背景,笔者提出了一个基于加权倾斜决策树(weighted oblique decision tree,WODT)的电力系统 DRL 控制策略提取框架。首先,基于 RLGC 开源平台完成 DRL 智能体的训练,并且生成数据。然后,基于 WODT 进行控制策略的提取,将复杂的 DRL 策略转换为可理解的、轻量的 WODT 形式的策略。最后,在一个低压减载场景下测试了所提出的框架的有效性与先进性。

5.2.2　电力系统 DRL 控制策略提取框架

电力系统 DRL 控制策略提取框架的主要作用是将复杂的 DRL 策略提取到可理解的、轻量的 WODT 形式的策略中。如图 5-8 所示，该框架的整个工作内容可以分为三部分：① 智能体训练与数据生成；② 策略提取；③ 策略评估。

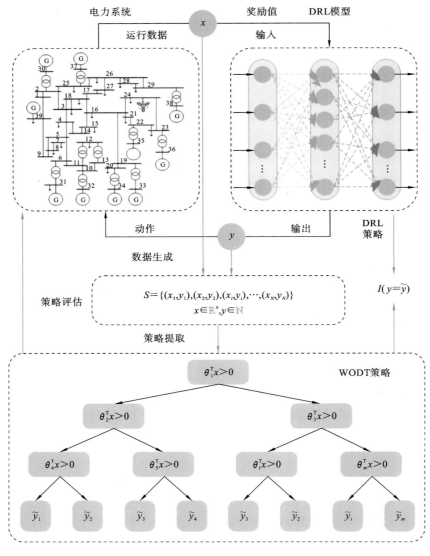

图 5-8　电力系统 DRL 提取框架

1. 智能体训练与数据生成

电力系统控制问题是一个高维、非线性的最优决策问题,通常可被描述为[43,44]:

$$\min f(\boldsymbol{u}, \boldsymbol{v}, \boldsymbol{a}) \tag{5-14}$$

$$\text{s. t. } \dot{u}_t = f(u_t, v_t, a_t) \tag{5-15a}$$

$$\phi(\boldsymbol{v}, \boldsymbol{a}) = 0 \tag{5-15b}$$

$$\psi(\boldsymbol{u}, \boldsymbol{v}, \boldsymbol{a}) = 0 \tag{5-15c}$$

$$\varphi(\boldsymbol{u}, \boldsymbol{v}, \boldsymbol{a}) \leqslant 0 \tag{5-15d}$$

式中:$\boldsymbol{u}$ 是由电力系统动态变量组成的向量,比如发电机转速;$\boldsymbol{v}$ 是由电力系统网络变量组成的向量,比如节点电压;$\boldsymbol{a}$ 是由电力系统控制变量组成的向量,比如发电机出力。式(5-15)是目标函数,通常由电网损失、发电机损失等构成。式(5-16a)是电力系统动态模型;式(5-16b)是电力系统潮流方程;式(5-16c)和式(5-16d)是其他约束条件,可在具体控制任务中设定。

上述问题可建模为一个马尔可夫决策过程,并通过 DRL 来解决[17]。

基于电网控制强化学习平台完成智能体的训练后,该智能体将被应用于设定的未知场景以测试其实际控制性能。在此过程中,记录 DRL 模型每一步的输入数据 x、输出数据 y,并将其合在一起记作(x, y),(x, y) 称为状态-动作对。各状态-动作对相互之间可视为独立同分布的[20]。因此,构建数据集如下:

$$S = \{(x_1, y_1), (x_2, y_2), (x_i, y_i), \cdots, (x_N, y_N)\} \tag{5-16}$$

式中:$x \in \mathbf{R}^n, y \in \mathbf{N}$。

2. 策略提取

数据集 S 通过 DRL 决策过程采样而获得,每个状态-动作对(x, y)代表当 DRL 智能体观测到电网状态时,会做出其认为最优的决策,DRL 策略可以表示为:

$$f(x) \rightarrow y, \quad x \in \mathbf{R}^n, \quad y \in \mathbf{N} \tag{5-17}$$

因此,可以很自然地将式(5-18)建模为监督学习中的分类任务。在 DRL 中,映射 $f(x) \rightarrow y$ 是基于深度神经网络(deep neural network,DNN)实施的。我们的目的便是将复杂的 DNN 策略提取为一个 WODT 策略。

3. 策略评估

DRL 策略提取面临的一个难题是如何在给定多位评估目标的情况下选择一个最优的模型。为此,我们提出三个评估指标:策略保真度、策略实际控制性能、模型复杂度。

1)策略保真度

策略保真度表示不同决策树模型和 DRL 智能体之间决策匹配的百分比。

策略保真度的大小决定了给定同一个输入时,WODT 模型与 DRL 模型是否会输出同一个动作[20,28]。策略保真度的计算公式为:

$$F_p = \frac{\sum\limits_{i=1}^{N} I(y = \tilde{y})}{N} \times 100\%$$ (5-18)

式中:$I(y=\tilde{y})$ 为指示函数,两个模型的输出相同时,返回 1,否则返回 0;y 与 $\tilde{y}$ 分别是在给定相同输入 x 的条件下 DRL 模型与 WODT 模型的输出;N 是样本总量。

2)策略实际控制性能

策略实际控制性能是指将 WODT 策略应用于实际控制场景时[37,40,45],该策略在每一个回合下取得的平均累积奖励的大小。

将 DRL 策略应用于实际控制场景中时,其在每一个回合下取得的平均累积奖励记为 r_e,相应地,将 WODT 策略在相应场景下取得的平均累积奖励记为 r_e'。因此,$R_e = r_e' - r_e > 0$ 代表 WODT 策略控制性能优于 DRL 策略,反之亦然。

3)模型复杂度

策略保真度与策略实际控制性能是与策略评估最相关的两个指标。除此之外,我们还定义了另外一个指标,称为模型复杂度,由模型参数量或模型深度来衡量。从模型可解释性及交互性来看,我们需要寻找一个模型复杂度尽可能小的 WODT 策略。

5.2.3　WODT 算法

WODT 算法由 Ding 等人[46]基于加权信息熵提出。在每一个内部节点,定义该算法的训练集为 $(x_i, y_i) \in S, i = 1, 2, \cdots, M, M \leqslant N$。WODT 算法首先基于逻辑回归模型将训练集 S 分为两个子集。具体地,在当前节点下,WODT 算法计算第 i 个样本属于左子集与右子集的概率,有:

$$\begin{cases} p_i^{\mathrm{L}} = \sigma(-\boldsymbol{\theta}^{\mathrm{T}} x_i) = \dfrac{1}{1 + e^{\boldsymbol{\theta}^{\mathrm{T}} x_i}} \\ p_i^{\mathrm{R}} = 1 - \sigma(-\boldsymbol{\theta}^{\mathrm{T}} x_i) = \dfrac{1}{1 + e^{-\boldsymbol{\theta}^{\mathrm{T}} x_i}} \end{cases}$$ (5-19)

式中:$\boldsymbol{\theta}$ 是模型参数,需要在模型训练过程中不断更新。当 $p_i^{\mathrm{L}} \geqslant 0.5$ 时,第 i 个样本属于左子集;当 $p_i^{\mathrm{R}} > 0.5$ 时,第 i 个样本属于右子集。

然后,定义各样本权重:

$$\begin{cases} w_i^{\mathrm{L}} = p_i^{\mathrm{L}} \\ w_i^{\mathrm{R}} = p_i^{\mathrm{R}} \end{cases} \tag{5-20}$$

因此，WODT 算法定义了两个与样本权重相关联的数据集 S_{L}、S_{R}：

$$\begin{cases} S_{\mathrm{L}} = \{(x_i, y_i, w_i^{\mathrm{L}}) \mid (x_i, y_i) \in S\} \\ S_{\mathrm{R}} = \{(x_i, y_i, w_i^{\mathrm{R}}) \mid (x_i, y_i) \in S\} \end{cases} \tag{5-21}$$

最后，WODT 算法基于加权信息熵定义了各节点上的目标函数：

$$L(\boldsymbol{\theta}) = W_{\mathrm{L}} H_{\mathrm{L}} + W_{\mathrm{R}} H_{\mathrm{R}} \tag{5-22}$$

式中：

$$W_{\mathrm{L}} = \sum_{(x_i, y_i, w_i^{\mathrm{L}}) \in S_{\mathrm{L}}} w_i^{\mathrm{L}} \tag{5-23a}$$

$$W_{\mathrm{R}} = \sum_{(x_i, y_i, w_i^{\mathrm{R}}) \in S_{\mathrm{R}}} w_i^{\mathrm{R}} \tag{5-23b}$$

$$H_{\mathrm{L}} = -\sum_{k=1}^{K} \frac{W_{\mathrm{L}}^k}{W_{\mathrm{L}}} \mathrm{lb} \frac{W_{\mathrm{L}}^k}{W_{\mathrm{L}}} \tag{5-23c}$$

$$H_{\mathrm{R}} = -\sum_{k=1}^{K} \frac{W_{\mathrm{R}}^k}{W_{\mathrm{R}}} \mathrm{lb} \frac{W_{\mathrm{R}}^k}{W_{\mathrm{R}}} \tag{5-23d}$$

K 是数据集中样本类别的总数，k 表示数据集中第 k 个类别下的样本，且有

$$W_{\mathrm{L}}^k = \sum_{(x_i, y_i, w_i^{\mathrm{L}}) \in S_{\mathrm{L}}} I(y_i = k) w_i^{\mathrm{L}}$$

$$W_{\mathrm{R}}^k = \sum_{(x_i, y_i, w_i^{\mathrm{R}}) \in S_{\mathrm{R}}} I(y_i = k) w_i^{\mathrm{R}}$$

WODT 算法使用 BFGS（Broyden-Fletcher-Goldfarb-Shanno）或改进的 BFGS——L-BFGS(有限内存 BFGS)算法求解目标函数，并得到最优参数 $\boldsymbol{\theta}_{\mathrm{best}}$。WODT 算法流程如下。

算法 5-1　WODT 算法流程

输入：	训练集 S，树最大深度 D，当前节点深度 d
1.	基于训练集 S 创建一个节点 G
2.	**If** $d > D$, **then**
3.	节点 G 是一个叶节点，其标签为 S 中样本类别占比最大的类别 k
4.	**Elif** S 中所有样本属于同一类别 k, **then**
5.	节点 G 是一个叶节点，其标签为 k
6.	**Else**
7.	随机初始化参数 $\boldsymbol{\theta}_0$

8.	基于 L-BFGS 算法求解模型最优参数 $\boldsymbol{\theta}_{\text{best}}$
9.	基于最优参数 $\boldsymbol{\theta}_{\text{best}}$ 得到左、右子节点的训练集 S'_{L}、S'_{R}
10.	**If** len (S'_{L}) or len $(S'_{\text{R}}) ==0$, **then**
11.	节点 G 是叶节点,其标签为 S 中样本类别占比最大的类别 k
12.	**Else**
13.	左子节点 G_{L}:WODT $(S'_{\text{L}},D,d+1)$
14.	右子节点 G_{R}:WODT $(S'_{\text{R}},D,d+1)$
15.	**End if**
16.	**End if**
输出:	WODT 模型

在求解最优参数时采用改进的 BFGS 算法,该算法的流程如下。

算法 5-2　L-BFGS 算法

输入:	目标函数 $L(\boldsymbol{\theta})$,梯度函数 $\nabla L(\boldsymbol{\theta})$,求解精度 ε,最大迭代次数 M_{iter},以及 ζ、ro $\leftarrow I$,$G_0 \leftarrow I$
1.	初始化值 $\boldsymbol{\theta}_0$
2.	基于式(5-24)计算 $\boldsymbol{v}_k = -\nabla L(\boldsymbol{\theta}_k)$
3.	**While** $\| \boldsymbol{v}_k \| > \varepsilon$ **and** $k < M_{\text{iter}}$
4.	**If** ro $> \zeta$, **then**
5.	计算 $\boldsymbol{a}_k = G_k \boldsymbol{v}_k$
6.	**Else**
7.	$\boldsymbol{a}_k = \boldsymbol{v}_k$
8.	**End if**
9.	基于式(5-25)寻找一个合适的迭代步长,$\alpha = \alpha\tau^n$,$n \in \mathbb{N}$
10.	计算 $\boldsymbol{\theta}_{k+1} = \boldsymbol{\theta}_k + \alpha\boldsymbol{a}_k$
11.	计算 $\boldsymbol{v}_{k+1} = -\nabla L(\boldsymbol{\theta}_{k+1})$
12.	更新 $\boldsymbol{o}_k = \boldsymbol{\theta}_{k+1} - \boldsymbol{\theta}_k$
13.	更新 $\boldsymbol{j}_k = \nabla L(\boldsymbol{\theta}_{k+1}) - \nabla L(\boldsymbol{\theta}_k)$
14.	计算 ro $= \boldsymbol{o}_k^{\text{T}} \boldsymbol{j}_k$
15.	基于式(5-26)计算 G_{k+1} **if** ro $> \zeta$ **else** $G_{k+1} = G_k$ **end if**
16.	$k = k+1$
17.	**End While**
输出:	最优参数 $\boldsymbol{\theta}_{\text{best}}$

在步骤 2 中,

$$v_k = -\nabla L(\boldsymbol{\theta}_k) = -\frac{1}{MH(\boldsymbol{S})} \sum_{i=1}^{N} \left\{ \beta_i \text{lb} \frac{W_R W_L^{y_i}}{W_L W_R^{y_i}} \right\} + 2\lambda \boldsymbol{\theta} \qquad (5\text{-}24)$$

式中：$\beta_i = \sigma(\boldsymbol{\theta}^T x_i)[1 - \sigma(\boldsymbol{\theta}^T x_i)] x_i$；$\nabla L(\boldsymbol{\theta})$ 是 $L(\boldsymbol{\theta})$ 的梯度函数。

在步骤 9 中，依据回溯线性搜索法[30]确定最优步长，其满足的条件为：

$$L(\boldsymbol{\theta}_{k+1}) - L(\boldsymbol{\theta}_k) \leqslant -c\alpha \boldsymbol{v}_k^T(\boldsymbol{\theta}_{k+1} - \boldsymbol{\theta}_k) \qquad (5\text{-}25)$$

式中：c 是回溯线性搜索法的参数。

在步骤 15 中，

$$\boldsymbol{G}_{k+1} = \left(\boldsymbol{I} - \frac{\boldsymbol{o}_k \boldsymbol{j}_k^T}{\boldsymbol{o}_k^T \boldsymbol{j}_k} \right) \boldsymbol{G}_k \left(\boldsymbol{I} - \frac{\boldsymbol{o}_k \boldsymbol{j}_k^T}{\boldsymbol{o}_k^T \boldsymbol{j}_k} \right)^T + \frac{\boldsymbol{o}_k \boldsymbol{o}_k^T}{\boldsymbol{o}_k^T \boldsymbol{j}_k} \qquad (5\text{-}26)$$

只有 $\boldsymbol{o}_k^T \boldsymbol{j}_k > 0$，$\boldsymbol{G}_{k+1}$ 才可以保持其正定性。因此，我们对 BFGS 算法做出了如下改进：当 $\boldsymbol{o}_k^T \boldsymbol{j}_k > \zeta$（$\zeta$ 是一个非常小的正数）时，使用 $\boldsymbol{G}_k \boldsymbol{v}_k$ 作为梯度方向，否则使用 $\boldsymbol{v}_k$ 作为梯度方向[30]。

5.2.4 算例分析

1. 低压减载

笔者基于电网控制强化学习平台针对低压减载场景测试了所提框架与算法的性能。

电网控制强化学习平台提供了一个低压减载测试案例。为了保持电力系统正常运行，其母线的电压需维持在一定水平。通常，其电压水平需满足以下标准：在故障清除后的 0.33 s、0.5 s、1.5 s 内分别恢复到 0.8p. u.、0.9p. u.、0.95p. u.[34]。

在低压减载场景中，DRL 智能体实时监测母线电压并做出决策，确定是否切除某些母线的部分负荷以使母线电压符合上述标准。

我们基于电网控制强化学习平台在 IEEE 39 节点系统上训练以及测试 DRL 智能体。IEEE 39 节点拓扑图如图 5-9 所示。实验场景配置如下。

设定观测量为 4 号、7 号、8 号、18 号母线的高压侧和低压侧电压，同时观测 4 号和 7 号母线的负荷余量。为了捕捉特征值的动态趋势，使用最近 5 个时间步的特征值作为模型的输入。

DRL 智能体的各个动作及其含义如表 5-4 所示。

在训练过程中，每一个回合以一个动态平缓的动态仿真开始。在 0.05 s 时，随机在 4 号母线或者 7 号母线上施加一个短路故障，持续时间在 0～0.07 s 内，故障可以自清除。训练结束后，我们按设定的 320 个回合测试训练好的智能体，包括 10 个故障母线选项（1～10 号母线），8 种故障持续时间（0～0.07 s），4 种负

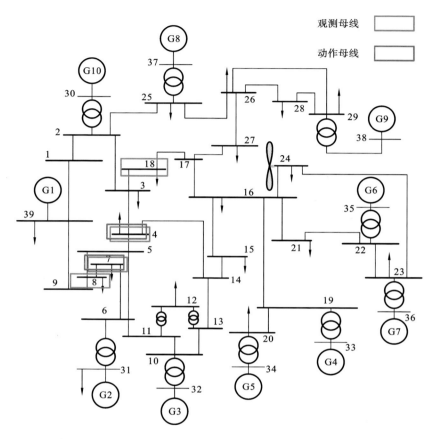

图 5-9　IEEE 39 节点拓扑图

表 5-4　DRL 智能体的动作及其含义

动作	含义
0	不削减负荷
1	将 4 号母线上的负荷削减 20%
2	将 7 号母线上的负荷削减 20%
3	将 4 号、7 号母线上的负荷削减 20%

荷水平(80%、90%、100%、110%)。最后,基于这 320 个回合生成训练集,包括其每一步的状态-动作对及奖励值。

　　对于 DRL 智能体,选择 Dueling(竞争)深度 Q 网络[31]作为模型。奖励函数和其他参数遵循文献[34]。

图 5-10 所示为智能体训练过程中的滑动平均奖励值曲线。可以看到,其值最后收敛在 -600 附近,这表明 DRL 策略是有效的。最后选择在测试集上表现最好的智能体并生成数据集。

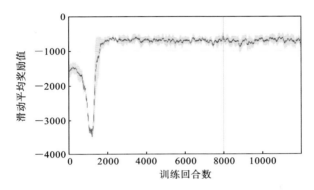

图 5-10　智能体训练过程中的滑动平均奖励值曲线

2. 策略提取及评估

如前文所述,每一个状态-动作对可以被视为独立同分布的,符合监督学习对样本集的要求。进一步对数据集进行预处理,删除大量重复的样本。最后在预处理后的样本集上训练 WODT 模型,进行策略提取。

WODT 模型的超参数的含义及其建议值如表 5-5 所示。

表 5-5　WODT 模型的超参数的含义及其建议值

超参数	含义	建议值
D	WODT 最大深度	$3\sim8$
ε	BFGS 求解精度	10^{-4}
ζ	一个非常小的正数,以保证 $\boldsymbol{G}_k$ 的正定性	10^{-10}
M_{iter}	BFGS 最大迭代次数	200
α	BLS 的参数	1
c	BLS 的参数	10^{-4}
τ	BLS 的参数	0.5

我们在得到的训练集上训练 WODT 模型,并从策略保真度、策略实际控制性能与模型复杂度三个维度将其与单变量决策树(univariate decision tree,

UDT)模型和 DRL 模型进行对比。为了从统计学意义上展示模型的有效性,我们设置了五组随机数种子来训练模型。

1) 策略保真度

图 5-11 显示了 WODT 模型和 UDT 模型的策略保真度。UDT 模型是基于 Scikit-learn 库开发的[47]。从图 5-11 中可以看出,WODT 模型的策略保真度比 UDT 模型高 1.2%～4%,这说明 WODT 模型更具优势。

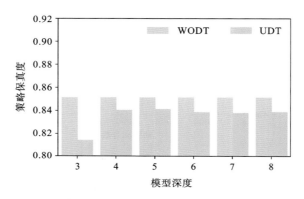

图 5-11 WODT 模型与 UDT 模型的策略保真度

2) 策略实际控制性能

在完成 WODT 模型的训练以后,将其用于电网控制强化学习平台,在 320 个回合下用其代替 DRL 模型去完成实时决策,并且获取对应的奖励值 r'_e,r'_e 反映了 WODT 模型的实际控制性能。

图 5-12 所示为 WODT 模型和 DRL 模型在模型深度范围为 3～8 时的回合累积奖励值分布。图中的虚线是数据的四分位数。结果表明,WODT 模型的性能不低于 DRL 模型。

图 5-13 显示了 WODT 模型和 DRL 模型在 320 个回合中成功的回合数。"成功"是指电力系统在设定的 10 s 的仿真时间内完成运行,且没有发生电压崩溃。可以看到,只有当模型深度为 3 或 4 时,IGR-WODT 模型成功的回合数才比 DRL 模型略低。

以上结果展示了 WODT 策略的实际控制性能。WODT 模型与 DRL 模型相比较的结果证明了 WODT 策略的有效性。

3) 模型复杂度

表 5-6 从模型参数量和模型深度两个角度对比了 WODT、UDT 和 DRL 模

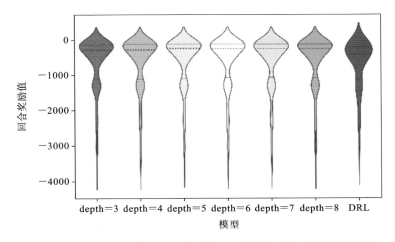

图 5-12 WODT 模型与 DRL 模型在 320 个回合下的实际控制性能

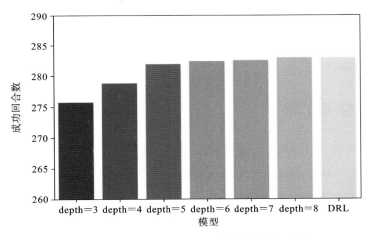

图 5-13 WODT 模型与 DRL 模型的成功回合数

型的复杂度。可以看出,深度为 3 的 WODT 模型的总参数量为 306。显然,深度为 3 的 WODT 模型通常有 1 个根节点和 6 个内部节点,但我们通过后剪接(post-pruning)去掉了 1 个无意义的内部节点,所以,总参数量是 $51 \times 6 = 306$。而我们使用的 DRL 模型是具有两层 128×128 隐藏层神经网络的深度 Q 学习模型,它的总参数量是 24072。因此,与 UDT 模型相比,WODT 模型可以以较小的模型深度达到较好的效果。与 DRL 模型相比,在维持相同控制效果的同时,WODT 模型的参数量大幅下降。同时,其"if-then"决策机制使得它具有一定的可解释性。

表 5-6　模型复杂度

模型	参数量	深度
WODT	306	3
UDT	—	5
DRL	24072	—

本章小结

针对 DRL 模型的黑盒性以及难以交互性等缺陷，笔者提出了一个应用于电力系统控制场景的 DRL 策略提取框架。在这个框架下，我们首先将复杂的 DRL 策略提取为可解释的、轻量级的 WODT 策略，然后定义了三个评估指标以衡量模型的优劣。最后在低压减载场景下验证了所提框架及模型的可行性与先进性。实验表明，与 UDT 模型相比，WODT 模型的策略保真度提高了 1.2%～4%。与 DRL 模型相比，WODT 模型在提供相同的控制性能的同时，复杂度大幅降低。

本章参考文献

[1] ZHANG K，ZHANG J，XU P D，et al. Explainable AI in deep reinforcement learning models for power system emergency control［J］. IEEE Transactions on Computational Social Systems，2021，9(2)：419-427.

[2] 杨挺，赵黎媛，王成山.人工智能在电力系统及综合能源系统中的应用综述［J］.电力系统自动化，2019，43(1)：2-14.

[3] 杨伟志，高建斌，郭誉清.2018 年人工智能技术十大趋势［J］. 科技中国，2018(7)：11-13.

[4] ZHAO H，ZHANG J，WANG X H，et al.，The economy and policy incorporated computing system for social energy and power consumption analysis［J］. Sustainability，2021，13(18)：10473.

[5] 胡全贵，谢可，任玲玲，等. 人工智能在电力行业中的应用分析［J］. 电力信息与通信技术，2021，19(1)：73-80.

[6] ZHANG Z D，ZHANG D X，QIU R C. Deep reinforcement learning for power system applications：An overview［J］. CSEE Journal of Power and

Energy Systems，2020，6(1)：213-225.

[7] WANG Z S, OGBODO M，HANG H K，et al. AEBIS：AI-enabled blockchain-based electric vehicle integration system for power management in smart grid platform[J]. IEEE Access，2020，8：226409-226421.

[8] FRANCOIS-LAVET V, TARALLA D, ERNST D, et al. Deep reinforcement learning solutions for energy microgrids management［DB/OL］. ［2022-12-23］. https://orbi. uliege. be/bitstream/2268/203831/1/EWRL_ Francois-Lavet_et_al. pdf.

[9] ZHANG J Y，LU CHAO, SI J，et al. Deep reinforcement learning for short-term voltage control by dynamic load shedding in China Southern power grid[C]// IEEE. Proceedings of 2018 International Joint Conference on Neural Networks (IJCNN). Piscataway：IEEE,2018:1-8.

[10] YAN Z M, XU Y. A Multi-agent deep reinforcement learning method for cooperative load frequency control of multi-area power systems[J]. IEEE Transactions on Power Systems，2020：35(6):4599-4608.

[11] LIU W, ZHANG D, WANG X, et al. A decision making strategy for generating unit tripping under emergency circumstances based on deep reinforcement learning[J]. Proc CSEE, 2018, 38(1)：109-119.

[12] ZHANG S Y, LIANG T, DINAVAHI V. Machine learning building blocks for real-time emulation of advanced transport power systems[J]. IEEE Open Journal of Power Electronics，2020，1：488-498.

[13] 赵晋泉,夏雪,徐春雷, 等. 新一代人工智能技术在电力系统调度运行中的应用评述[J]. 电力系统自动化，2020，44(24):1-10.

[14] 李明节,陶洪铸,许江强,等.电网调控领域人工智能技术框架与应用展望[J]. 电网技术，2020，44(2):393-400.

[15] RIBEIRO M T, SIGH S,SHAH M,et al. "Why should I trust you?"：Explaining the predictions of any classifier[C] //Anon. KDD'16：Proceedings of the 22nd ACM SIGKDD International Conference on Knowledge Discovery and Data Mining. New York：ACM，2016:1135-1144.

[16] HAGRAS H. Toward human-understandable, explainable AI[J]. Computer，2018，51(9)：28-36.

[17] 曾春艳,严康,王志锋,等. 深度学习模型可解释性研究综述[J]. 计算机工

程与应用，2021，57(8)：1-9.

[18] FAN F L, XIONG J J, LI M Z, et al. On interpretability of artificial neural networks: A survey[J]. IEEE Transactions on Radiation and Plasma Medical Sciences, 2021, 5(6)：741-760.

[19] ZHANG K, XU P D, ZHANG J. Explainable AI in deep reinforcement learning models: A SHAP method applied in power system emergency control[C] //Anon. Proceedings of 2020 IEEE 4th Conference on Energy Internet and Energy System Integration (EI2). Piscataway: IEEE, 2020：711-716.

[20] ZHANG K, XU P D, GAO T L, et al. A trustworthy framework of artificial intelligence for power grid dispatching systems[C] //Anon. 2021 IEEE 1st International Conference on Digital Twins and Parallel Intelligence (DTPI). Piscataway: IEEE, 2021：418-421.

[21] REN C, YAN X, ZHANG R. An interpretable deep learning method for power system transient stability assessment via tree regularization[J]. IEEE Transactions on Power Systems, 37(5)：3359-3369.

[22] MUIR A, LOPATTO J. Final report on the August 14, 2003 blackout in the United States and Canada: Causes and recommendations[R]. Ottawa: U. S. -Canada Power System Outage Task Force, 2004.

[23] ENTSO-E. System separation in the continental europe synchronous Area on 8 January 2021-update[EB/OL]. [2023-02-24]. https://www. entsoe. eu/news/2021/01/15/system-separation-in-the-continental-europe-synchronous-area-on-8-january-2021-update/.

[24] GLAVIC M, FONTENEAU R, ERNST D. Reinforcement learning for electric power system decision and control: Past considerations and perspectives[J]. IFAC-PapersOnLine, 2017, 50(1)：6918-6927.

[25] DUAN J J, SHI D, DIAO R S, et al. Deep-reinforcement-learning-based autonomous voltage control for power grid operations[J]. IEEE Transactions on Power Systems, 2019, 35(1)：814-817.

[26] YOUNG T, HAZARIKA D, PORIA S, et al. Recent trends in deep learning based natural language processing[J]. IEEE Computational intelligence magazine, 2018, 13(3)：55-75.

[27] O'MAHONY N，CAMPBELL S，CARVALHO A，et al. Deep learning vs. traditional computer vision[C] //ARAI K，KAPOOR S. Advances in computer vision：Proceedings of the 2019 Computer vision Conference (CVC)，Volume 1. Cham：Springer，2019：128-144.

[28] SPIELBERG S，TULSYAN A，LAWRENCE N P，et al. Toward self-driving processes：A deep reinforcement learning approach to control[J]. AIChE Journal，2019，65(10)：e16689.

[29] 刘亚珲,赵倩.基于聚类经验模态分解的 CNN-LSTM 超短期电力负荷预测[J].电网技术,45(11):4444-4451.

[30] NAM K J，HWANGBO S，YOO C K. A deep learning-based forecasting model for renewable energy scenarios to guide sustainable energy policy：A case study of Korea[J]. Renewable and Sustainable Energy Reviews，2020，122：109725.

[31] 马富齐,王波,董旭柱,等.面向输电线路覆冰厚度辨识的多感受野视觉边缘智能识别方法研究[J].电网技术,2021,45(6):2161-2169.

[32] 袁红霞,张俊,许沛东,等.基于图强化学习的电力交通耦合网络快速充电需求引导研究[J].电网技术,2021,45(3):979-986.

[33] ZHANG D X，HAN X Q，DENG C Y. Review on the research and practice of deep learning and reinforcement learning in smart grids[J]. CSEE Journal of Power and Energy Systems，2018，4(3)：362-370.

[34] 孙庆凯,王小君,王怡,等.基于多智能体 Nash-Q 强化学习的综合能源市场交易优化决策[J].2021,45(16):124-133.

[35] XU H，SUN H，NIKOVSKI D，et al. Deep reinforcement learning for joint bidding and pricing of load serving entity[J]. IEEE Transactions on Smart Grid，2019，10(6)：6366-6375.

[36] ZARRABIAN S，BELKACEMI R，BABALOLA A A. Reinforcement learning approach for congestion management and cascading failure prevention with experimental application[J]. Electric Power Systems Research，2016，141：179-190.

[37] YOUSEFIAN R，BHATTARAI R，KAMALASADAN S. Transient stability enhancement of power grid with integrated wide area control of wind farms and synchronous generators[J]. IEEE Transactions on Pow-

er Systems，2017，32(6)：4818-4831.

[38] HUANG Q H，HUANG R K，HAO W T，et al. Adaptive power system emergency control using deep reinforcement learning[J]. IEEE Transactions on Smart Grid，2019，11(2)：1171-1182.

[39] WU J J，FANG B Y，FANG J Y，et al. Sequential topology recovery of complex power systems based on reinforcement learning[J]. Physica A：Statistical Mechanics and its Applications，2019，535：122487.

[40] LIU H M，WANG R P，SHAN S G，et al. What is tabby? Interpretable model decisions by learning attribute-based classification criteria[J]. IEEE Transactions on Pattern Analysis and Machine Intelligence，2019，43(5):1791-1807.

[41] DAHLIN N，KALAGARLA K C，NAIK N，et al. Designing interpretable approximations to deep reinforcement learning with soft decision trees[DB/OL]. [2021-03-25]. https://arxiv. org/pdf/2010. 14785. pdf.

[42] HINTON G，VINYALS O，DEAN J. Distilling the knowledge in a neural network[DB/OL]. [2021-04-05]. https://www. semanticscholar. org/reader/0c908739fbff75f03469d13d4a1a07de3414ee19.

[43] COPPENS Y，EFTHYMIADIS K，LENAERTS T，et al. Distilling deep reinforcement learning policies in soft decision trees[DB/OL]. [2021-06-12]. https://cris. vub. be/ws/portalfiles/portal/46718934/IJCAI_2019_XAI_WS_paper. pdf.

[44] FROSST N，HINTON G. Distilling a neural network into a soft decision tree[DB/OL]. [2021-06-12]. https://www. semanticscholar. org/reader/bbfa39ebb84d40a5e8152546213510bc597dea4d.

[45] BASTANI O，PU Y W，SOLAR-LEZAMA A. Verifiable reinforcement learning via policy extraction[DB/OL]. [2021-06-12]. https://www. semanticscholar. org/reader/9a8e6feb271bf1cce8b1393cf41e70692a7f6625.

[46] DING Z H，HERNANDEZ-LEAL P，DING G W，et al. CDT：Cascading decision trees for explainable reinforcement learning[DB/OL]. [2021-08-06]. https://www. semanticscholar. org/reader/bd4bd299bd8428f3b01bc229bd0290a6ba0f3e7a.

[47] YANG B B，SHEN S Q，GAO W. Weighted oblique decision trees[C]

//Anon. AAAI-19，IAAI-19，EAAI-20 Proceedings. Palo Alto：AAAI Press，2019，33(1)：5621-5627.

[48] JIN L C, KUMAR R K, ELIA N, et al. Model predictive control-based real-time power system protection schemes[J]. IEEE Transactions on Power Systems，2009，25(2)：988-998.

[49] GAN D, THOMAS R J, ZIMMERMAN R D. Stability-constrained optimal power flow[J]. IEEE Transactions on Power Systems，2000，15 (2)：535-540.

[50] LIU G L, SCHULTE O, ZHU W，et al. Toward interpretable deep reinforcement learning with linear model u-trees[C]//BERLINGERIO M，BONCHI F，GARTNER T. Machine Learning and Knowledge Discovery in Databases. European Conference，ECML PKDD 2018. Dublin, Ireland，September 10-14，2018. Part Ⅱ. Cham：Springer，2018：414-429.

[51] PEDREGOSA F，NEGIAR G，ASKARI A，et al. Linearly convergent Frank-Wolfe with backtracking line-search[DB/OL]. [2021-08-06]. https://www. semanticscholar. org/reader/aad1fa3bf0fdb034284e5dfd5f786fa4228f7e4d.

[52] HOU Q C, ZHANG N, KIRSCHEN D S, et al. Sparse oblique decision tree for power system security rules extraction and embedding[J]. IEEE Transactions on Power Systems，2020，36(2)：1605-1615.

[53] WANG Z Y, SCHAUL T, HESSEL M，et al. Dueling network architectures for deep reinforcement learning[DB/OL]. [2021-08-06]. https://arxiv. org/pdf/1511. 06581. pdf.

[54] BUITINCK L, LOUPPE G, BLONDEL M，et al. API design for machine learning software：Experiences from the scikit-learn project[DB/OL]. [2021-08-06]. http://arxiv. org/pdf/1309. 0238. pdf.

第 6 章
物理-数据-知识混合驱动的高动态系统管控架构

6.1 架构建设背景

系统科学是研究系统的结构体系、组分关系、功能现象、演化规律的科学，它以不同领域的系统为研究对象，揭示各种系统所遵循的现象表征、管控优化和演进规律。特别是复杂系统科学，它是复杂性科学和系统科学的交叉学科，复杂系统的研究对象包括系统的功能、行为及相互关系，系统整体的行为和功能，系统的涌现性、自制性、演化性和进化性等。系统理论、方法、技术在生命系统、太空系统、地球系统、社会组织系统、经济管理系统、军事作战系统以及复杂工程系统（如航空航天、海洋、能源、电力、制造、材料、环保）等领域具有深广的研究和应用空间。

作为以上理论和方法的载体，一大批系统的建模、仿真、分析、管理、控制方法在系统科学发展期间涌现出来，包括机理分析法、统计分析法、回归分析法、层次分解分析法、蒙特卡罗分析法、灰色系统法、模糊集合论法、想定法、神经网络法、计算机辅助法等[1,2]。近年来出现的方法包括混合建模方法、组合建模方法、基于智能代理的建模方法、基于 Petri 网的建模方法、基于马尔可夫模型的建模方法、基于 Bootstrap 的建模方法、基于贝叶斯网络的建模方法、定性建模方法、基于因果关系的建模方法、基于元胞自动机的建模方法、专家系统方法、综合集成建模方法、自适应复杂系统建模方法、自组织理论建模方法、分形理论建模方法等[3,4]。从多模态线性控制方法（在多个模态点附近利用各自线性系统综合求取对复杂系统的控制量）到基于非线性理论分析和设计复杂系统的控制系统，系统的管理与控制技术也相应地经过了很长时间的发展，然而非线性理论在模型方面存在太多的局限。当代又涌现出智能化控制技术，将数据科学、人工智能理论和技术应用到系统的控制中，形成智能控制方法，包括模糊控制、神经网络控制、专家系统学习控制、拟人控制、分层递接控制方法等[5]。

当代系统认知、管理与控制的核心理论、方法与技术已经转移到了大数据和人工智能技术上，然而，当前人工智能技术的应用受限，使得人工智能技术的应用与复杂系统认知、管理、控制的需求之间形成了一道鸿沟。一方面，在一个系统，尤其是复杂系统中，存在诸多复杂性、不确定性、关联性和开放性问题，需要抽象层面的思维能力，而仅利用各种人工智能模型来叠加是不可能实现通用人工智能的。另一方面，人脑的智能也是有限的，如认知带宽极为有限、处理速度缓慢、认知的广度和深度有限、缺乏精确计算的能力。因此，仅以人脑认知带宽为限制的管控，往往无法支撑系统的安全、高效、精准决策和运行，还需要引入计算、仿真、人工智能工具等，帮助人拓宽认知带宽和提高认识效率。在系统的管控，尤其是关键决策的制定和实施、流程管理过程中，往往需要进行抽象思维和问题边界的划分，以保证复杂系统的安全运行。在大数据和人工智能相关的特定问题上，设计合理的机制以获取海量优质无偏化数据、训练鲁棒的人工智能模型，也需要依赖高层次抽象思维。因此，在当前技术条件下，训练和生成可用、性能优异的人工智能模型也需要依赖人类智能。

上述现实催生了人工智能的一种新型形态：人机混合增强智能，即人类智能与机器智能协同贯穿于系统认知、管理、控制等过程的始终，人类的认知和机器智能认知相融合，形成增强型的智能形态。文献[6]给出了混合增强智能的两种基本的形态，第一种是人在回路的混合增强智能，第二种是基于认知计算的混合增强智能。

一个系统中各组分结构的物理机理、系统产生的可观测数据以及该系统运行的知识经验构成了系统分析和管控的重要维度。同时，人机混合增强智能可以综合处理、协同应用系统的物理机理、系统观测数据、人与机器智能及其所产生的知识，并将其融入系统的复杂管控流程和任务过程，最终实现对系统的认知、管理与控制。因此，笔者提出了一种基于人机混合增强智能的、融合物理-数据-知识（physics-data-knowledge，PDK）的复杂系统分析管控方法——物理-数据-知识混合驱动的人机混合增强智能系统分析和管控方法，并将通过应用示例介绍该方法的应用。

6.2 物理-数据-知识混合驱动的人机混合增强智能系统分析和管控方法

物理-数据-知识混合驱动的人机混合增强智能系统分析和管控方法（以下简称 PDK 方法）框架如图 6-1 所示，其主要由以下方面的技术构成。

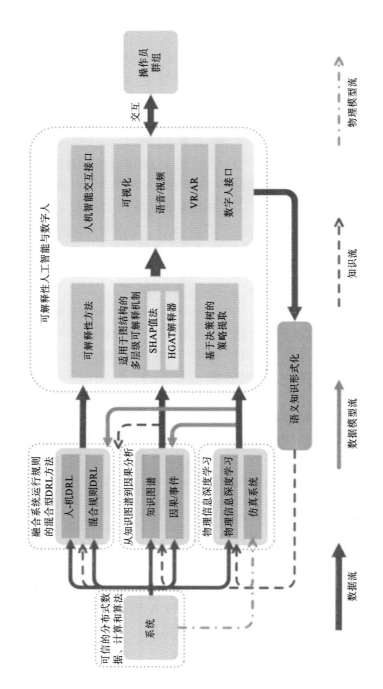

图 6-1 物理-数据-知识混合驱动的人机混合增强智能系统分析和管控方法框架

注：HGAT——异构图注意力网络。

（1）可信的分布式数据、计算和算法：分布式、可信的数据的采集、存储、计算、处理、下发构成了 PDK 方法的信息基础底座。

（2）物理信息深度学习（physics-informed deep learning，PIDL）：新型的、可以融合物理机理与数据驱动的系统建模方法为在小样本、样本失衡等限制条件下应用 PDK 方法进行真实系统的建模提供了解决方案。

（3）融合系统运行规则的混合型 DRL 方法：融合系统运行规则与经验知识的数据驱动的强化学习方法有助于提高 DRL 管控策略的鲁棒性和合理性，加快收敛速度。

（4）从知识图谱到因果分析的方法：用以描述本体特征和实体间关联关系的知识图谱融合因果分析方法，实现了从 if-then 到 what-if 的智能跃迁，并具备迁移推理的能力。

（5）可解释性人工智能与数字人：在 PDK 方法中，可解释性技术成为人机智能和知识交互的接口技术，而新兴的数字人技术则成为天然满足人机智能交互需求的智能接口技术。

6.2.1　可信的分布式数据、计算和算法模型

由于系统各层次主体众多，各组成部分的关联性存在差异，想要构建一个集信息存储、计算和处理等功能于一体的系统存在一定困难。各主体可能存在用户隐私保护、数据安全和管理规程等方面的问题，数据整合会遇到困难。与此同时，高昂的成本也导致在不同机构之间聚合分散的数据十分困难。采用分布式、具有隐私保护和可信传输功能的架构可以更好地满足复杂系统内各主体和组分对信息安全的要求。

文献[7]构建了一种可信的分布式数据计算和算法模型架构——基于区块链、边缘计算和联邦隐私计算的系统分布式架构，如图 6-2 所示。在通信层，系统利用区块链技术将身份及密钥管理策略应用到平台、网络和节点的安全加固方面，同时也为链上数据提供了增强版安全服务，实现终端设备数据的分布感知与安全采集。在边缘层，系统将具有计算、存储、应用等能力的智慧平台部署在靠近数据源头的网络侧，提供边缘意义上的智能服务，同时利用联邦计算实现"数据孤岛"的贯穿连通，从而提升多主体间数据协同计算的安全性和高效性。在应用层，根据业务需求形成初步的计算模型、应用层与边缘层的交互计算方式模式，主要表现为结合边缘导向的云边协同和边边联邦计算协同的业务流程，其数据交互步骤如下：

（1）应用层将初步计算的模型下发给选定的边缘节点，这些边缘节点在联

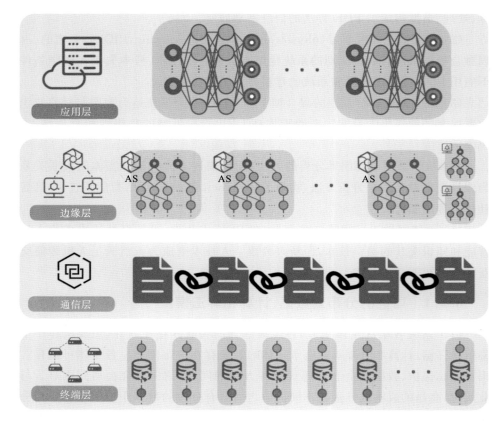

图 6-2　可信的分布式数据计算和算法模型架构

邦架构中被称为聚合服务器(aggregation server, AS)。

（2）聚合服务器将收到的局部模型完整地下发给各联邦客户端。

（3）各联邦客户端在本地利用本地数据更新联邦计算模型，将更新后的模型参数上传给对应的聚合服务器。

（4）聚合服务器接收各客户端模型后，利用一种基于区块链的联邦智能学习方式[8]更新局部联邦聚合模型，并将更新后的模型上传至应用层以更新全局模型。

如图 6-2 所示，绿色节点代表智能终端层，主要用于对底层数据进行采集、存储与传输；终端层之上是通信层，本系统采用区块链技术保证通信过程中数据的可信任性；经过通信层后，分布式数据到达由边缘节点（蓝色节点）组成的边缘层,边缘层通过就地数据处理的方式,在满足应用层数据需求的同时,减轻应用层的数据通信压力;最后,经过边缘层处理后的数据进入应用层,根据业务需求输出所需结果和模型。综上所述,所采用的可信分布式数据、计算和算法模型,在保护边缘节点的数据隐私、保证数据安全性的前提下,减小了整个系统的通信压力,提升了模型计算的高效性和可靠性,为系统智能管控应用提供了信息基础底座。

6.2.2　物理信息深度学习

深度学习在科学研究和工程领域得到了广泛的应用,但在涉及高维线性和半线性抛物型偏微分方程的求解时,深度学习的效果不尽如人意。近年来,一些学者提出了物理信息神经网络(physics-informed neural network,PINN),它用深度神经网络拟合微分方程,形成了一系列基于物理信息的人工智能方法,即物理信息深度学习。由于物理信息深度学习是一种融合了物理机理和数据驱动的方法,只要有足够的输入数据,它就能够高效地将数据驱动方法与物理约束结合起来对偏微分方程进行求解,并且计算频率和精度都比传统方法高出许多。

对于动态系统的物理模型,在确定深度学习模型的输入量和输出量后,要首先构建神经网络,并初始化模型参数。物理信息深度学习方法将在神经网络中构建物理定律约束,根据与时间、特定输入物理量相关的非线性偏微分方程对物理信息部分进行建模。动态系统的动力学方程为一般形式的参数化和非线性偏微分方程,其可以表示为:

$$\frac{\partial u(t,\boldsymbol{x})}{\partial t}+N[u]=0 \tag{6-1}$$

式中:$u(t,\boldsymbol{x})$表示潜在(隐藏)解,$\boldsymbol{x}$为输入向量;$N[\cdot]$是一个由λ参数化的非线性算子,是专门设计的用以涵盖具体的数学物理方程(包括但不限于能量守恒方程、质量扩散方程、对流扩散反应系统及动力系统的动力学方程)。这些方程都是系统动力行为的关键数学描述,用于精确模拟物理系统的复杂动态行为。

因此,为了描述高动态系统的动力学特性,定义一个基于物理信息的神经网络 $f(t,\boldsymbol{x})$,其结构如图 6-3 所示。该神经网络可以由偏微分方程(6-1)的左侧给出:

$$f:=\frac{\partial u(t,\boldsymbol{x})}{\partial t}+N[u] \tag{6-2}$$

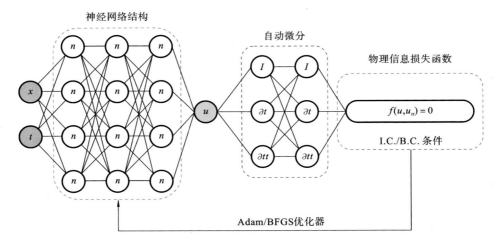

图 6-3　基于物理信息的神经网络结构示意图

构造一个深度神经网络来逼近 $u(t,x)$，神经网络的输入为观测向量 x 和时间 t。同时，利用自动微分法对偏微分方程各项进行处理，计算 $u(t,x)$ 对观测量 x 和时间 t 的偏导数。因此，神经网络 $f(t,x)$ 与逼近 $u(t,x)$ 的神经网络拥有相同的网络参数，但有不同的激活函数。

将物理约束写入损失函数，构建一个共同的损失函数来优化两个神经网络的共享参数。通过最小化均方误差损失来学习神经网络 $u(t,x)$ 和 $f(t,x)$ 之间的共享参数，则物理信息损失函数表示为：

$$MSE = MSE_u + MSE_f \tag{6-3}$$

式中：MSE_u 和 MSE_f 分别为神经网络的数据误差和物理信息误差，有

$$MSE_u = \frac{1}{N_u} \sum_{i=1}^{N_u} |u(t_u^i, x_u^i) - u^i|^2 \tag{6-4}$$

$$MSE_f = \frac{1}{N_f} \sum_{i=1}^{N_f} |f(t_f^i, x_f^i)|^2 \tag{6-5}$$

在训练过程中，通过将计算出的误差值反馈给优化器，实现对神经网络参数的更新，最终形成训练好的神经网络模型。

因此，物理信息深度学习方法在数据驱动的深度学习基础上，利用物理信息损失函数强化动态系统的物理运行约束，从而捕捉系统的物理机理特性。与传统的模型求解与数据驱动求解相比，物理信息深度学习方法不需要将高阶常微分方程转化为一阶来求解，它可以直接处理多个高阶微分方程组。在 6.3.1

节中，笔者将通过电力系统暂态过程的示例对物理信息深度学习方法进行验证说明。

6.2.3　融合系统运行规则的混合型 DRL 方法

DRL 方法可以通过与环境交互学习最佳决策。在众多的决策问题中，DRL 方法具有优秀的表现[9,10]。然而，在部分实际环境中，随机探索的危险性与仿真环境的不可靠使得 DRL 方法较难应用于某些决策问题。因此，为了使 DRL 方法在这些环境中能够得到应用，就必须使智能体在整个训练过程中都具有良好的表现。

人类专家知识与先验知识往往有助于提高强化学习模型应对复杂环境的能力，保证强化学习模型在运行过程中受经验知识的约束，使其能够安全高效地与环境交互。模仿学习（imitation learning）可以使智能体决策达到接近人类决策的效果[11]，但其上限只能达到人类经验，不能促使智能体进一步提升其决策性能。为了更好地将人类经验与机器智能相结合，研究者提出了利用人类知识引导强化学习训练——示教学习，即将人类经验、历史专家操作提炼转化为"场景-决策"集合，通过添加与先验策略相关的有监督损失引导示教学习模型，在训练中融合人类经验[12]。示教学习使智能体通过预训练在初期即可获得人类经验，从而缓解在部分实际场景中奖励稀疏或者是探索困难等强化学习传统难题[13]。示教学习模型较好的初始性能也使得其能够在某些复杂、对决策敏感的业务环境中安全地进行训练[14]。近年来，围绕示教学习的示教数据质量和性能提升，国内外学者进行了相应研究，对示教学习理论方法进行了积极探索[13,15-19]。

在此基础上，针对 DRL 在电力、通信等高动态系统中的安全学习探索和规则知识高效融合问题，笔者进行了融合规则的机器智能增强方法研究。在规则融合方面，考虑到高动态系统的决策敏感性和其内部变量之间丰富的信息交互关系，笔者提出结合图神经网络和仿真约束的高动态系统调控强化学习方法，将高动态系统中复杂的运行规则融合到强化学习的"表征-探索-决策"环节中。考虑到高动态系统中网络拓扑的时变性，基于图注意力网络表征学习的邻域信息传播机制，对高动态系统中变量间的时变信息传递关系进行深入表示，提高智能体对高动态系统实时态势的感知能力；基于领域调控策略有效性判定规则，提出基于长期控制效果的蒙特卡罗树搜索方法，以系统典型代表场景筛选有效性突出的调控动作，构建精简化智能体动作空间；将机理明确的仿真器作为系统规则和约束的具象化表征，提出由仿真结果深度引导的探索和部署机制,将机器的智能行为限制在近似的策略可行域中,提高其在约束复杂的高动态系统中探索和应用的稳定性,并构造了决策敏感型复杂系统调控业务中的人工智能稳定部署架构。融合系统运行规则的混合型 DRL 方法在复杂系统调控中取得了良好效果,实现了强系统约束下的稳定探索和高效学习[20,21]。

6.2.4　从知识图谱到因果分析的方法

机器学习和深度学习极大地推动了知识图谱的发展,但它们通常无法学习语义之间的因果关系,如参考文献[22]所指出的:人工智能的未来发展取决于构建包含因果关系概念的系统,允许系统根据一般原则对以前未遇到过的情况进行推理。

当前的知识图谱将因果关系表示为简单的二元关系,这些因果关系基于因果名词短语的语言模式[23,24]。但是因果关系是一种复杂的关系,不能仅表示为当前知识图谱中因果实体之间的单一连接。知识图谱应该根据实体来对因果关系进行建模[25]。知识图谱必须包含更多的因果关系知识用以支持反事实推理,提高人工智能系统的可解释性,实现从 if-then 到 what-if 的智能跃迁。

看不见的未知场景称为反事实[26]。在电力系统调控中,研究者经常会思考引发某次事故的原因是什么,采取某动作会产生什么影响,如果采取另一个动作会发生什么等问题。人类对这些问题的思考本质上就是反事实推理。人脑对因果关系有着与生俱来的理解能力[27],可以对少量的数据进行学习、做出推断并考虑反事实场景[28]。人工智能系统也需要同人脑一样对因果关系有内在的理解,并具备反事实推理的能力[22,29]。

Bareinboim 等人[30]将因果贝叶斯网络(causal Bayesian network,CBN)作为因果关系的表示工具,用于评估概率因外部干预而发生的改变,并估计干预的效果。这种方法被广泛应用于政策分析、规划和医疗管理[31]。Jaimini 等人[25]提出 CausalKG 模型,将因果知识集成到知识图谱中,以提高模型可解释性,促进下游人工智能任务中的干预、反事实推理和因果推理。Blomqvist 等人[32]通过由文本自动生成高度准确的因果知识图谱来解决缺乏因果模型的问题,使用知识模式(knowledge pattern,KP)来满足特定用例的不同需求,确保生成的因果模型能够实现对所需推理类型的预测。

在将因果科学与机器学习结合方面,笔者通过将全局加权样本与深度神经网络相结合来解决新能源出力预测中的分布外泛化问题,直接对每个输入样本的所有特征进行去相关操作,从而消除相关和不相关特征之间的统计相关性。在数据预处理阶段,笔者利用结构因果模型和潜在结果模型探究不同特征之间的因果关系,实现特征选择。笔者提出的模型可以通过学习数据各特征之间存在的真实因果关系来改进预测效果,从而通过学习由未知的测试数据得到一个稳定的预测模型,其形成的计算平台和结果见 6.3 节。

6.2.5　可解释性人工智能与数字人

随着人工智能技术的广泛应用,当面对开放性问题,例如电力系统调控、无人驾驶、疾病诊断等对安全性要求较高的领域的问题时,人工智能系统逐渐表现出了存在偏见、缺乏安全性和可靠性、透明度不足以及监管问责等机制混乱的问题。尤其是对于关键决策过程,人工智能系统存在着不透明特性以及无法与人协同决策等问题。人机混合增强智能系统需要满足所有复杂性、关联性、关键性需求,如何实现人机智能交互和协同决策成为现阶段阻碍人工智能发展的一个瓶颈问题。人机智能接口技术包含可解释性技术和虚拟数字人技术等。在人机智能混合的实现过程中,研究人机智能接口对人机混合认知的作用机理和关键影响因素、探索人机智能混合过程中的人机是否能够达成互信、设计和验证互信机制是目前人机混合增强智能系统研究领域的关键性工作。

可以将机器学习可解释性理解为模型决策结果以可理解的方式向人类呈现,它有助于人们理解复杂模型的内部工作机制以及它们如何做出特定决策等重要问题,保证智能决策的完备性和安全性,使人类能够信任并有效地管理人工智能技术。针对以电力系统调控为应用背景的典型任务场景,笔者提出了一种基于可解释性方法的动态系统调控机器智能的理解与表征方法,结合系统内部变量的连接关系图,构建了适用于图结构的机器智能模型多层级可解释机制。该方法能够从节点和重要节点子图的角度为调度员提供关于图深度强化学习模型的决策的解释,为可解释技术在电力系统的应用提供一种多维度并且更全面的思路,提高人工智能在电力系统中的可信度,从而提高电力系统运行的效率和准确性[33-35]。

进一步针对电力系统控制场景下 DRL 智能体的黑盒性、难以交互性等问题,笔者提出了一种基于信息增益比的加权倾斜决策树(information gain rate based weighted oblique decision tree,IGR-WODT)的策略提取模型,可将参数数量在万级别的神经网络模型转换为参数数量在百万级、层级决策的决策树形式模型,并提供相匹配的控制性能,促进调度员对人工智能决策的理解,并为后续人机知识交互提供支撑[36]。

基于虚拟数字人的新型人机智能交互接口关键技术集成了智能语音、人像建模、知识推理、TTSA(text to speech & animation,文本转语音和动画)等人工智能技术。虚拟数字人为人机智能交互提供了一种直接的、自然的交互方式。

基于可解释性人工智能技术与虚拟数字人技术的新型人机智能接口能够降低人员工作负荷,提高机器智能辅助决策性能,并支持复杂信息的理解与整合等功能,从而在典型认知任务场景中能提升人机认知的正确性、可靠性、高效性。

6.3 应用示例

6.3.1 物理信息深度学习示例

暂态失稳是电力系统发生大规模停电事故的重要原因,快速准确对受扰后系统的功角轨迹进行预测是电网安全防控需要考虑的重要问题。电力系统暂态稳定是一个强瞬态非线性过程,其转子运动方程为:

$$\frac{\mathrm{d}\delta_i^2}{\mathrm{d}^2 t} = \frac{1}{T_i}\left[P_{mi} - \sum_{k \in \Omega_i} B_{ik} U_i U_k \sin(\delta_i - \delta_k) - D_i \frac{\mathrm{d}\delta_i}{\mathrm{d}t}\right] \tag{6-6}$$

式中:δ_i、δ_k 分别是发电机 i 和发电机 k 的功角;T_i、P_{mi}、U_i 和 D_i 分别是发电机 i 的惯性时间常数、机械功率、电压和系统阻尼常数;Ω_i 是发电机 i 的邻域发电机母线集合;B_{ik} 是电网简化导纳矩阵中发电机 i 和 k 的母线之间的传输电纳;U_k 是发电机 k 的电压。

选取 IEEE 14 节点系统(其拓扑图见图 6-4)标准算例,其中包含 14 个母线节点和 20 条支路,系统频率为 50 Hz,时间间隔取 0.01 s。对于转子运动方程中的参数,设置系统阻尼常数为 2、惯性时间常数为 2.53。根据转子运动方程,将上一时刻的发电机功角、时间、机械功率和发电机电压作为观测量,也作为神经网络的输入量。

通过 PSS/E 软件生成电力系统暂态仿真数据,在稳定运行的系统中,随机设置节点间线路短路故障,并在 0.1 s 时迅速自清除,将 8 号母线上的发电机转子作为观测对象,在有功负荷发生波动时预测系统的功角变化曲线,以观察系统是否出现失稳现象。采用 6000 多条场景数据进行训练后,分别得到物理信息深度学习预测模型与神经网络预测模型,随机选择一个训练集之外的场景进行测试,测试曲线如图 6-5 所示。

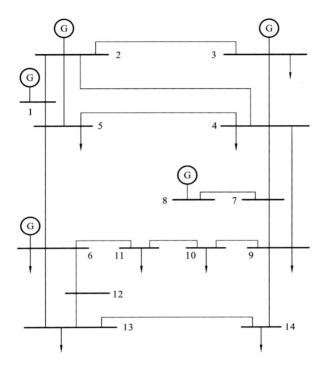

图 6-4　IEEE 14 节点系统拓扑图

对比图 6-5(a)和图 6-5(b)可以发现,物理信息深度学习和深度学习预测模型都可以取得不错的预测效果,但在细节放大图中可以看到,物理信息深度学习预测模型对功角曲线的波峰和波谷部分的预测效果要明显好于深度学习预测模型。这是因为,在物理信息深度学习中,采用的物理模型包含系统的非线性阻尼振荡项,将这一部分的知识用在预测模型的算法中可以帮助预测模型学习系统暂态过程中存在的惯量特性。因此,通过仿真验证可以看出,在深度学习模型已有不错预测效果的基础上,可以通过物理信息的融合实现物理信息深度学习,进一步提升系统变量特性的拟合精度。

6.3.2　知识图谱和因果分析示例

当前知识图谱只能表示因果实体之间的单一连接,无法表示更复杂的因果关系,同时无法体现因果实体间的因果效应值大小。为此,笔者提出了调度领域因果知识图谱框架,如图 6-6 所示。该框架的建立过程包括以下几个步骤:首

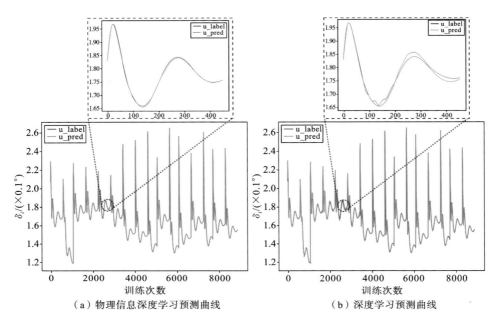

（a）物理信息深度学习预测曲线　　　　　（b）深度学习预测曲线

图 6-5　物理信息深度学习预测模型与深度学习预测模型预测效果对比

先,基于"预训练＋微调"模式的 ERNIE-BiLSTM-CRF 模型解决数据样本量稀少、监督学习无法保证算法收敛的问题[37];然后,基于因果贝叶斯网络对因果知识进行表示,结合领域本体论和因果效应估计方法,将因果知识注入知识图谱中构建因果知识图谱,使用观察数据和领域专家知识构建因果知识图谱;最后,基于因果知识图谱辅助调度员进行干预和反事实推理,提高知识图谱的领域可解释性,促进知识图谱与电力系统的融合。

针对因果知识图谱框架中的因果效应估计,笔者在风电预测领域进行了相关研究。首先,采用基于线性非高斯无环模型(linear non-gaussian acyclic model,LiNGAM)的因果发现算法生成风电预测领域各影响因素之间的因果关系;然后,基于获取的因果关系图,采用双重机器学习(double machine learning)计算各特征与风电功率之间的因果效应值;最后,采用添加随机常见原因(random common cause,RCC)和安慰剂治疗(placebo treatment,PT)两种因果效应反驳方法测试每个因果关系的稳健性。风力发电影响因素因果关系如图 6-7 所示。

以有向无环图(directed acyclic graph,DAG)的形式展示因果关系,如图6-7

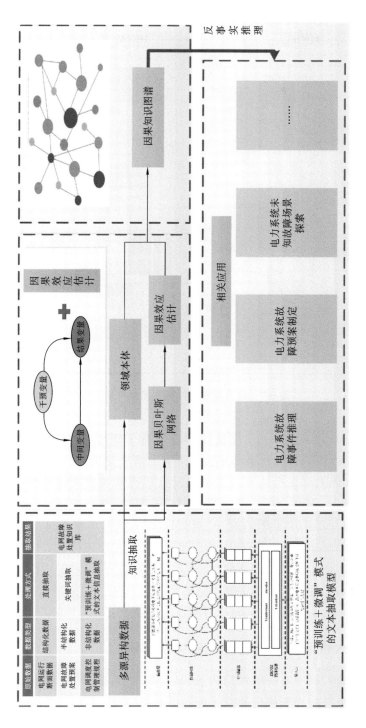

图 6-6 调度领域因果知识图谱框架

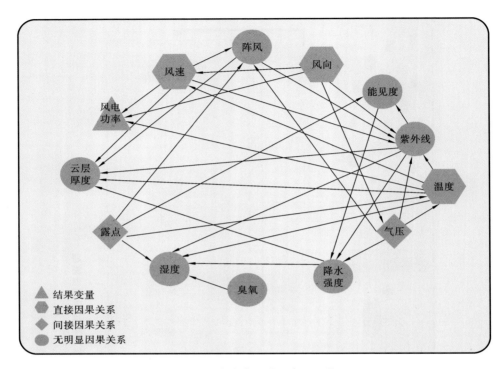

图 6-7　风力发电影响因素因果关系

所示。每个 DAG 节点代表一个变量,箭头表示因果连接,箭头起点连接的特征代表原因,终点连接的特征代表结果。图 6-7 中结果变量是风电功率。笔者考察了 12 种天气因素对风电功率的影响以及这些因素彼此之间的相互作用,包括云层厚度、露点、湿度、臭氧、降水强度、气压、温度、紫外线、能见度、风向、阵风、风速。从图 6-7 中可以看出,风速、风向、温度与风电功率之间有直接因果关系,露点、气压与风电功率之间有间接因果关系,而云层厚度、湿度、臭氧、降水强度、紫外线、能见度、阵风等与风电功率之间无明显因果关系。利用 LiNGAM 算法创建的 DAG,可以支持估计潜在因果关系的平均干预效果(average treatment effect,ATE),也可以用于创建因果知识图谱。

6.3.3　人机混合增强智能电网调控示例

在本节中我们以电力系统调控为场景,对物理-数据-知识混合驱动的人机混合增强智能系统的部署架构和模式进行讨论与展示。

在混合智能构建方面,基于传统 DRL 方法,结合图神经网络和物理/数学机理明确的电力仿真系统,构建基于图注意力网络的电力系统变量关联关系提取方法和仿真深度探索的训练机制,实现对电力系统状态的深入感知和对调控策略的稳定探索[20,21]。进一步构建有监督学习辅助的 DRL 机制,为强化学习训练提供持续的指引信息,提高人工智能技术在复杂电网中的适应性和学习效率[18,19],有效提升 DRL 模型在高比例新能源接入下电网调控等复杂业务中的学习效率和稳定性。融合调度规则和知识经验的复杂电力系统调控机器智能增强架构如图 6-8 所示。

在电力系统调控机器智能的理解与表征方面,结合系统内部变量的连接关系图,构建适用于图结构的机器智能模型多层级可解释机制,以提高机器智能的可理解性[33-35]。进一步构建基于新型倾斜决策树算法的 DRL 控制策略提取框架,将机器智能中以深度神经网络呈现的复杂控制策略转换为具有可解释性的决策树形式的策略[38],通过具象化重要特征、节点及其拓扑关系构建机器智能多层级可解释机制。基于决策树模型将具有万级别参数的 DRL 模型"蒸馏"成具有百级别参数的模型,帮助调度员直观理解机器智能决策,提高机器智能在电力调控场景中落地应用的透明度和安全性。基于可解释性方法的电力系统调控机器智能理解与表征如图 6-9 所示。

虚拟数字人关键技术基于技术集成平台——Unity 平台进行集成开发。该平台技术架构可分为基础层、平台层和应用层。基础层作为虚拟数字人的显示载体,实现虚拟数字人的外观形象、动作及表情表征复现。平台层作为虚拟数字人的知识载体,通过情感分析、语音识别、知识推理等模型的集成应用,模仿人类生理、心理及社会行为表现,对不同类型场景及对话角色进行分析和处理。应用层作为虚拟数字人的角色定义载体,结合实际应用场景领域解决应用问题。在人机交互过程中,通过对平台层数据接口的调用,实现虚拟数字人的拟人行为,利用领域知识图谱知识推理,得到领域知识答复。

以虚拟数字人作为机器智能的外在表现,在与调度员的业务沟通中,虚拟数字人利用部署的机器智能模型、构建的领域知识图谱等进行模型调用与知识推理,执行业务或进行答疑。虚拟数字人通过行为、语言、表情、动作实现与调度人员更加自然的交互与协作,具体如图 6-10 所示。

最终,依托主流电力仿真系统,搭建人工智能仿真软件交互框架及 AI 训练环境,构建人机混合增强智能电力系统调控平台原型系统。该系统通过将电力系统已有调控知识和经验与机器智能充分融合,具象化机器智能决策机制,构

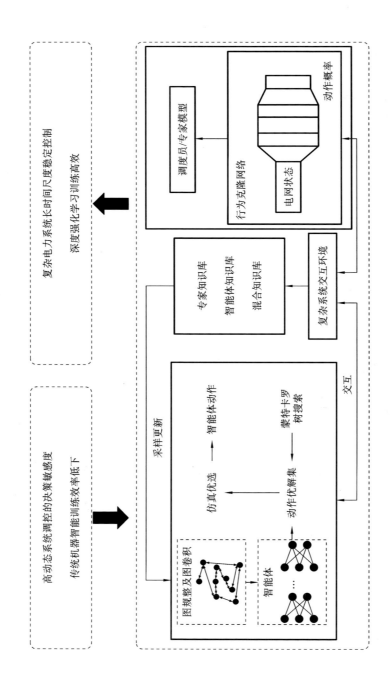

图 6-8 融合调度规则和知识经验的复杂电力系统调控机器智能增强架构

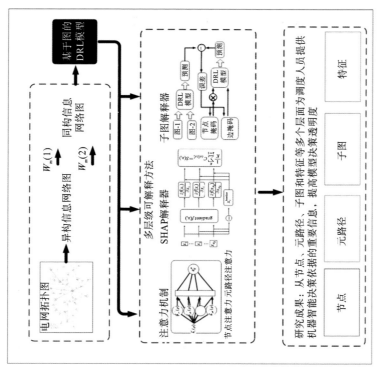

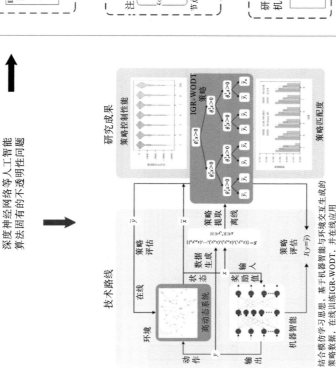

图 6-9 基于可解释方法的电力系统调控机器智能理解与表征

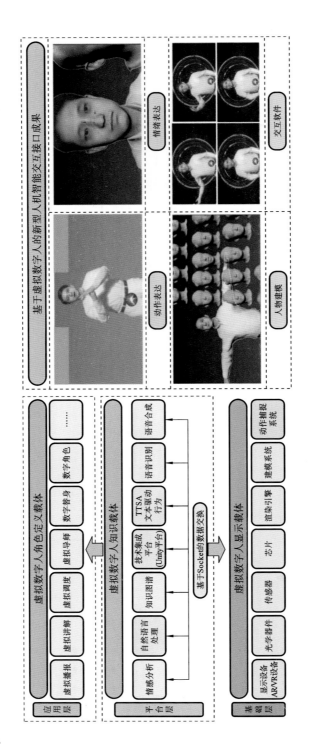

图 6-10 基于虚拟数字人的新型人机智能交互接口技术架构

造友好的人机交互接口,推动机器智能的良性进化,促进人工智能与调度人员的协作配合,提高调控操作的质量和效率,以及电网调控水平。所构建的系统界面如图 6-11 所示。

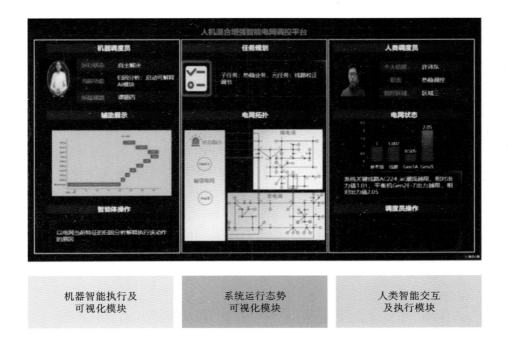

图 6-11　人机混合增强智能电力系统调控平台原型系统界面

本章小结

在本章中,笔者首先回顾了系统科学中关于系统特性、系统管理和控制的科学和工程方法,以及人机混合增强智能的概念,并提出物理-数据-知识混合驱动的人机混合增强智能系统分析和管控方法。然后,从可信的分布式数据、计算和算法模型,物理信息深度学习,融合系统运行规则的混合型 DRL 方法,从知识图谱到因果分析的方法,可解释性人工智能与数字人五个方面详细介绍了所提出的物理-数据-知识混合驱动的人机混合增强智能系统分析和管控方法。最后,以电力系统调控为背景,以三个应用示例分析了物理-数据-知识混合驱动方法的应用方式和技术路径。该方法将融合系统科学、控制科学、管理科学、认知科学、数据科学、人工智能科学等多学科知识,希望该方法能为基于人机混合增强智能的复杂系统管控提供一条新的途径,并且希望该方法能够在航空航天、海洋、能源、电力、制造、交通、材料、环保等领域的社会典型复杂系统的数字化建设和转型中起到积极的作用。

本章参考文献

[1] MILLER J H,SCOTT E. Complex adaptive systems:An introduction to computational models of social life[J]. Journal of Statistical Physics, 2007,129(2):409-410.

[2] NIAZI M A. Introduction to the modeling and analysis of complex systems:A review[J]. Complex Adaptive Systems Modeling,2016,4:1-3.

[3] MANOJ B S,CHAKRABORTY A,SINGH R. Complex networks:A networking and signal processing perspective[M]. Upper Saddle River: Prentice Hall,2018.

[4] THURNER S,HANEL R,KLIMEK P. Introduction to the theory of complex systems[M]. Oxford:Oxford University Press,2018.

[5] 王飞跃,陈俊龙. 智能控制方法与应用(上、下册)[M].北京:中国科学技术出版社,2020.

[6] ZHENG N N,LIU Z Y,REN P J,et al. Hybrid-augmented intelligence: collaboration and cognition[J]. Frontiers of Information Technology & Electronic Engineering,2017,18(2):153-179.

[7] 白昱阳,黄彦浩,陈思远,等. 云边智能:电力系统运行控制的边缘计算方法及其应用现状与展望[J]. 自动化学报,2020,46(3):397-410.

[8] CHEN S Y,ZHANG J,BAI Y Y,et al. Blockchain enabled intelligence of federated systems (BELIEFS):An attack-tolerant trustable distributed intelligence paradigm[J]. Energy Reports,2021,7:8900-8911.

[9] HESTER T,STONE P. TEXPLORE:Real-time sample-efficient reinforcement learning for robots[J]. Machine Learning,2013,90(3): 385-429.

[10] XIONG Y H,ZHENG G J,XU K,et al. Learning traffic signal control from demonstrations[C]//Anon. Proceedings of the 28th ACM International Conference on Information and Knowledge Management. New York:ACM Press,2019:2289-2292.

［11］ROSS S，GORDON G J，BAGNELL J A. A reduction of imitation learning and structured prediction to no-regret online learning［DB/OL］.［2022-11-23］. https：//arxiv. org/pdf/1011. 0686. pdf.

［12］HESTER T，VECERIK M，PIETQUIN O，et al. Deep Q-learning from demonstrations［C］//MCLLRAITH S A，WEINBERGER K Q. AAAI-18/IAAI-18/EAAI-18 Proceedings. Palo Alto：AAAI Press，2018，32（1）：3223-3230.

［13］JING M X，MA X J，HUANG W B，et al. Reinforcement learning from imperfect demonstrations under soft expert guidance［J］. Proceedings of the AAAI Conference on Artificial intelligence，34（04）：5109-5116.

［14］NAIR A，MCGREW B，ANDRYCHOWICZ M，et al. Overcoming exploration in reinforcement learning with demonstrations［C］//IEEE. Proceedings of 2018 IEEE International Conference on Robotics and Automation. Piscataway：IEEE，2018：6292-6299.

［15］GAO Y，XU H Z，LIN J，et al. Reinforcement learning from imperfect demonstrations［DB/OL］.［2022-03-15］. https：//arxiv. org/pdf/1802. 05313. pdf.

［16］RAMÍREZ J，YU W，PERRUSQUÍA A. Model-free reinforcement learning from expert demonstrations：A survey［J］. Artificial Intelligence Review，2022，55(4)：3213-3241.

［17］KILINC O，MONTANA G. Reinforcement learning for robotic manipulation using simulated locomotion demonstrations［J］. Machine Learning，2022，111(2)：465-486.

［18］LI X S，WANG X，ZHENG X H，et al. SADRL：Merging human experience with machine intelligence via supervised assisted deep reinforcement learning［J］. Neurocomputing，2022，467：300-309.

［19］LI X S，WANG X，ZHENG X H，et al. Supervised assisted deep reinforcement learning for emergency voltage control of power systems［J］. Neurocomputing，2022，475：69-79.

［20］XU P D，PEI Y Z，ZHENG X H，et al. A simulation-constraint graph reinforcement learning method for line flow control［C］//Anon. Proceedings of 2020 IEEE 4th Conference on Energy Internet and Energy

System Integration. Piscataway：IEEE，2020：319-324.

[21] XU P D，DUAN J J，ZHANG J，et al. Active power correction strategies based on deep reinforcement learning—Part I：A simulation-driven solution for robustness[J]. CSEE Journal of Power and Energy Systems，2022，8(4)：1122-1133.

[22] PEARL J，MACKENZIE D. The book of why：The new science of cause and effect[M]. New York：Basic Books，Inc.，2018.

[23] HEINDORF S，SCHOLTEN Y，WACHSMUTH H，et al. CauseNet：Towards a causality graph extracted from the web[C]//Anon. CIKM'20：Proceedings of the 29th ACM International Conference on Information & Knowledge Management. New York：ACM，2020：3023-3030.

[24] SPEER R，CHIN J，HAVASI C. ConceptNet 5.5：An open multilingual graph of general knowledge[DB/OL].[2022-03-15]. https：//arxiv. org/pdf/1612.03975.pdf.

[25] JAIMINI U，SHETH A. CausalKG：Causal knowledge graph explainability using interventional and counterfactual reasoning[J]. IEEE Internet Computing，2022，26(1)：43-50.

[26] PEARL J. Causality：Models，reasoning，and inference[M]. 2nd ed. Cambridge：Cambridge University Press，2009.

[27] VIALE R. Causal cognition and causal realism[J]. International Studies in the Philosophy of Science，1999，13(2)：151-167.

[28] TENENBAUM J B，KEMP C，GRIFFITHS T L，et al. How to grow a mind：Statistics，structure，and abstraction[J]. Science，2011，331(6022)：1279-1285.

[29] MARCUS G，DAVIS E. Rebooting AI：Building artificial intelligence we can trust[M]. New York：Pantheon Books，2019.

[30] BAREINBOIM E，BRITO C，PEARL J. Local characterizations of causal Bayesian networks[M]//CROITORU M，RUDOLPH S，WILSON N，et al. Graph Structures for Knowledge Representation and Reasoning. Second International Workshop，GKR 2011. Barcelona，Spain，July 2011. Revised Selected Papapers. Heidelberg：Springer，2012：1-17.

[31] SHPITSER I，SHERMAN E. Identification of personalized effects asso-

ciated with causal pathways[DB/OL]．[2022-02-13]．https：//auai. org/
uai2018/proceedings/papers/198. pdf.

[32] BLOMQVIST E，ALIREZAIE M，SANTINI M. Towards causal knowl-
edge graphs - position paper[DB/OL]．[2022-02-15]．https：//ceur-ws.
org/Vol-2675/paper9. pdf.

[33] ZHANG K，XU P D，ZHANG J. Explainable AI in deep reinforcement
learning models：A SHAP method applied in power system emergency
control[C]//IEEE. Proceedings of 2020 IEEE 4th Conference on Ener-
gy Internet and Energy System Integration. Piscataway：IEEE，2020：
711-716.

[34] ZHANG K，XU P D，GAO T L，et al. A trustworthy framework of ar-
tificial intelligence for power grid dispatching systems[C]//IEEE. Pro-
ceedings of 2021 IEEE 1st International Conference on Digital Twins and
Parallel Intelligence. Piscataway：IEEE，2021：418-421.

[35] ZHANG K，ZHANG J，XU P D，et al. Explainable AI in deep rein-
forcement learning models for power system emergency control[J].
IEEE Transactions on Computational Social Systems，2022，9（2）：
419-427.

[36] DAI Y X，CHEN Q M，ZHANG J，et al. Enhanced oblique decision tree
enabled policy extraction for deep reinforcement learning in power system
emergency control［J］. Electric Power Systems Research，2022，
209：107932.

[37] 李金星，李湘，高天露，等. 基于电网多元信息知识图谱的故障处置研究
及应用[J]. 电力信息与通信技术，2021，19(11)：30-38.

[38] 戴宇欣，陈琪美，高天露，等. 基于加权倾斜决策树的电力系统深度强化
学习控制策略提取[J]. 电力信息与通信技术，2021，19(11)：17-23.

第 7 章
人机混合增强智能评估及自主进化关键技术

　　高动态系统往往是不断演化的开放系统,在混合智能部署的过程中,智能体的智能水平应能够适应高动态系统的需求,但智能体的智能水平涉及多个维度,且难以直观科学地表达,如何对智能体的智能水平进行评测,从而驱动智能体趋优进化,仍是一个亟待解决的科学问题。笔者立足于电力系统有功校正控制这一场景,提出了基于评估指标体系的调控系统智能体智能量化评估方法。首先参考 Gardner(加德纳)多元智力理论和人类认知划分方法,建立了智能体的智能量化评估指标体系;基于所建立的指标体系,模仿 Raven(瑞文)智力测试等人类智力测试方法和模式,提出了一种可移植、适用性强的智能水平客观量化评估方法,为解决系统智能水平量化问题提供了有效的思路。在此基础上,笔者提出了一种基于智能量化评估的智能体自主趋优进化方法,结合进化算法等启发式优化算法,以智能量化评估结果为目标函数,对智能体最优超参数实现自动搜索并在训练过程中进行动态调节,以避免因经验不足而导致需要对超参数数值进行反复尝试和最终寻找到的是次优解,并且能够在训练过程中动态调节超参数数值,提高了智能体在高动态系统中的自适应能力。

7.1　引言

　　自 20 世纪 50 年代人工智能的概念被提出以来,相关领域的研究主要集中在新型智能体的设计与构建,以及其在各科学或工程领域的应用方面。在过去的十多年中,对人工智能的研究大部分集中在人工智能的设计、应用和客观评价上,关于利用人工智能进行评价和人工智能量化评估的研究较少,关于人机混合增强智能的量化评估的研究更少。图 7-1 所示为各类人工智能研究的占比。人机混合增强智能的评估与自主进化,需要以人工智能评估与自主进化技术为核心。因此,本节主要介绍人工智能量化评估及自主进化方法。

　　迄今为止,智能体普遍面临着难以被理解的问题,进而难以用统一的标准

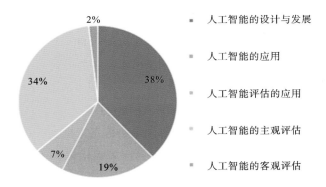

图 7-1　各类人工智能研究的占比

对其进行评估比较,而建立统一的评估标准能够帮助智能体的设计者和使用者构建更为类人、完成预设任务(如电网管控)的能力更强的智能系统。为此,需要提出一个统一且便于理解的方法或标准,以更好地评估、比较智能系统。此外,强化学习算法作为现今广泛使用的智能体构建经典算法之一,面临着这样的问题:算法难以快速探索出在真实环境中表现良好的模型,相关算法具有脆弱性,对电网等复杂领域中的问题,手动寻找强度中等的超参数需付出非常高昂的代价;在有大量计算需求的领域中,需提升强化学习算法的灵活性。这些问题虽然可以利用自动强化学习(automated reinforcement learning,AutoRL)技术解决[1],但是在对其进化结果的理解和解释方面,AutoRL 算法存在和智能体构建算法相同的问题。

　　智能评估是指通过主观或客观的衡量,对智能体的智能水平进行描述的方法;智能量化评估就是对智能体智能水平的客观量化衡量,以量化的形式对衡量结果进行描述。目前,有关人工智能及其智能评估的研究依然停留在主观定性阶段,譬如运用图灵测试[2]、基于机器行为与人类行为的相似性方法[3]、专家打分[4]等方法评价智能体的智能水平。这些智能评估方法依赖专家的经验,且难以客观地量化反映人工智能的智能水平。对智能体智能水平的量化评估一直是相关研究领域的难题,现阶段仅有两项研究对此进行了探讨[5,6]。然而,上述智能评估方法仍然集中在理论层面,对机器智能的客观定量评估方法的研究依然有所欠缺[7]。

　　自动强化学习是一种专门针对强化学习智能体自主进化的自动机器学习(automated machine learning,AutoML)技术,旨在通过自主调整强化学习智能体的网络架构、超参数和算法,实现智能体的自主进化[1]。自动强化学习是一种由数据驱动的、将整个机器学习流程自动化的智能体生成优化系统,可以大幅降低智能体的开发成本,同时获得性能良好的智能体[8-14]。自动机器学习系统常采用优化搜索方法,主要包括进化算法[10]、贝叶斯优化算法[8, 11, 12, 14]等。贝叶斯优化算法作为一种被广泛使用的系统自主进化方法,具有顺序决策能力,被应用在工业和各种科学实验之中[1],例如贝叶斯优化算法可用于调整AlphaGo 的超参数以提升 AlphaGo 下围棋时的得胜率[1,15]。Hernández-Lobato等人[16]提出了一种用于解决约束贝叶斯优化的信息论框架,以解决全局黑盒优化问题。还有的研究人员通过贝叶斯优化算法来优化集合超参数[17],并将贝叶斯优化算法应用到条件空间优化之中[18],用于解决算法选择和超参数优化相结合的问题等。由于传统的贝叶斯优化算法需要庞大的计算量,因此部分研究人员对贝叶斯优化算法进行了改进。Wang 等人[19]提出了集成贝叶斯优化算法,以同时解决贝叶斯优化算法在以下三个方面可能遇到的问题:大尺度观测、高维输入空间、平衡质量和多样性的批处理查询选择。

为了更直观而全面地展示所提出的智能评估与自主进化技术,我们采用电网调控系统作为实验平台。利用智能体解决电力系统调控问题是人工智能应用研究中的一大方向,这些研究中相当的一部分集中在电网校正控制智能体方面。电力系统的校正控制是指在电网线路过载时,通过发电机组重新分配、负荷削减、网络拓扑结构调整等操作,消除或减轻线路过载现象,确保电网安全稳定运行的电网调控技术。目前,对电力系统校正控制的研究主要集中在借由传统方法或人工智能技术对故障后的电网状态进行调节,以提升现代电网的暂态稳定性能[20],确定传输网络投资和安全概率[21],以及应对电网的不确定性[22]等方面。随着人工智能技术的高速发展,利用智能体解决电网校正控制问题成为一种行之有效的方法。现在利用智能体的优化和进化实现电网校正控制已基本可行,如利用强化学习实现电网校正控制[23],其中 DRL 技术在相关问题中的应用较为广泛,相应研究也正逐步增加和深入。

为实现人机混合增强智能系统的智能评估及自主进化,笔者以电网校正控制智能体为例,对基于智能量化评估的智能体自主趋优进化进行了研究;以平行系统为基础平台,构建了基于平行系统的人工智能量化评估和自主进化(PLASE)系统。首先,模仿人类智力测试的方法和理论,建立了智能量化评估指标体系,以实现智能的量化评估。然后,结合贝叶斯优化和自动强化学习技术,针对执行电网校正控制任务的 DRL 智能体,以及智能体自主进化目标函数,提出了基于智能量化评估的智能体自主趋优进化方法。最后,对所构建的PLASE 系统进行了算例验证。算例结果表明,利用所构建的智能量化评估指标体系可以评估不同智能体的智能水平,并据此在训练情况较好的智能体中选取智能水平最高、调控电网能力最好的智能体;PLASE 系统能通过调整超参数来提升智能体的智能水平,改善相应电网运行状态,实现基于智能评估的智能体自主趋优进化。所提出的智能评估与自主进化技术将会进一步扩展到人机混合增强智能系统之中,用以实现人机混合增强智能的评估与自主进化。

7.2　PLASE 系统

7.2.1　PLASE 系统的基本结构和目标函数

现阶段电网校正控制智能体的训练和进化实现过程,主要在虚拟系统,即电网分析和仿真系统(如 PSASP 和 PSE/E 系统)中进行。为了便于介绍 PLASE 系统中智能体的智能评估和自主进化,首先需要解释平行系统理论。

平行系统理论是近年来发展出的复杂系统建模和分析框架,通过虚实交互和平行执行实现复杂系统的管控。平行系统由复杂系统、人工系统和相关辅助系统组成,其中辅助系统用于复杂系统的训练、评价和控制。通过对人工系统的训练、评价和管控,平行系统能够获得实际系统的进化方案;通过该方案可以实现实际系统的进化。在平行系统运行过程中,采用了 ACP(A—artificial systems,人工系统;C—computational experiments,计算实验;P—parallel execution,平行执行)方法[24]。平行系统运行时使用了学习与训练、实验与评估、管理与控制三种方式。基于 ACP 方法,PLASE 系统使用如下流程来实现电网校正控制智能体的智能评估和自主进化:首先,基于实际系统,构建目标电网的人工系统,并利用学习与训练模块对执行特定任务的智能体进行构建和训练;然后,将由实验与评估模块对完成训练的智能体的智能水平进行量化评估;最后,利用管理与控制模块,基于已有智能体和其智能水平,生成进化后的电网校正控制智能体。PLASE 系统的基本运行流程如图 7-2 所示。

在 PLASE 系统中,智能体的进化主要经由自动强化学习和贝叶斯优化实现,因此可以从自动强化学习的目标[1]和贝叶斯优化的基本原理[25]出发,将电网校正控制智能体基于智能评估的自主进化问题解释为:在有限迭代和相同的智能指标、测试场景中,寻找具有最高综合智能水平 $I^{(k)}$ 的智能体 $T^{(k)}$ 及其超参数 $p^{(k)}$(这些超参数被保存在搜索空间中)的过程。在进化过程中,电网控制智能体仍然需要满足其设计目标和约束条件。简要来说,自主进化就是寻找满足下列公式的 T^* 和相应 p^* 的过程:

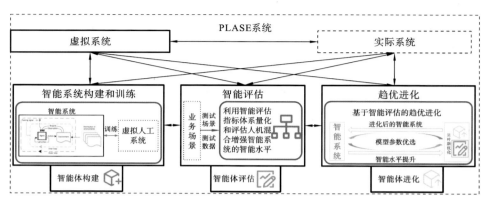

图 7-2　PLASE 系统的基本运行流程

$$T^* = \mathrm{argmax}_{1 \leqslant k \leqslant K} I^{(k)}\left(T^{(k)}\left(p^*\right), n_m\right) \tag{7-1}$$

$$p^* = \mathrm{argmax}_{1 \leqslant k \leqslant K} J\left(T^{(k)}\left(p^{(k)}\right)\right) \tag{7-2}$$

式中：T^* 和 p^* 分别表示具有相对最高综合智能水平 I^* 的最优智能体与其超参数；$T^{(k)}$ 表示在进化过程中，第 k 次迭代时生成的电网校正控制智能体；$p^{(k)}$ 是第 k 次迭代时生成的智能体的超参数；$I^{(k)}$ 是第 k 次迭代时生成的智能体的综合智能水平；k 是进化的迭代次数；K 是迭代的总次数；J 是控制 $T^{(k)}$ 的奖励函数；n_m 是智能评估中使用的测试场景，m 则是智能评估中选取的待测智能指标。

7.2.2　PLASE 系统的结构

以下从三个方面对 PLASE 系统的结构进行介绍：强化学习智能体的训练；智能量化评估；自主进化。

1. 强化学习智能体的训练

平行系统中一般人工系统的求解过程可表示如下：

$$\left\{\hat{F}_t^{\mathrm{A},(k)}, \hat{H}_t^{\mathrm{A},(k)}, \hat{U}_t^{\mathrm{A},(k)}, \hat{U}_t^{\mathrm{R},(k)}\right\} = \min_{F_t^{\mathrm{A},(k)}, H_t^{\mathrm{A},(k)}, U_t^{\mathrm{A},(k)}, U_t^{\mathrm{R},(k)}} D\left(Y_{1:t}^{\mathrm{R},(k)}, Y_{1:t}^{\mathrm{A},(k)}\right)$$

s. t. $\qquad$ $\mathrm{Constraints}\left(F_t^{\mathrm{A},(k)}, H_t^{\mathrm{A},(k)}, U_t^{\mathrm{A},(k)}, U_t^{\mathrm{R},(k)}\right)$ $\qquad$ (7-3)

式中：$\hat{F}_t^{\mathrm{A},(k)}$ 和 $F_t^{\mathrm{A},(k)}$ 是虚拟电力系统的潮流计算函数；$\hat{H}_t^{\mathrm{A},(k)}$ 和 $H_t^{\mathrm{A},(k)}$ 是虚拟电力系统的观测函数；$\hat{U}_t^{\mathrm{A},(k)}$ 和 $U_t^{\mathrm{A},(k)}$ 是虚拟电力系统中电网校正控制智能体在 t 时刻输出的动作和操作；$\hat{U}_t^{\mathrm{R},(k)}$ 和 $U_t^{\mathrm{R},(k)}$ 是在 t 时刻实际电网的控制量；$D\left(Y_{1:t}^{\mathrm{R},(k)}, Y_{1:t}^{\mathrm{A},(k)}\right)$ 表示实际系统观测量 $Y_{1:t}^{\mathrm{R},(k)}$ 和虚拟系统观测量 $Y_{1:t}^{\mathrm{A},(k)}$ 间的差异；$\mathrm{Constraints}\left(F_t^{\mathrm{A},(k)}, H_t^{\mathrm{A},(k)}, U_t^{\mathrm{A},(k)}, U_t^{\mathrm{R},(k)}\right)$ 是潮流计算函数、观测函数、智能体的控制动作、实际电网控制量的约束条件。$\hat{F}_t^{\mathrm{A},k}$、$\hat{H}_t^{\mathrm{A},k}$、$\hat{U}_t^{\mathrm{A},k}$ 和 $\hat{U}_t^{\mathrm{R},k}$ 适用于 $D\left(Y_{1:t}^{\mathrm{R},k}, Y_{1:t}^{\mathrm{A},k}\right)$ 取最小值的情况。

对于所研究的实际电力系统及相应的虚拟电力系统，$F_t^{A,(k)}$ 和 $H_t^{A,(k)}$ 已知，$D(Y_{1:t}^{R,(k)}, Y_{1:t}^{A,(k)})$ 可忽略不计；$U_t^{A,(k)}$ 和 $U_t^{R,(k)}$ 由 PLASE 系统中每次迭代生成的智能体 $T^{(k)}$ 给出。因此，对于 PLASE 系统生成的智能体，有：

$$T^{(k)} = J(X_t^{A,(k)}, Y_t^{A,(k)}, Y_t^{R,(k)}, p^{(k)}) \tag{7-4}$$

式中：$T^{(k)}$ 表示电网校正控制智能体；J 是奖励函数；$X_t^{A,(k)}$ 表示虚拟电力系统在 t 时刻的状态；$Y_t^{A,(k)}$ 表示在 t 时刻虚拟电力系统中智能体观测到的目标电网电气量；$Y_t^{R,(k)}$ 表示在 t 时刻实际电力系统中智能体观测到的目标电网电气量；$p^{(k)}$ 是电网校正控制智能体的超参数。PLASE 系统通过"学习与训练"模块实现的智能体训练过程中，用 J 控制 $T^{(k)}$ 的过程可表示为：

$$\{\hat{T}^{(k)}\} = \max_{T^{(k)}}\{J\} \tag{7-5}$$

依据实验中的电网校正控制问题的建模，借助 DRL 技术，建立电网校正控制智能体 $T^{(k)}$。$T^{(k)}$ 接收到的电网状态为 $X_t^{A,(k)} = \{X_{t,P}^{A,(k)}, X_{t,Q}^{A,(k)}, X_{t,B}^{A,(k)}, X_{t,Pre}^{A,(k)}, X_{t,\rho}^{A,(k)}\}$，其中 $X_{t,P}^{A,(k)}$ 和 $X_{t,Q}^{A,(k)}$ 分别表示 t 时刻的电网有功和无功状态，包括发电机有功输出、负荷消纳、线路两端潮流等；$X_{t,B}^{A,(k)}$ 表示 t 时刻电力设备母线连接情况；$X_{t,Pre}^{A,(k)}$ 表示 t 时刻每台发电机重新分配的电量；$X_{t,\rho}^{A,(k)}$ 是 t 时刻线路负载率。电力系统观测量为 $Y_t^{A,(k)} = \{Y_{t,P}^{A,(k)}, Y_{t,Q}^{A,(k)}, Y_{t,B}^{A,(k)}, Y_{t,Pre}^{A,(k)}, Y_{t,\rho}^{A,(k)}\}$，其中 $Y_{t,P}^{A,(k)}$ 和 $Y_{t,Q}^{A,(k)}$ 分别表示在 t 时刻的电网有功和无功观测量；$Y_{t,B}^{A,(k)}$ 表示 t 时刻电力设备母线连接情况的观测量；$Y_{t,Pre}^{A,(k)}$ 表示 t 时刻每台发电机重新分配电量的观测量；$Y_{t,\rho}^{A,(k)}$ 是 t 时刻线路负载率观测量。用于电网校正控制智能体 $T^{(k)}$ 训练的奖励函数为：

$$J = \begin{cases} 0, & \text{不动作} \\ -2, & \text{系统崩溃} \\ J^*, & \text{其他} \end{cases} \tag{7-6}$$

式中：

$$J^* = \sum_{i=1}^{N_{line}} \frac{\max(0, 1-(Y_{t,\rho,i}^{A,(k)})^2) - 10\max(0, Y_{t,\rho,i}^{A,(k)}-1) - 5\max(0, Y_{t,\rho,i}^{A,(k)}-0.9)}{100}$$

其中 N_{line} 表示电网的线路总数，$Y_{t,\rho,i}^{A,(k)}$ 为 t 时刻线路 i 的负载率观测量。该奖励函数通过评价电网校正控制智能体 $T^{(k)}$ 配置的电力系统的可用传输功率，对电网校正控制智能体的性能进行评价。

2. 智能量化评估

为实现智能体智能水平的客观量化评估，笔者模仿人类智力测试方法，提出了智能体的智能量化评估方法。该方法量化评估智能体智能水平的基本步骤（见图 7-3）如下：

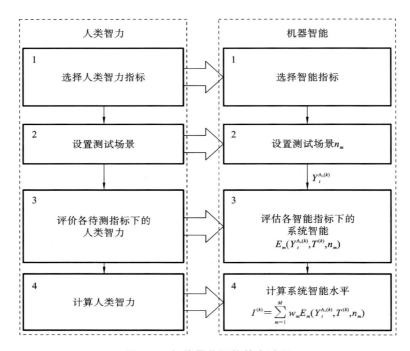

图 7-3　智能量化评估基本过程

（1）构建人工智能量化评估指标体系，并依据智能体所执行的任务、智能体所具有的特点，以及智能体运行过程中所展现出来的能力，从指标体系中选取合适的待测智能指标 m。

智能体是模仿人类智力所构建的，是具有与人类智力相仿的智能的系统或机器，而机器智能的本质是对人类智力的模仿和替代。模仿人类智力水平量化评价方式来实现智能体智能水平的量化评估具有一定的可行性。人类智力水平评价的相关研究已较为成熟，各种人类智力测试方法（如基于 Gardner 的多元智力理论的人类智力测试方法和 Raven 智力测试方法[26]）也被陆续提出，这些方法可以为智能体的量化评估模式的提出提供有益的启示和良好的借鉴。为建立机器智能评估指标体系，需要分析人类智力的测试理论和方法，明确人类智力评价指标和人类认知的划分情况。

由经典人类智力理论和测试方法可知，从人类所具有的与智力相关的能力出发，可以根据人类智力制定出相应的智力指标。例如，人类智力经典理论之一的 Gardner 多元智力理论，依据人所具有的与智力相关的能力，确定了八种人类智力指标：语言智力、数学逻辑智力、空间智力、身体运动智力、音乐智力、人际智力、自我认知智力和自然认知智力[27]。而人的认知划分理论则将人类认知的层级划分为如下五个:神经认知、心理认知、语言认知、思维认知和文化认知[28]。人类智力测试评价往往是通过合适的考试和测验等方式来测试这些人类智力指标,并利用人在各智力指标上的测试得分,客观量化和评价人类的智力水平。同样,对机器智能的量化评价,可以参考对人类智力的测试方法,经由对智能指标的测试实现。

机器智能是智能系统和智能体在不同场景中实现其设计目标的能力。因此,模仿人类智力测试指标的划分方式,参考人类智力评价理论和认知理论,随后,依照代表性、全面性的原则,分别从与人类的相似程度和优越性、任务完成情况、(为完成任务和设计目标所应具有的)智能水平这三个方面,确定了 35 个智能指标,构建了如图 7-4 所示的智能量化评估指标体系。在此过程中,考虑各智能指标是否具有相交的智能特征,将这 35 个指标划分为 9 个综合指标和 26 个细化指标(图 7-4 中可靠性、感知能力、思维能力不会用于智能评估,不属于综合指标,它们主要用于对细化指标的归类)。细化指标是具有相同智能特征的智能指标的集合,综合指标之间没有相交的智能特征。后续在对各智能系统的智能水平量化评估过程中,均可从该指标体系中选取合适的待测指标。

(2)依据所选的智能指标 m,设置测试场景 n_m。在测试场景的设置过程

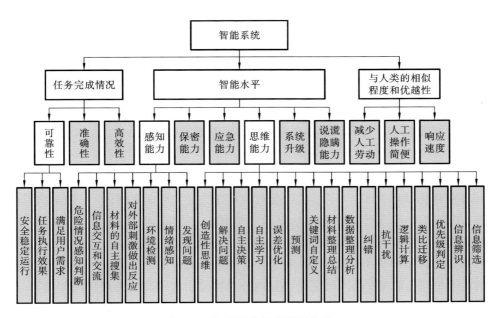

图 7-4 智能量化评估指标体系

中,除了所选的智能指标之外,还需要考虑目标智能体的训练场景,与智能指标相对应的目标智能体具有的能力、训练和测试场景的相似度,以及测试场景本身的难度。

（3）在所设置的测试场景中,通过计算实验,获得智能体在目标电网测试场景中运行状态的观测量 $Y_t^{A,(k)}$；利用智能指标 m 的量化评分函数 $E_m(Y_t^{A,(k)},T^{(k)},n_m)$,对被测智能体在针对智能指标 m 的测试场景 n_m 中呈现的智能水平进行量化评分。在此过程中,需要依照 m 所代表的能力,以及 $Y_t^{A,(k)}$ 中包含的电网运行状态参数,选取合适的指标量化评分函数。

（4）依据步骤（3）中所得指标 m 的智能评分结果,智能体的综合智能水平为：

$$I^{(k)} = \sum_{m=1}^{M} w_m E_m(Y_t^{A,(k)},T^{(k)},n_m) \tag{7-7}$$

式中：M 是在评估电网校正控制智能体时所选待测指标的总数；w_m 是指标权重,可采用熵权法这一较为经典且使用较为广泛的权重确定方法予以求取。

人机混合增强智能系统的智能水平量化评估也基本按照上述流程进行。

3. 自主进化

PLASE 系统中智能体的自主进化过程,就是通过控制虚实系统的控制量 $U_t^{A,(k)}$ 和 $U_t^{R,(k)}$,获得最优的智能体智能量化评估结果 $I^{(k)}$ 的过程,可以表示为：

$$\{\hat{U}_t^{A,(k)},\hat{U}_t^{R,(k)}\} = \max_{U_t^{A,(k)},U_t^{R,(k)}}\{I^{(k)}\} \tag{7-8}$$

$\hat{U}_t^{A,(k)}$ 主要由 $T^{(k)}$ 提供,因而在仅考虑虚拟系统的情况下,通过调整控制 $T^{(k)}$ 而最大化 $I^{(k)}$ 的过程可以表示为：

$$\{\hat{T}^{(k)}\} = \max_{T^{(k)}}\{I^{(k)}\} \tag{7-9}$$

此处对 $T^{(k)}$ 的控制可以通过调整 $p^{(k)}$ 来实现,从而可得 PLASE 系统所采用的基于智能量化评估的智能体自主趋优进化基本框架：

$$\{\hat{p}^{(k)}\} = \max_{p^{(k)}}\{I^{(k)}\} \tag{7-10}$$

为通过控制 $p^{(k)}$ 实现 $I^{(k)}$ 的自主进化,PLASE 系统引入了贝叶斯优化算法和自动强化学习技术。其中,自动强化学习算法主要负责智能体 $T^{(k)}$ 的生成、训练、评估和进化,贝叶斯优化算法则负责具体的进化流程。贝叶斯优化算法以智能体的智能量化评估结果为输入,取高斯过程（Gaussian process,GP）为贝叶斯优化算法的概率代理模型,通过调整优化智能体的超参数 $p^{(k)}$,提升智能体智能水平 $I^{(k)}$,实现智能体的进化；超参数 $p^{(k)}$ 主要指智能体的神经网络架构及智能体本身的相关参数。电网校正控制智能体的进化通过智能体综合智能水平的提升表现。PLASE 系统的智能体自主进化过程如图 7-5 所示。

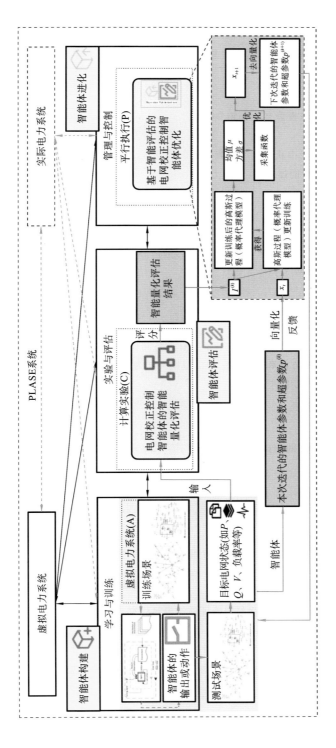

图 7-5 PLASE系统的智能体自主进化过程

PLASE 系统针对电网校正控制智能体的自主进化算法如下。

算法 7-1　基于智能量化评估的自主进化算法

1.	当 $k \leqslant K$ 时
2.	如果 $k=1$
3.	随机选取模型参数和超参数 $p^{(k)}$
4.	否则
5.	从前几次迭代中获取模型参数和超参数 $p^{(k)}$
6.	由 $p^{(k)}$ 建立智能体 $T^{(k)}$
7.	当 $s \leqslant S$ 时
8.	若 done $=$ False
9.	$T^{(k)}$ 依据前次观测量 $Y_{t-1}^{A,(k)}$ 给出智能体动作
10.	由现有观测量 $Y_t^{A,(k)}$ 获取奖励 J
11.	通过 J 训练 $T^{(k)}$
12.	$s=s+1$
13.	循环结束
14.	在测试场景 n_m 中测试智能体 $T^{(k)}$ 并获取 $Y_t^{A,(k)}$
15.	通过评分公式计算智能体在智能指标的各测试场景中的测试得分 $E_{m,n}$
16.	通过 Z-score 方法和逻辑方法将 $E_{m,n}$ 归一化为 $E'_{m,n}$
17.	从 $E'_{m,n}$ 中获取比例 r_{mn}
18.	计算信息熵 e_n
19.	获取权重 w_n
20.	获取智能指标的测试得分 $E_m(Y_t^{A,(k)}, T^{(k)}, n_m) = \sum_{n=1}^{N} 100 w_n E'_{m,n}$
21.	通过重复步骤 14～19 获取指标权重 w_m，或将指标权重设置为 $w_m=1/M$
22.	计算综合智能水平 $I^{(k)}$
23.	将 $(T^{(k)}, I^{(k)})$ 保存到检索历史集合 His $= \{(T^{(1:k)}, I^{(1:k)})\}$ 中
24.	如果 $I^{(k)} > I^*$
25.	$I^* = I^{(k)}$ 将作为目前最优的智能评估结果被保存，相应智能体 $T^{(k)}$ 即为最优智能体
26.	否则
27.	I^* 将作为目前最优的智能评估结果被保存，相应智能体 T^* 为最优智能体
28.	通过 $p^{(k)}$ 和 $I^{(k)}$ 更新高斯过程
29.	从更新后的高斯过程中获取均值 $\mu(I_p)$ 和方差 $\sigma(I_p)$
30.	利用 $\mu(I_p)$ 和 $\sigma(I_p)$ 构建采样函数 $\alpha(p)$，通过优化 $\alpha(p)$ 获取 $p^{(k+1)}$
31.	$k=k+1$
32.	结束循环

在以上算法中：$(1:k)$ 表示从第 1 次到第 k 次迭代；K 表示迭代进化的总次数；$His=\{(T^{(1:k)}, I^{(1:k)})\}$ 表示智能体进化过程中存储的检索历史集合；s 表示每次迭代中智能体的训练次数；S 表示智能体训练的总次数；$\alpha(p)$ 是贝叶斯优化采用的采样函数，通过优化 $\alpha(p)$ 可以获得下一次迭代时将要生成智能体的超参数 $p^{(k)}=\arg\min_p \alpha(p)$；$\mu(I_p)$ 和 $\sigma(I_p)$ 分别是智能评估结果 I_p 的后验均值和标准差；$E'_{m,n}$ 表示经过归一化处理后的指标评分结果；r_{mn} 表示各个 $E'_{m,n}$ 在所有归一化指标评分结果中的占比；e_n 表示信息熵；w_n 表示各评分公式的权重。

对本实验中所构建的电网校正控制智能体，按预期提升（expected improvement，EI）策略建立采集函数，其表达式为：

$$\alpha(p)=(\mu(I_p)-I^*)\Phi\left(\frac{\mu(I_p)-I^*}{\sigma(I_p)}\right)+\sigma(I_p)\varphi\left(\frac{\mu(I_p)-I^*}{\sigma(I_p)}\right) \quad (7\text{-}11)$$

式中：$\Phi(\cdot)$ 是标准正态分布的累积分布函数；$\varphi(\cdot)$ 是标准正态分布的概率密度函数。该采集函数能够以较低的评价成本找到 $p^{(k+1)}$。

混合智能的自主进化也基本按上述方法和流程实现，其中人机交互模块的评估和进化可以参考认知可靠性分析的优化方法；具体方法和步骤还在研究中。

7.3 算例实验

7.3.1 实验设计

算例实验采用电网校正控制作为智能评估与自主进化系统的应用场景。其中，电网校正控制智能体的构建采用了 DRL 技术。该智能体运行在 Grid2Op 平台上，相应场景也在该平台上构建。实验开始前还需明确目标电网、智能评估的待测智能指标、智能指标的测试场景，以及其他实验信息的设置。

1. 目标电网

实验采用的目标电网为一个 36 节点电网，如图 7-6 所示。目标电网的训练场景集中包含 600 种不同的运行环境，每个运行环境包括电网设备在一周内每隔 5 min 的运行数据。图 7-7 给出了工作日（第 4 天和第 25 天）和休息日（第 13 天）目标电网负荷有功功率曲线，这些曲线反映了电网的运行状态。

电网校正控制的目标是在保证系统正常运行的情况下，降低电网调整成

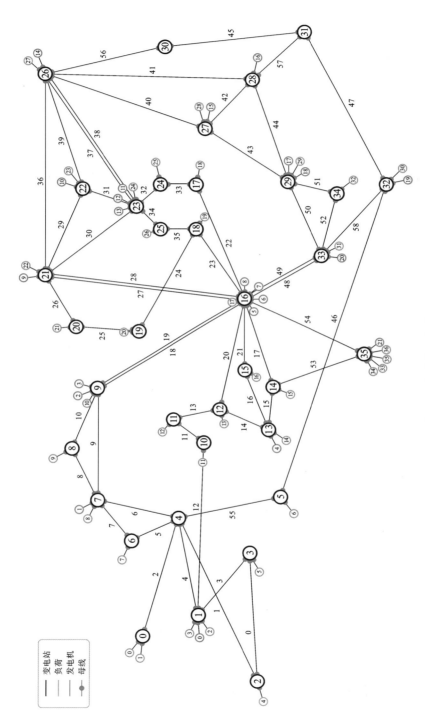

图 7-6 实验用目标电网

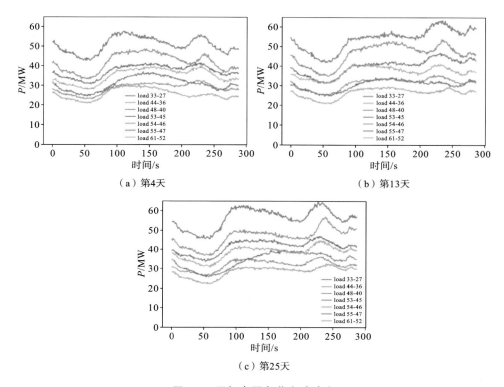

图 7-7　目标电网负荷有功功率

本,保障输电线上的最大电力输送。在此过程中,对电网的影响应尽可能小。
假设电网拓扑调整无成本,电网校正控制问题的目标函数和约束如下:

$$\max Y_{t,P,\text{line}}^{\text{A},(k)} + \min C(\,|\,\Delta X_{P,G}^{\text{A},(k)}\,|\,,\Delta X_{P,L}^{\text{A},(k)}\,) \tag{7-12}$$

$$\text{s. t.} \qquad Y_{t,P}^{\text{A},(k)} \leqslant P_{\max}$$

$$N_{U,\text{line}} + N_{U,\text{bus}} \leqslant N_{U,C}$$

$$|\,\Delta X_{P,G}^{\text{A},(k)}\,| \leqslant \min(P_{G\max} - X_{t,P,G}^{\text{A},(k)},\text{Ra}_{\text{up}})$$

$$|\,\Delta X_{P,G}^{\text{A},(k)}\,| \leqslant \min(X_{t,P,G}^{\text{A},(k)} - P_{G\min},\text{Ra}_{\text{down}})$$

式中:$Y_{t,P,\text{line}}^{\text{A},(k)}$、$Y_{t,P}^{\text{A},(k)}$ 表示 t 时刻线路的有功功率;$C(\ )$ 表示调整成本函数;
$\Delta X_{P,G}^{\text{A},(k)} = X_{t,P,G}^{\text{A},(k)} - X_{t-1,P,G}^{\text{A},(k)}$ 和 $\Delta X_{P,L}^{\text{A},(k)} = X_{t,P,L}^{\text{A},(k)} - X_{t-1,P,L}^{\text{A},(k)}$ 分别表示 t 时刻发电机组
重新分配和负荷削减调整量,该目标函数假设电网拓扑结构调整过程无成本,
$X_{t,P,G}^{\text{A},(k)}$、$X_{t-1,P,G}^{\text{A},(k)}$ 分别表示 t 时刻、$t-1$ 时刻发电机组有功功率,$X_{t,P,L}^{\text{A},(k)}$、$X_{t-1,P,L}^{\text{A},(k)}$ 分
别表示 t 时刻、$t-1$ 时刻线路有功功率;$P_{\max}$ 是线路有功功率的极限值或最大
值;$N_{U,\text{line}}$、$N_{U,\text{bus}}$ 和 $N_{U,C}$ 分别表示线路切换动作数量、母线切换动作数量和允许

的拓扑调整动作数量;P_{Gmax}和P_{Gmin}分别表示发电机组输出功率的上、下限;Ra_{up}和Ra_{down}分别表示发电机组爬坡能力的上、下限。

2. 智能指标选取

智能指标的选取需要考虑电网校正控制智能体的设计目标和能力。对于电网校正控制问题,智能体应在确保经济性和鲁棒性的情况下,控制目标电网的电能输送。相应电网调控动作包括但不限于网路拓扑调整、发电能量重分配,以及切负荷。因此,智能体应能够在任意场景中,以最低的运行成本确保电网稳定运行,借此实现在不同场景中的迁移。因此,类比迁移指标被选为智能评估的待测智能指标。

3. 测试场景设置

对测试场景的设置,需要考虑所选智能指标的需求,训练和测试场景的相似度,以及测试场景本身的难度。训练和测试场景设置如下:

(1)训练场景:实验中采用 L2RPN 提供的运行环境作为训练场景。该场景集中包含 600 个不同的场景,涵盖了目标电网可能遇到的各种不正常运行状态;这些不正常运行状态以每天一次、一次一种的频率发生,每次发生的持续时间随机;每个场景包含一周内每 5 min 的电网运行状态数据。

(2)类比迁移指标的测试场景:类比迁移指标的测试场景用于测试智能体在不同场景中迁移时实现电网校正控制效果的稳定性,确保系统安全稳定运行。L2RPN 提供的测试场景集中的运行环境被选为测试场景。该场景集中包含 24 个不同且独立的、未在训练场景集中出现过的场景,其余设置和训练场景集相同。

4. 其他实验信息

实验采用基于 DDDQN(dueling double DQN,竞争双深度 Q 网络)的训练模式,实验中可以调整的超参数包括学习率(LR)、学习率衰减率(LR decay rate,LRdr)、学习率衰减步数(LR decay step,LRds)、隐藏层神经元数量(hs)和批量样本数量(bs)。实验中,随机选取了三个超参数,即 bs、hs 和 LR。为更清晰地表达智能体智能水平随训练步数增加的变化情况,实验中所有智能体均训练 2000 次,每次训练 864 步。在此情况下,智能体将会训练 80 万～100 万步。因此,智能体的预设训练周期为 80 万～100 万步。在智能评估过程中测试 24 个场景,每个场景的最大运行时间步长为 2016 步。

根据电网校正控制问题的目标和约束,电网校正控制智能体应能够在保证最大能量传输的情况下降低电网调整成本。因此,实验采用 24 个场景中电网校正控制智能体的运行成本[29]的均值,作为类比迁移指标的智能评分。由于实验中仅测试评估了类比迁移指标,因此该指标权重为 1;类比迁移指标的评分即为智能体的智能评分,即智能体的综合智能水平。为确保训练中场景抽取的随机性,进而保证实验结果的可靠性,增加实验结果的说服力,笔者对每个智能体进行了 10 次蒙特卡罗实验。在每次蒙特卡罗实验中,智能体每训练 1.5 万步评估一次智能水平。

7.3.2 基准智能体的智能评估结果

首先,需验证所提出的智能量化评估方法能够量化地评价智能体的智能水平。因此,我们选取一个基准智能体,用于智能量化评估方法的验证。该智能体的超参数设置如表 7-1 所示。智能体训练过程中的智能评分反映了智能体智能水平的变化情况。该智能体智能评分随训练步数增加的变化情况如图 7-8 所示。

表 7-1 基准智能体的超参数

超参数	LR	bs	hs	LRds	LRdr
取值	10^{-5}	64	128	32768	0.95

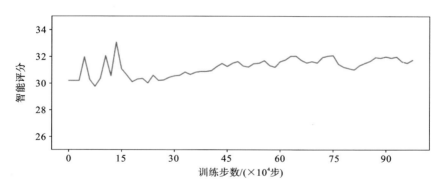

图 7-8 基准智能体智能评分随训练步数增加的变化情况

由图 7-8 可知,基准智能体的智能评分随着训练步数的增加逐步提升。依据 $E_m(Y_t^{A,(k)}, T^{(k)}, n_m)$ 可知,该智能体可以以较低的运行成本实现目标电网的电能输送,其智能评分的变化趋势与图 7-9 中的智能体平均奖励值变化趋势类似。随着平均奖励值的增加,智能体的智能水平逐步提高。因此,利用该智能量化评估方法获得的智能评分与智能体的智能水平变化趋势相匹配,所提出的智能量化评估方法能量化评估智能体的智能水平。

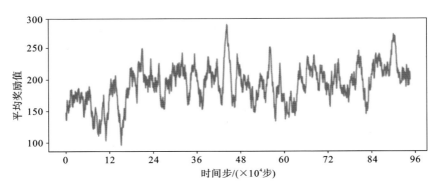

图 7-9 基准智能体的平均奖励值变化情况

7.3.3 超参数对智能体智能水平的影响

下面进一步探讨不同超参数对智能体智能水平的影响,为 PLASE 系统中智能体进化奠定基础。通过实验比较不同超参数智能体的智能评分,进而探寻超参数对智能体智能水平的影响。

基于实验设计,我们仅探讨 LR、bs 和 hs 对智能体智能水平的影响。基于表 7-1 中的超参数设置,在超参数调整实验中依次调整上述三个超参数中的某一个的取值,其余超参数保持不变。被调整的超参数的取值通过一定范围内幂指数的随机取样(抽取 5 个样本)获得。各超参数的取值范围如表 7-2 所示。

表 7-2 超参数取值范围

超参数	LR	bs	hs
取值范围	$10^{-6} \sim 10^{-1}$	$2^3 \sim 2^9$	$2^3 \sim 2^9$

为更直观地反映不同超参数对智能体智能水平的影响,除了绘制智能体的智能评分曲线外,笔者还对实验结果进行了统计分析,获取了智能评分的均值和方差、评分曲线的斜率和收敛步数以及最终智能评分。对电网校正控制智能体而言,智能评分的均值代表智能体的平均智能水平,方差代表智能体智能水平在训练中的波动情况,斜率代表智能水平的提升率,收敛步数即训练时智能水平达到稳定需要的步数,反映智能体的训练速度,最终智能评分即为智能体的综合智能水平。

1. bs 调整实验结果

智能体的 bs 表示智能体训练时每一步抽取的样本数量。bs 调整的实验结果如图 7-10 所示,相应重要统计分析结果如表 7-3 所示。

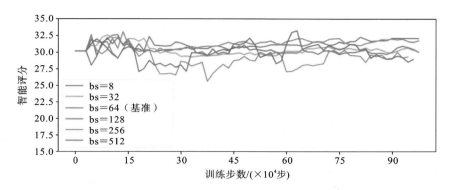

图 7-10　bs 对智能体智能评分的影响

表 7-3　bs 调整实验的重要统计分析结果

bs	8	32	64	128	256	512
收敛步数/($\times 10^4$ 步)	24	31.5	24	49.5	70.5	91.5

由图 7-10 和表 7-3 可知，bs 主要影响智能体智能评分的收敛速度。当 bs 较小时，智能评分收敛较快，收敛步数较少；当 bs 较大时，智能评分的收敛速度较慢。随着 bs 的增大，收敛速度逐步减缓。

2. hs 调整实验结果

hs 调整实验的结果如图 7-11 所示，相应的重要统计分析结果如表 7-4 所示。

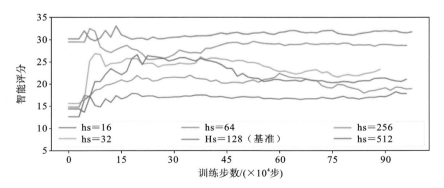

图 7-11　hs 对智能体智能评分的影响

由图 7-11 和表 7-4 可知，hs 主要影响智能评分的初始值。随着 hs 的提升，智能评分的初始值（初始智能水平）由 12 逐步提升到 30，再降低到 15 左右。在最初的 20 万步内，智能评分会随着训练步数的增加快速提升。

表 7-4　hs 调整实验的重要统计分析结果

hs	16	32	64	128	256	512
均值	16.745	23.523	28.453	31.178	20.000	21.916
最终智能评分	17.810	23.310	28.636	31.717	18.943	21.067

3. LR 调整实验结果

LR 调整实验的结果如图 7-12 所示，相应的重要统计分析结果如表 7-5 所示。由于仅靠前述统计结果难以明确不同的 LR 对智能体综合智能水平的影响，因此，笔者在统计分析中考虑到了智能体训练步数。智能体的训练步数代表智能体学习训练的周期，反映智能体能否按预设周期完成学习任务并获得知识。

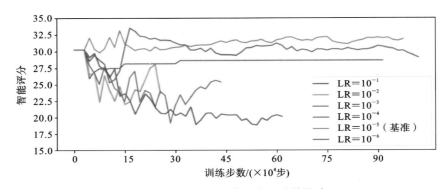

图 7-12　LR 对智能体智能评分的影响

表 7-5　LR 调整实验的重要统计分析结果

LR	10^{-1}	10^{-2}	10^{-3}	10^{-4}	10^{-5}	10^{-6}
均值	28.371	25.573	24.816	22.358	31.178	30.179
最终智能评分	28.536	23.571	25.310	20.060	31.717	28.994
训练步数/($\times 10^4$ 步)	90	24	42	60	96	100.5

由图 7-12 和表 7-5 可知，LR 主要影响智能体的知识习得，并对智能体的综合智能水平有一定的影响。当 LR 较高时，智能评分呈现断崖式下降的态势，智能体训练步数急剧减少，智能体较难按预设周期完成学习任务并获得知识。随着 LR 的降低，智能评分和训练步数逐步提升，智能体可以完成预设学习周期并获得知识。因此，在一定范围内 LR 越小，智能体越可能习得知识，提升其智能水平。如果 LR 过小，智能体的智能水平则会降低。

综上所述，调整智能体的超参数可以影响智能体的智能水平，不同的超参数对智能体智能水平的影响不同。bs 影响训练过程中智能体智能评分的收敛速度,hs 影响智能体的初始智能水平,LR 影响智能体的知识习得,以及智能体的最终智能水平。如果 LR 设置不合理,智能体将难以习得知识并提升智能水平,最终将不能按预设周期完成学习任务。

7.3.4 最优智能体超参数及智能体智能水平变化情况

由上述实验结果可知,调整智能体的超参数,可以改变智能体的智能水平。基于此,可以使用 PLASE 系统进行智能体的进化实验。促进智能体的进化旨在提升其智能水平,即通过调整智能体的超参数,提高智能评分的最终结果(综合智能水平)及其均值,提高智能评分曲线的收敛速度,并增大智能评分曲线的斜率。因此,智能体的进化目标可以总结为以下三个:

(1)提高最终智能评分;

(2)减少智能评分曲线的收敛步数;

(3)增大智能评分曲线的斜率。

在这些目标中,智能评分的提高(智能体综合智能水平的提升)是智能体进化的首要目标,在进化目标中较为重要。

PLASE 系统实现的智能体进化的三维曲线如图 7-13 所示。图中以智能测试得分曲线的斜率为 x 轴,以智能评分的收敛步数为 y 轴,以智能体的最终智

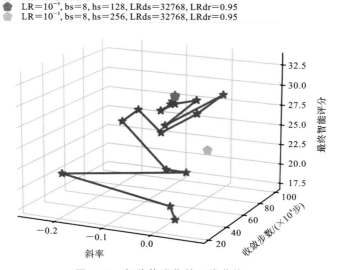

图 7-13　智能体进化的三维曲线

能评分为 z 轴。图中收敛步数为 100 万步的点对应该智能体的智能评分为无穷大或评分不收敛的情况。图中蓝线表示智能体的进化曲线,红点和橙点对应 PLASE 系统中经贝叶斯优化后所得的最优智能体,其超参数设置如表 7-6 所示。

表 7-6　进化所得最优智能体可能的超参数

最优智能体	LR	bs	hs	LRds	LRdr
1	10^{-5}	8	128	32768	0.95
2	10^{-5}	8	256	32768	0.95

为进一步分析这些最优智能体的智能水平变化情况,并明确最优智能体的超参数,笔者针对这两个最优智能体的超参数设置进行了 MC 实验。

图 7-14 所示为最优智能体 1 的 MC 实验结果,图 7-15 所示为最优智能体 2 的 MC 实验结果。两个最优智能体的实验统计结果如表 7-7 所示。

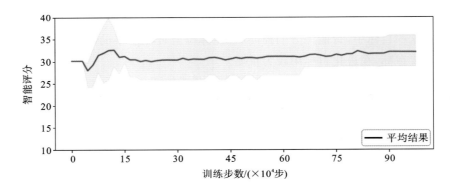

图 7-14　最优智能体 1 的智能评分变化情况

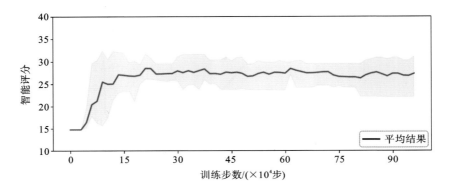

图 7-15　最优智能体 2 的智能评分变化情况

表 7-7　最优智能体的实验统计结果

最优智能体	均值	方差	斜率	收敛步数/($\times 10^4$ 步)	最终智能评分	训练步数/($\times 10^4$)
1	31.668	0.841	0.031	24	32.830	98
2	26.307	10.117	0.082	31.5	27.345	96

由上述结果可知,最优智能体 1 的智能水平在训练过程中有明显提升,其智能评分的波动较小,智能评分曲线较为平缓。该智能体的最终综合智能水平相对较高。最优智能体 2 的智能水平也有明显提升,但其智能评分波动较明显,该智能体的最终综合智能水平低于最优智能体 1。由此可知,最优智能体的超参数应设置为:$LR = 10^{-5}$,$bs = 8$,$hs = 128$,$LRds = 32768$,$LRdr = 0.95$。该智能体的综合智能水平最高可达 35.856。

综上所述,通过 PLASE 系统和贝叶斯优化算法,可以实现智能体智能的量化评估,以及以智能水平提升为导向的智能体自主进化。

本章小结

笔者提出的智能评估和自主进化系统以平行系统的计算框架为基础,实现了以智能水平提升为导向的电网校正控制智能体自主进化。实验结果表明,该系统可以客观地量化评估电网校正控制智能体的智能水平,并基于智能评估结果,通过调整超参数,实现智能体的进化及其智能水平的提升。

智能评估与自主进化系统是人机混合增强智能评估及自主进化技术的核心和基础。后续笔者会将所提出的智能评估与自主进化系统应用于电网调控人机混合增强智能系统,并会以此为基础,进一步研究人机混合增强智能系统的智能评估方法及自主进化方法和流程。

本章参考文献

[1] PARKER-HOLDER J,RAJAN R,SONG X Y,et al. Automated reinforcement Learning(AutoRL):A Survey and open problems[DB/OL]. [2022-04-12]. https://arxiv.org/pdf/2201.03916.pdf.

[2] ASENSIO J M L,PERALTA J,ARRABALES R,et al. Artificial intelligence approaches for the generation and assessment of believable human-

like behaviour in virtual characters[J]. Expert Systems with Applications, 2014, 41(16),7281-7290.

[3] INSA-CABRERA J, DOWE D L, ESPANA-CUBILLO S, et al. Comparing humans and AI agents[C] //SCHMIDHUBER J, THÓRISSON K R, LOOKS M. Artificial General Intelligence: 4th International Conference, AGI 2011. Mountain View, CA, USA, August 2011. Proceedings. Berlin: Springer,2011, 6830:122-132.

[4] KIM M J, KIM K J, KIM S J, et al. Evaluation of starcraft artificial intelligence competition bots by experienced human players[C] //Anon. CHI EA '16: Proceedings of the 2016 CHI Conference Extended Abstracts on Human Factors in Computing Systems. New York: ACM, 2016:1915-1921.

[5] CHOLLET F. On the measure of intelligence[DB/OL]. [2022-04-05]. https://arxiv. org/pdf/1911. 01547. pdf.

[6] SCHAUL T, TOGELIUS J, SCHMIDHUBER J. Measuring intelligence through games[DB/OL]. [2022-03-13]. https://arxiv. org/pdf/1109. 1314. pdf.

[7] ZHANG T Y, GAO T L, XU P D, et al. A review of AI and AI intelligence assessment[C] //IEEE. Proceedings of 2020 IEEE 4th Conference on Energy Internet and Energy System Integration (EI2). Piscataway: IEEE, 2020:3039-3044.

[8] HE X, ZHAO K Y, CHU X W. AutoML: A survey of the state-of-the-art[DB/OL]. [2022-03-16]. https://arxiv. org/pdf/1908. 00709. pdf.

[9] REAL E, LIANG C, SO D R, et al. AutoML-zero: Evolving machine learning algorithms from scratch[DB/OL]. [2022-03-16]. http://arxiv. org/pdf/2003. 03384. pdf.

[10] LIANG J, MEYERSON E, HODJAT B, et al. Evolutionary neural automl for deep learning[DB/OL]. [2022-03-23]. https://arxiv. org/pdf/1902. 06827. pdf.

[11] FEURER M, KLEIN A, EGGENSPERGER K, et al. Methods for improving bayesian optimization for AutoML[DB/OL]. [2022-02-13]. https://ml. informatik. uni-freiburg. de/wp-content/uploads/papers/15-

AUTOML-AutoML. pdf.

[12] JIN H F, SONG Q Q, XIA H. Auto-Keras: An efficient neural architecture search system[C] //Anon. KDD '19: Proceedings of the 25th ACM SIGKDD International Conference on Knowledge Discovery & Data Mining. New York: ACM, 2019: 1946-1956.

[13] OLSON R S, MOORE J H. TPOT: A tree-based pipeline optimization tool for automating machine learning[M] //HUTTER F, KOTTHOFF L, VANSCHOREN J. Automated Machine Learning: Methods, Systems, Challenges. Berlin: Springer, 2019: 151-160.

[14] ALAA A M, van der SCHAAR M. Autoprognosis: Automated clinical prognostic modeling via Bayesian optimization with structured kernel learning[DB/OL]. [2022-03-21]. https://arxiv. org/pdf/1802. 07207. pdf.

[15] CHEN Y T, HUANG A, WANG Z Y, et al. Bayesian optimization in Alphago[DB/OL]. [2022-03-21]. https://arxiv. org/pdf/1812. 06855. pdf.

[16] HERNÁNDEZ-LOBATO J M, GELBART M A, ADAMS R P M. et al. A general framework for constrained Bayesian optimization using information-based search[J]. Journal of Machine Learning Research, 2016, 17: 1-53.

[17] LÉVESQUE J-C, GAGNÉ C, SABOURIN R. Bayesian hyperparameter optimization for ensemble learning[C] //IHLER A, JANZING D. Proceedings of the Thirty-Second Conference on Uncertainty in Artificial Intelligence. Arlington: AUAI Press, 2016: 437-446.

[18] LÉVESQUE J-C, DURAND A, GAGNE C, et al. Bayesian optimization for conditional hyperparameter spaces[C] //IEEE. Proceedings of 2017 International Joint Conference on Neural Networks (IJCNN). Piscataway: IEEE, 2017: 286-293.

[19] WANG Z, GEHRING C, KOHLI P, et al. Batched large-scale Bayesian optimization in high-dimensional spaces[DB/OL]. [2022-06-12]. https://lis. csail. mit. edu/pubs/wang-aistats18. pdf.

[20] MORALES J D, PAPADOPOULOS P N, MILANOVIĆ J V. Feasibility of different corrective control options for the improvement of transient stability[DB/OL]. [2022-05-12]. https://pure. manchester. ac. uk/ws/

portalfiles/portal/86490297/Feasibility_of_Different_Corrective_Control_Options_for_the_Improvement_of_Transient_Stability. pdf.

[21] MORENO R，PUDJIANTO D，STRBAC G. Transmission network investment with probabilistic security and corrective control［J］. IEEE Transactions on Power Systems，2013，28(4):3935-3944.

[22] ROALD L，MISRA S，KRAUSE T，et al. Corrective control to handle forecast uncertainty：A chance constrained optimal power flow［J］. IEEE Transactions on Power Systems，2016，32(2):1626-1637.

[23] KELLY A，O'SULLIVAN A，DE MARS P，et al. Reinforcement learning for electricity network operation［DB/OL］.［2022-05-12］. http://arxiv. org/pdf/2003. 07339. pdf.

[24] ZHANG J，XU P D，WANG F Y. Parallel systems and digital twins：A data-driven mathematical representation and computational framework ［J］. Acta Automatica Sinica，2020,46(7):1346-1356.

[25] FRAZIER P I. A tutorial on Bayesian optimization［DB/OL］.［2022-05-12］. http://arxiv. org/pdf/1807. 02811. pdf.

[26] FEIS Y F. Raven's progressive matrices［M］//CLAUSS-EHLERS C S. Encyclopedia of Cross-Cultural School Psychology. Boston：Springer，2010：787.

[27] MORGAN H. An analysis of Gardner's theory of multiple intelligence ［J］. Roeper Review，1996，18(4):263-269.

[28] 蔡曙山,薛小迪.人工智能与人类智能——从认知科学五个层级的理论看人机大战［J］.北京大学学报(哲学社会科学版),2016,53(4)：145-154.

[29] MAROT A，DONNOT B，DULAC-ARNOLD G，et al. Learning to run a power network challenge：a retrospective analysis［DB/OL］.［2021-11-13］. http://arxiv. org/pdf/2103. 03104. pdf.

第8章
人机混合增强智能系统知识自动化和调控平台

为实现人机混合增强智能高动态系统管控技术的实际部署,相关平台系统的构建是不可或缺的。高动态复杂系统管控往往具备多业务、长链条、多角色等特点,从而导致在其中部署人机混合智能应用时需考虑人机的任务划分;复杂系统的决策对象涉及范围广,决策质量对系统运行的安全性影响显著,务必进行人机行为约束、人机决策验证,并实现人机决策的互相理解。笔者提出并讨论了复杂系统人机混合智能管控的总体问题,设计了人机互信知识自动化流程,对人机混合智能技术在复杂系统中的集成与部署原则进行了说明;同时,以大电网调控为例,阐述了人机互信的知识自动化流程的应用规则。此外,笔者还构建了人机混合增强智能调控平台,该平台设计架构与规则不仅适用于电力系统的安全稳定分析计算和调控,还可进一步为其他领域不确定性强、复杂度高的高动态系统调控提供重要的工程设计原则参考。

8.1 复杂系统理论方法发展概述

复杂系统是复杂性科学和系统科学的交叉学科。一般而言,复杂系统具有以下特征:

(1) 开放性,即系统与外部环境不断进行物质、能量、信息的交换;

(2) 复杂性,即业务流程错综复杂、各主体层次众多且具有关联性,同时组分之间的相互关系存在多样性差异;

(3) 涌现性,即经过系统的放大和发展,在整体上会演化出新的系统形式和特性;

(4) 自组织性和动态适应性,即在其内部与外部环境发生相互作用的过程中,系统能够根据外部环境变化进行自身结构、功能和行为的调整,能够发挥主观能动性,形成自学习和自适应机制。复杂系统的研究对象包括系统的功能、行为及相互关系,系统整体的行为和功能,系统的开放性、复杂性、涌现性、自组织性和动态适应性等。复杂系统理论、方法、技术在生命系统、太空系统、地球系统、社会组织系统、经济管理系统、军事作战系统，以及复杂工程系统，如航空航天、海洋、能源、电力、制造、材料、环保等领域具有深广的研究和应用空间。

复杂性科学和复杂系统研究也已有近百年的历史，大致包括六个阶段。

（1）20 世纪 30～50 年代：以进化论和统计物理学为代表的前系统科学时代。

（2）20 世纪 50～60 年代："老三论"（系统论、控制论、信息论）时代。

（3）20 世纪 70～80 年代："新三论"（耗散结构论、突变论和协同学）时代。

（4）20 世纪 80～90 年代：以混沌理论、分形理论、自组织临界理论为代表的自组织理论时代。

（5）20 世纪 90 年代到 2000 年：以自适应复杂系统理论、多主体仿真理论、人工生命与人工社会理论为代表的复杂自适应系统理论时代。

（6）2000 年以后：大数据科学及人工智能技术飞速发展的数据科学理论时代。大数据科学及人工智能技术为复杂系统学科奠定了理论基础，其中的代表性研究方法包括基于大数据和人工智能的复杂系统分析第四、第五范式，复杂网络理论与方法，平行系统和 ACP 方法（见图 8-1）等，这些都是目前数据科学理论时代用于研究复杂系统的新型理论方法。

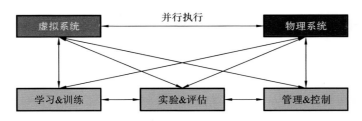

图 8-1　平行系统理论与 ACP 方法

在作为以上理论和方法的载体的复杂系统学科发展期间也涌现出了一大批复杂系统的建模、仿真、控制方法，包括机理分析法、统计分析法、回归分析法、层次分解分析法、蒙特卡罗分析法、灰色系统法、模糊集合论法、想定法、神经网络法、计算机辅助法等。21 世纪后出现的方法包括混合建模方法、组合建模方法、基于智能体的建模方法，基于 Petri 网的建模方法、基于马尔可夫模型的建模方法、基于 Bootstrap 的建模方法、基于贝叶斯网络的建模方法、定性建模方法、基于因果关系的建模方法、基于元胞自动机的建模方法、专家系统方法、综合集成建模方法、自适应复杂系统建模方法、自组织理论建模方法、分形理论建模方法等。复杂系统的管理与控制技术的发展也相应地经历了一个很长的历史时期,从多模态线性控制方法(也就是在多个模态点附近利用各自线性系统综合求取对复杂系统的控制量),到基于非线性理论分析(但非线性理论在实际建模求解时受到求解时间、计算能力等的限制)和设计复杂系统的控制系统,复杂系统的管理与控制技术研究取得了一系列成果。2015 年后又涌现出智能化控制技术,数据科学、人工智能理论和技术被应用到复杂系统的控制中,形成智能控制方法,包括模糊控制、神经网络控制、专家系统学习控制、拟人控制、分层递接控制等方法。

8.2 复杂系统与人机混合增强智能

当代复杂系统认知、管理与控制的核心理论、方法与技术已经转移到了大数据和人工智能技术上,然而正因为如此,在复杂系统领域,人工智能方法的局限性充分地暴露了出来。

以深度神经网络模型为代表的新一代人工智能模型大多都是通过数据训练而成的。因此,无论在何种具象或抽象的层次上分析复杂系统,大型的无偏化的训练数值、语义数据集都是必不可少的。同时,尽管自监督学习是现在机器学习发展的热点,但当前大多数人工智能模型都是通过监督学习进行训练的,因此需要获取和应用大量的数据标签,这就给人工智能应用造成了巨大障碍。而在实际的一般性和关键性复杂系统中,海量的无偏化和正确标注的训练数据集很难获取,并且很难满足人工智能应用需求。

缺乏可解释性也造成了人工智能模型在关键决策上的应用问题。深度神经网络模型带来的方法多样性、先进性、复杂性使得其应用更不透明,人脑无法理解为什么某些决定能够达成。然而,为了保证决策的完备性和安全性,复杂系统的关键决策往往需要这样的可解释性。

由于人工智能系统的学习结果不具备普遍性,模型很难从一个环境转移而应用到另外一个环境中,或者从一个问题转移而应用到另一个问题中,尽管当前存在转移学习技术,但是其本身也有很大的应用局限性。

当前人工智能技术大多用于智能解决数据充分、问题清晰、条件边界清楚、数值或语义目标明确的问题,然而,复杂系统中的重要和关键问题往往是具有高度抽象性和模糊性的。

1999 年美国 *Science* 杂志发表了复杂系统专辑,明确提出了"超越还原论",但是超越还原论并不是摒弃还原论。一般而言,复杂系统分析需要遵循整体综合与组分还原结合的方法,即诸如定性判断和定量计算相结合、微观分析和宏观综合相结合、还原论与整体论相结合、确定性描述与不确定性描述相结合、科学推理与哲学思辨相结合、计算机仿真与专家智能相结合之类的综合研究方法。而如上所述,仅仅依靠人类智能或仅仅依靠机器智能,在从整体到组分的各个层次上解决复杂系统认知、管理、控制问题,在当前的人工智能技术条件下还不可能。

考虑到复杂系统认知、管理、控制中人类智能与人工智能各自的局限性,近年来人们开发出了一种新的智能形态——人机混合增强智能。人机混合增强智能通过人类高级认知能力与机器高维数据处理能力的融合,以及人类的问题定义能力和人工智能的求解能力的融合,可充分发挥人、机的优势,解决复杂系统中的不确定性、开放性问题。然而,复杂系统的运行管控涉及多业务、长流程、多角色,其中人、机的知识表征、交互、协作、泛化等环节均需要进行系统性研究。

8.3 总体问题

研究人机混合增强智能和复杂系统认知管控的核心问题的总体目标,是研究人类智能体群体、机器智能体群体和复杂系统之间的认知和管控的互相作用及设计三者之间的协同工作方式,即研究和解决三者之间的认知管控博弈问题。

因为人类智能和机器智能都不能完全理解复杂系统,而且人类智能和机器智能不能相互完全理解,但是人、机又需要合作,所以最大限度地对复杂系统进行认知、管理和控制属于多方信息不完全情况下的合作、非合作混合博弈(见图8-2)。在这个问题中,人机混合增强智能的任务,就是尽量地降低人、机、系统三者信息的不完全程度,以及尽量加大人、机在系统认知管控中的协同程度。

在复杂系统认知管控中,系统的复杂性、关联性、关键性是三个重要的维度。

复杂性是指系统内组分系统众多,系统内关联反馈路径众多,系统内可预见、非可预见的系统事件数量巨大。

关联性是指组分系统之间的紧密关联程度。在高关联性系统中,一个组分成分能够影响到其他的很多组分系统,系统某部分的状态变化会很快影响到系统的其他部分。

关键性是指系统管控决策的制定和实施必须满足的实时性高低,以及执行决策给社会、经济、安全等方面带来的影响的重大程度。

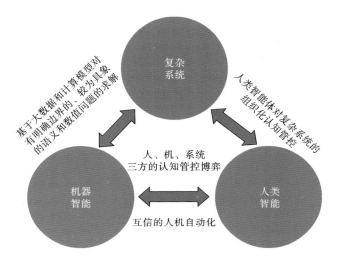

图 8-2　人类智能、机器智能和复杂系统之间的认知管控博弈关系

人类智能和机器智能在复杂系统管控中都要受这三个特性牵制。

8.3.1　背景分析

由于认知和管控一个复杂系统需要极大的认知带宽和管控资源,基于人类智能的管控一般来说是组织化、体系化的人类智能体群体通过信息交流和知识协作完成对一个复杂系统的管控,当前各种实际的系统(如社会组织系统、经济管理系统、军事作战系统等)中的复杂系统管控大多都是这种形态。

随着人类社会的发展,各种复杂系统管控的复杂性、关联性、关键性急剧并且持续增强,以人类智能为基础的组织化、体系化管控形态开始承受极大的挑战。具体而言,随着系统复杂性的增加,需要对系统进行分散管理,需要增加团队和群体成员,而且要求系统管控结构具有灵活性,能够授权工作人员去及时处理在局部出现的问题。因此,高复杂性系统中往往有大量的人员协同工作,他们以不同的角色、在不同的岗位上对系统进行分析与决策实施。而系统的高关联性决定了操作人员的一个决策很多时候需要依靠多方信息和知识的汇集,同时该决策也会影响到多个系统,因此需要系统管控人员进行高质量的集中式处理。

应对系统复杂性需要分布式管控结构,应对系统关联性需要集中式管控结构,这样就形成了复杂系统管控的一个主要矛盾。而关键性又在这个矛盾上增加了新的困难维度。

高关键性系统要求决策必须精准、无差错，并且按规定的实时性要求制定和执行，这对人员和组织的反应速度要求极高。在某些场合和情况下，比如说在系统信息和知识的体量超过人的认知带宽、要求的反应时间远远短于人的反应时间极限等情况下，关键性要求对于人类智能体组织变得非常难以满足。

因此，总体而言，人类智能对复杂系统的认知和管控方式是：以一定的分散、集中形式，按一定的认知管控任务流程来组织团队、群体人员对系统的各个维度、层次，分系统、分运行方式进行认知，然后综合各个子系统、各种组分形成的认知结果，根据此综合结果对各组分进行管理、控制和下达指令。当前社会各种复杂系统的复杂性、关联性、关键性都在不断增强，这使得信息综合工作变得日益困难，也使得系统对人类智能体管控群体的实时性和精准性要求日益苛刻。

在新型复杂系统、复杂巨系统不断涌现和发展的今天，以人类组织为核心的复杂系统管控模式尽管得到了通信、计算、仿真等领域先进工具的支持，还是受到了巨大的挑战。这种依赖于人员增加的管控模式往往是以更多的人员、更庞大的组织来应对复杂性所带来的系统运营成本增加和效率降低的问题，最终会造成人员太多，成本过高，知识交流分享的效率低下。在高关联性系统中，各子系统、组分汇集分享的信息量过大，已经远超人类组织的认知带宽。对于关键性的处理，人类组织在反应时间上是有极大局限性的，而且人的工作、认知、决策绩效由于心理、生理、社会因素的不同而有很大的差距，大多数时候这些因素都是不完全可控的。因此，在当前以人类组织为中心的复杂系统管控模式中引入机器智能，形成核心的人机互信的混合增强智能和知识自动化平台，用以辅助现有人类组织对复杂系统的认知管控是非常有必要的。

8.3.2　机器智能对复杂系统的认知和管控

有关机器智能对复杂系统的认知、管理、控制的技术仍然处在前沿探索阶段。如前文所述，在当前的技术条件下，机器智能能够很好地解决包含大量训练样本和标注数据，且数值或语义目标明晰、界限清楚的分类或推理等问题，但是在复杂系统管控上，机器智能的应用仍然受到系统复杂性、关联性和关键性的限制。只有组织化、体系化、知识协同的机器智能体群体和团队才能够实现对复杂系统的认知管控。

王飞跃等人[1-2]在单个的智能体的基础上，提出了智联网的概念，并将其付诸实施和实践。智联网以互联网和物联网技术为基础，以知识自动化系统为核心，以知识计算为关键技术，旨在实现知识的获取、表达、交换和关联。其目的是建立智能实体之间的语义联系,实现各智能体之间的互联互通,从而支持需要大规模社会化协作的知识功能和知识服务,特别是在复杂系统中。智联网的最终目标是实现智能体群体的协同知识自动化和协同认知智能。即以某种协同的方式完成从原始经验数据的主动采集、获取知识、交换知识、关联知识,到知识功能的实现(如推理、决策、规划、管控等)的全自动化过程,因此智联网实质上是一种全新的、直接面向智能的复杂、协同知识自动化系统。

当前智联网的发展还处在初期阶段,海量的智能实体组成由知识连接的复杂系统,依据一定的运行规则和机制,如同人类智能体组织一般形成社会化的自组织、自运行、自优化、自适应、自协作的网络组织。这样的智能网络组织在应对复杂系统的复杂性、关联性、关键性方面将会产生革命性的作用。然而,界限清晰问题的解决方案的总和往往并不能成为复杂系统认知管控的综合。如前文所述,在复杂系统运行目标、组织结构、运行方式、组分维度、分析方式、任务流程、路径等抽象层次上,人类智能及其已经取得的大量系统管控经验、规程、知识,以及人类智能特有的处理开放性问题、高度抽象问题的能力,都将长期与基于机器智能的智联网共同在复杂系统管控中发挥作用。

8.3.3 人类智能与机器智能之间的认知管控博弈关系

在系统的抽象层面,比如说系统的运行目标、组织结构、运行方式、组分维度、分析方式、任务流程、路径等抽象层次上,当前机器智能和智联网(Internet of minds,IoM)技术可以提供的解决方案与理想的解决方案之间仍然存在很大差距。只有实现人类智能和机器智能的融合才能够解决这个问题。

相对于机器智能体的数量,人员数量比较少。当少数的人员和海量机器智能体一起完成复杂的管控任务时,人员的角色一般有以下三种:第一种是及时进行危机和错误管理、及时做出正确实时决策的操作者,这也是关键性需求之一;第二种是需要做出抽象层面上的重大决策的决策者;第三种是通过"鼓励"和"激励"其管辖的机器智能体,从而达成所希望的群体行为的激励者/引导者。

运用人机混合增强智能,在应对复杂性时,用人类智能建立合理的系统组分结构、指定任务目标和流程、指定认知管控问题边界,同时运用海量的智能体解决系统组分界限清晰的问题。在应对关联性时,运用机器智能体提供高认知带宽及海量知识分享和协作机制。在关键性问题上,由于机器智能具有高精确性和高实时性,为复杂系统管控关键性性能的达成提供了先决性技术条件。但是同时,在众多的复杂系统的关键决策中,人和机器智能体的认知管控决策必须遵循一定的决策流程和规则,且必须互相兼容。

人机知识的融合一般通过下面几种方式实现：

第一，人类智能体的行为数据通过人机接口采集，形成机器学习可用的输入数据，然后融入机器智能和机器学习算法；

第二，机器智能提供知识，并将其通过可解释性技术转化成人类智能可以理解的知识表征形式从而被人类智能所理解；

第三，人类智能体的知识通过语言表达和形式化语言处理，形成符号化的知识表征，并与机器智能的符号化知识表征融合，形成人机协同的知识表征；

第四，在人机协同的认知管控过程中，出现冲突或需要融合的时候，根据一定的融合规则，采用人或者机器的知识或决策。

因此，人机智能的协作及认知管控成为复杂系统管控人机混合增强智能领域所要研究的核心内容。只有攻克了人机智能协作和混合的问题，基于人机智能协作的复杂系统管控问题才会有新的突破。

8.4 基于复杂系统管控的人机互信知识自动化流程

对于复杂系统认知管控，特别是能源、医疗、金融、交通和工业系统的关键决策过程，人机混合系统应满足复杂性、关联性和关键性方面的所有需求。人类和机器智能需要能够实现相互理解和信任，进而促进自动智能混合和实现知识的共享与人机协作。基于此，在知识自动化的基础上，笔者提出了"人机互信知识自动化"的概念。

人机互信知识自动化机制的关键包括人机功能部署、人机行为约束、机器智能解释、人机决策验证。图 8-3 所示为基于复杂系统管控的人机互信知识自动化流程。

8.4.1 人机功能部署：基于任务和流程

在对复杂系统的认知和管控过程中，人类智能和机器智能应基于任务目标和流程步骤，根据人机能力和差异进行部署。在人机智能联合部署过程中，需要针对具体的任务场景实施具体的步骤。一方面，根据现有的分析方法，定义适合机器智能的边界清晰、数据条件充足的问题；另一方面，汇总需要利用人类智能解决的高层次抽象问题和系统综合问题，并分配给人类智能体。利用智能网络技术和人机智能连接技术，实现多人多机的知识协作，以及智能混合与复杂系统认知和管控层面的知识自动化。

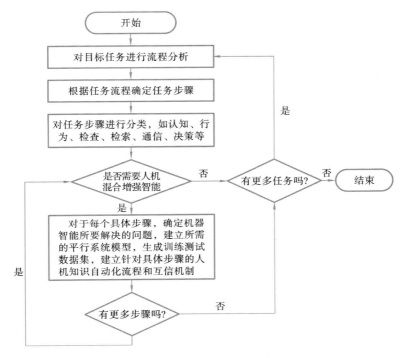

图 8-3　基于复杂系统管控的人机互信知识自动化流程

8.4.2　人机行为约束:基于规则和职责

人机互信的知识自动化机制需要赋予人机智能合理的合作规则、规范和标准,特别是需要通过规则的约束,让机器智能系统有足够的常识。任何以开放方式与人类智能交互的机器智能,都必须理解并遵守系统中的决策规则,因此建立一个适用于评估机器智能系统行为的标准是必要的。例如,在电力系统领域,需要建立人机混合调度规则。

在人机互信知识自动化系统中,建立一种新型的人机混合智能责任机制是非常重要的。在对复杂系统的认知和管控过程中,人员责任制一般已经比较完善,但机器智能和混合智能的责任机制尚未建立。新的责任机制涉及算法评估、数据收集、机器智能和混合智能共同决策的流程设计,并应可用于定期检查机器智能系统是否符合规范,以及这些规范是否产生了预期的效果。责任机制便于管控人员从控制规则、规范和标准着手,发现并跟踪出现的问题,确保过程管理体系的完整性。

8.4.3 人机智能理解：基于相互解释

在人机互信知识自动化平台的整个框架中，人机智能的相互解释性是至关重要的。建立一个鲁棒的人机混合系统，必须从建立一个对目标系统或任务有深刻理解的认知和控制机制开始。人机混合增强智能模型对目标系统机制的理解比统计模型和神经网络模型更深刻。目前，深度神经网络还远远不能直接满足人机混合增强智能的要求，因此，用人可理解的语言解释机器学习模型的决策是非常重要的，因为它保证了模型决策过程的可信度和透明度，对于涉及重大安全要求的场景尤其如此。同样，人类智能也只能以机器智能能够理解的表现形式（包括符号知识表示、形式语言、教学实例等）被机器智能理解和应用。

同时，人机智能的相互解释性是实现人机交互的重要手段。在人机交互过程中，可解释的机器智能可以帮助人们更好地理解机器的行为和状态，帮助机器快速获得有价值的抽象思维结果和经验知识。

8.4.4 人机决策验证：基于经验知识和并行系统

人类智能和机器智能需要相互信任并接受对方的决策，以确保整个人机智能系统满足关键需求。除了上述规则和可解释性的保证外，测试验证也是实现这种相互信任的最重要方式之一。测试验证可基于已有的实践案例和经验，但这种方式只适用于重复和固定的任务场景，而大多数复杂、开放、不确定的任务都需要在虚拟系统中完成。例如利用并行系统技术，通过人工系统的建模和计算实验，在大量虚拟场景中预测和验证机器智能系统的功能。在此基础上，可以利用具有深度理解能力的可解释工具，由人类智能对机器智能的正确性、可靠性和鲁棒性进行推断、判断和监督[3]。此外，还要密切监测、持续微调和整合，以确保系统的可靠性，发现并纠正偏差，增强决策过程的透明度和包容性。

8.5 人机混合增强智能、人机互信知识自动化与大电网调控

大电网调控实质上是对大电网复杂系统进行认知、管理、控制，而我国"双碳"目标的提出、新型电力系统建设也为大电网调控带来一系列重大挑战。大电网具有环境开放，系统组件复杂，运行方式多变，调控行为和系统组分相互紧密耦合，调控响应实时性高、关键性强等显著特点，如何对大电网调控进行系统化建模，构建人机共享的环境模型、任务模型、行为模型，并在这些模型的驱动

下有效完成复杂调控任务,建立人机自主协同调控机制,是大电网人机混合智能调控中迫切需要解决的关键科学、技术、工程问题。

8.5.1　基于人类智能的大电网调控

电力系统在原理和机理上是可观、可知、可控的,而在实际大电网调控中又不尽然,其中的问题和面临的挑战有很多。电网调控系统采集数据的完整性与时效性的矛盾,影响了数据精度和信息的完整性,因此从这一角度来说系统是不完全可观的。电力系统的时变性、强非线性、不确定性特征使得其在有效时间内不完全可知,即虽有规律可循,却难以准确描述。状态量变化时间常数与轨迹控制要求、控制量时间常数、空间分布以及控制量之间的协调问题使得系统不完全可控。因此,时效性问题是大电网调控的核心问题。及时、有效、适应性强(鲁棒性)是人工智能应用于大电网调控的发展方向,同时也是人工智能在大电网调控中应用发展的驱动力。

当前大电网调控采用组织化和体系化的工业流程认知架构,其整体功能是按照调度计划、运行方式,以及现场调度、调度自动化、系统保护、系统监控等过程认知、管理、控制电力工业中电力的产生(发电)、传输(输电)、分配(配电)、销售、负荷调整等电网业务。

按所要求的完成时间的不同,调度业务可分为实时前业务、实时业务和实时后业务(见图 8-4),具体包括:

(1) 监视和开展实时运营活动:该类业务旨在实时监控系统状态,如电压、电流、频率、传输线情况、发电机及其他设备状况等,并对到来的各种警报信息尽快做出反应。同时,根据当前情况对未来电网状态进行估计,并采取预先控制管理措施。

(2) 对预先计划事件的管理:针对预先计划事件,需要进行计划、授权、实施、验收等管理工作。比如对于设备维护事件,需要首先制定所有继电器通断顺序和时间,并保证在实施维护时在指定地点断电。

(3) 对突发事件的管理:对不可知事件,如设备故障、系统异常等,做出实时响应并尽快让系统回到正常运行的状态,具体反应包括开展及时有效、最优的恢复工作,最小化对电网用户的影响,并保证再次通电过程中用户和员工的人身安全。

(4) 组织紧急响应:如果系统发生较多的故障和大面积停电,电网系统会进入紧急状态,这时就需最优地组织系统资源对紧急情况进行响应。

(5) 预先计划:预先计划业务旨在分析当前系统,对下一天的电网运营做出预

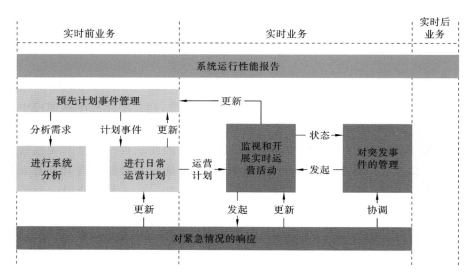

图 8-4　电网运营业务实时要求

先规划,同时,针对可能发生的重大事件带来的影响(如重大社会事件可能造成电网负荷大幅突变、极端天气可能造成电网故障等)对电网运行做出预先安排。

(6)系统分析:该业务旨在对系统资产和资源进行有效的管理,并制定短期、中期和长期的系统运营(调度、更新、维护、投资等)决策。

(7)系统运行性能报告:该业务旨在对系统运营数据进行分析,从而根据电力工业标准产生针对系统各种组件、各种性能的报告。

一般而言,根据以上不同实时性要求的业务,调度运营部门被划分为调度处、系统运行处、自动化处、计划处、监控处、保护处等各个子部门,以一定的业务流程和组织方式实现对电网的协同认知、管理、控制。各个子部门所要负责和支撑的电力系统业务、知识服务业务和职能如图 8-5 所示。

8.5.2　机器智能对大电网的认知和管控

下面用一个示例说明在当前技术条件下,机器智能是如何对电网进行认知和调控的。具体调控场景为电网校正控制。

在该示例中,调度场景的对象设置为 36 节点系统(见图 2-7),该电力系统包括 59 条传输线,22 个电源节点,37 个负荷节点。该仿真平台提供 48 年(每年 12 个月)共 576 个场景的数据供 DRL 智能体训练,每个场景包含 28 天内按 5 min 间隔取的数据点。在这些场景中,每天在随机时间点对随机的电网传输线进行"攻击",即每条传输线都可能随机发生随机持续长度的短路的 N-1 事

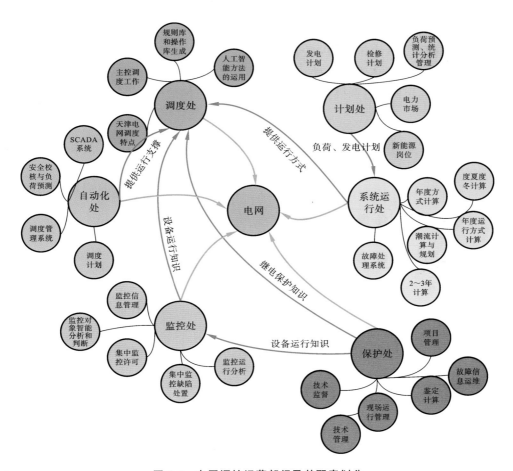

图 8-5　电网调控运营部门及其职责划分

件。根据以上场景生成基本训练数据，用 DRL 方法训练电网校正控制智能体。测试所生成的 DRL 智能体时，平台提供 24 组一周时长的场景和相应数据，这些场景和数据都是根据典型的电力系统运行场景来仿真和生成的，而相应的数据都是没有出现在训练数据中的。

　　由于算法限制，同时也为了避免不必要的系统扰动，DRL 智能体在每个认知、控制时间间隔处只采取单个管控措施。即便如此，在此 36 节点的电网中，在每个动作时刻，可供选择的电网动作种数仍然高达 60000 多，其中多数为母线开合闸动作。电网控制动作的影响和恢复时间要求为 3 个时间间隔，即 15 min。整个系统在一个四 GPU 平台中训练，每个 GPU 的内存为 11 GB。

　　用于电网认知管控（校正控制）的 DRL 智能体经图深度强化学习训练而

成。在每个管控动作时刻,通过蒙特卡罗树搜索,选择 1500 个可能动作。整个动作空间被分为 4 个子空间,每个子空间由一个基于图深度神经网络、具有注意力机制的子智能体管理控制。每个子智能体的结构见图 8-6。这 4 个子智能体互相合作、交换信息和模型参数以完成对整个电网的校正控制。

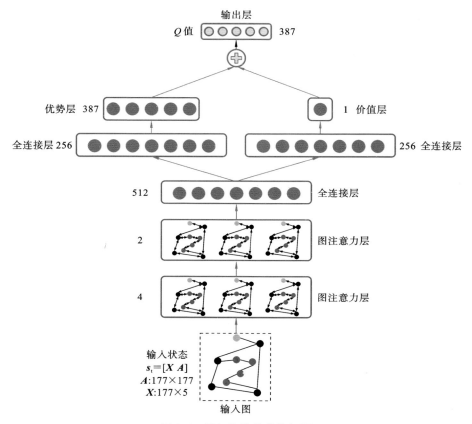

图 8-6　子智能体的结构框图

　　DRL 智能体在进行电网校正控制时,以平均 35 ms 的速度进行前向校正控制决策制定,快速消除潮流越限,并在全新的运行场景中保持决策效果的稳定性。

　　在将模型部署于实际算例后进行的性能测试中,DRL 智能体显示出很强的时效性,并且在大部分场景中都能给出有效的控制策略,但在系统关键线路断开、出现大幅源荷波动等极端场景下,其动作效果则不明显。因此,DRL 智能体在电网校正控制中需要与人进行深度配合,以避免其因认知不足而对部分未知场景做出错误决策。

8.5.3　人机互信的知识自动化在大电网调控中的应用规则

人机互信的知识自动化机制有四个关键支撑:功能部署、协同规则、可理解性、决策验证。

在决策验证方面,基于平行系统和知识工程等技术的验证是切实可行的,其支撑关键步骤包括构建已有经验的知识系统、以平行系统计算框架为理论方法基础、利用强化学习生成有指向性的自动数据,以及建立语义网络和用于描述复杂系统中人、机、物关系的语义系统。在人机互理解性方面,其可能的支持技术包括分布式强化协同学习、语义空间融合、辅导性强化学习、认知图谱可解释性技术[4-6]等。

具体地,在人机混合增强智能电网调控中,人机协同规则是人机协作的基础,其指导性原则包括以下几个。

(1) 升级叠加原则:考虑技术、法规和人员经验习惯等因素,智能系统应设计为现有调控系统的支持系统(或增强环节),依靠现有调控系统完成系统控制。

(2) 自动优先、干预更好原则:同等条件下自动控制优先,预设预判环节,只有在确定智能系统干预结果比自动调控系统更好的情况下才干预。

(3) 智能增强尝试优先、在线执行先验优先、条件允许校验把关原则:在智能体知识积累、增强、进化的趋优过程中,同等条件下,新的决策优先考虑;对智能系统的输入进行分类、分级(包括响应时间),决策建议中先验知识吻合度高的优先采纳;在线校验后的建议优先采纳。

(4) 人机合作人优先托底原则:要确定人机合作模式,同等条件或权重下,人优先。人优先级别与先验知识吻合度成反比,与任务紧急程度、复杂程度成正比。

(5) 人机交互自动闭环原则:任何情况下都要能够完成自动闭环控制,要建立激励和自趋优的交互机制。

基于以上人机互信知识自动化的支撑关键技术与指导性规则,人在回路的大电网智能调控系统是在当前调控系统之上叠加一个人机混合辅助决策系统而形成的,电网实时运行操控仍由原自动控制系统完成。辅助决策系统的作用是在正常情况下输入调整量或建议,使系统运行于更安全高效的区域,以适应新能源波动和不确定性要求;在发生事故时快速判断并提出对策建议,由人作出是否实施该对策或经校验后付诸实施的决策。人在回路的大电网智能调控系统与未叠加人机混合辅助决策系统的人机合作调控系统的差别在于,人在回路的大电网智能调控系统采用了人工智能技术,使得最终人做出的决策更科学、适应性更强、安全性更高。人机混合智能增强系统(人在回路的大电网智能调控系统的核心组件)仅就运行工况调整和紧急控制措施两方面做数据交互,现阶段不考虑改造自动控制系统,将来再考虑如何再造数据架构、顺序逻辑控制等。

8.6　人机混合增强智能的电网调控应用示例

下面以电网校正控制为基准业务,通过一个案例阐述人机混合增强智能在大电网调控中的应用方式。

本案例中的在线校正控制主体为某 300 节点省级大电网中的 62 节点区域电网,其拓扑接线图如图 8-7 所示。该电网的送端通过两条交流联络线向受端输电,根据调度员的经验,送端区域内线路 27-31(即线路首端为 27 号母线,末端为 31 号母线)容易出现输送功率超过热稳定极限的事件,故该线路为重点关注线路。当电网运行方式不断变化时,重点关注的线路容易发生有功传输功率越限,其他线路也存在潮流越限的可能,从而可能导致线路跳闸,进而引发连锁故障。调度员需要通过发电机再调度、传输线投切等操作对线路潮流进行调整,使线路 27-31 的有功功率降到热稳定极限内,并进一步维持整个区域的稳定运行。该大电网的可调节设备数量非常多,仅在所述 62 节点区域电网中,送端

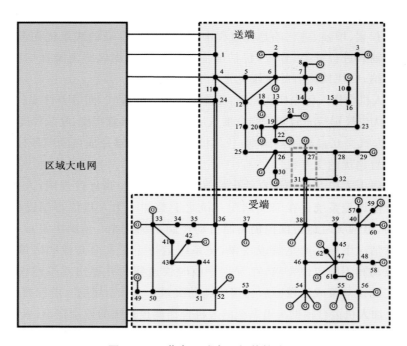

图 8-7　62 节点区域电网拓扑接线图

和受端就分别包含 14 台和 20 台发电机,假定一次调整中允许启停的发电机数目最多为 3 台,则动作种类高达 4760 种,校正控制的难度较大。

以传输线投切的先验数据训练校正控制 DRL 智能体,实现人类知识在机器智能中的融合。同时,依据在线执行先验优先、条件允许校验把关原则以及人机合作人优先托底等原则,进一步设计人机协作模式。根据当前系统线路跳闸情况及越限线路的过载持续时间定义系统状态紧急程度:若非紧急情况,DRL 智能体产生控制策略,若该策略符合先验经验且通过仿真校验,则采用机器策略,否则,调度人员根据自身经验进行系统控制,确保调控的可信性和有效性;若为紧急情况,调度人员直接根据自身经验进行校正控制,确保关键操作的及时性和有效性。人机协作校正控制流程如图 8-8 所示。

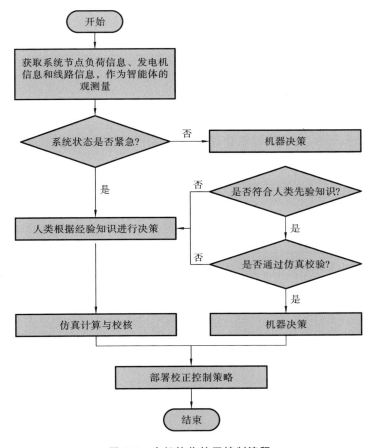

图 8-8   人机协作校正控制流程

按照上述架构，基于电力仿真软件训练校正控制 DRL 智能体。在典型场景中，分别部署机器智能系统和人机混合增强智能系统，算例系统的运行状态和调控过程如图 8-9 所示。

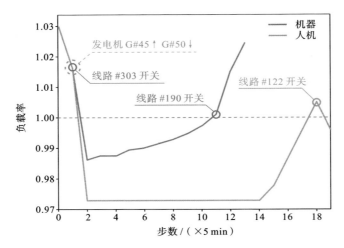

图 8-9 不同管控模式下的电网运行状态

如图 8-9 所示，在机器智能管控模式下，DRL 智能体可通过调节网络拓扑快速消除初期的关键线路 27-31 的越限情况，但在后期遭遇其他关键线路潮流越限的事件时，无法采取有效措施，最终造成系统崩溃。在人机混合增强智能管控模式下，在初期应对关键线路 27-31 的越限时，由于 DRL 智能体采取的拓扑调节动作不符合先验经验，由调度人员进行人为管控，调度人员通过发电机再调度有效消除越限情况，并改善系统中传输线的负载情况。在后期遭遇其他线路潮流越限事件时，DRL 智能体生成符合先验经验的策略，并通过仿真软件校验，及时消除线路潮流越限，实现系统的持续稳定运行。根据该简单示例可推测，依托合理的人机协作模式，DRL 智能体和调度人员能够在复杂大电网调控中进行管控能力与认知能力的互补，人机混合智能有助于大电网调控业务水平的进一步提升。

本章小结

本章首先回顾了复杂系统学科研究的发展历程、复杂系统的特性、人机混合增强智能的概念，以及人机混合增强智能对于复杂系统认知管控的重要性。

然后,分别具体分析了人类智能、机器智能对复杂系统的分析机制和其自身的优势与局限性,以及人机智能之间的交互和博弈方式,并提出了在复杂系统认知管控中"人机互信的知识自动化"的概念。之后,以电力系统大电网调控为背景,分析了当前人类智能、机器智能的应用方式,以及未来人机混合增强智能在大电网调控中应用的理论方法和基础,并以人机智能混合的稳态校正控制为例,说明了实现人机互信的知识自动化机制的技术路径。

通过本章内容的阐述,笔者希望能为基于人机混合增强智能的复杂系统管控的理论方法提供一种新的参考——人机互信的知识自动化。该方法以后将会朝着系统科学、控制科学、管理科学、心理学、认知科学、数据科学、人工智能科学等学科交叉的方向发展。希望人机互信的知识自动化机制能在社会典型复杂系统(如航空航天、海洋、能源、电力、制造、交通、材料、环保等领域的复杂系统)的数字化建设和转型中起到积极的作用。

本章参考文献

[1] 王飞跃,张军,张俊,等.工业智联网:基本概念、关键技术与核心应用[J].自动化学报,2018,44(9):1606-1617.

[2] 王飞跃,张俊.智联网:概念、问题和平台[J].自动化学报,2017,43(12):2061-2070.

[3] 王飞跃.平行系统方法与复杂系统的管理和控制[J].控制与决策,2004,19(5):485-489,514.

[4] 戴宇欣,陈琪美,高天露,等.基于加权倾斜决策树的电力系统深度强化学习控制策略提取[J].电力信息与通信技术,2021,19(11):17-23.

[5] 戴宇欣,张俊,季知祥,等.基于功能缺陷文本的电力系统二次设备智能诊断与辅助决策[J].电力自动化设备,2021,41(6):184-194.

[6] XU P D, DUAN J J, ZHANG J, et al. Active power correction strategies based on deep reinforcement learning—Part I: A simulation-driven solution for robustness[J]. CSEE Journal of Power and Energy Systems, 2022, 8(4):1122-1133.